图灵教育

站在巨人的肩上
Standing on the Shoulders of Giants

U0338758

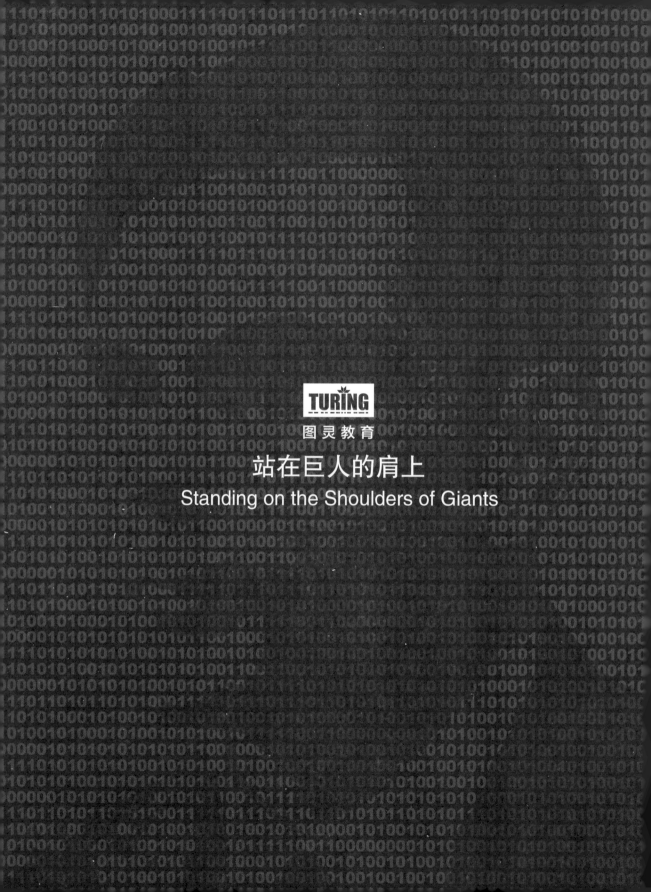

TURING
图灵教育

站在巨人的肩上
Standing on the Shoulders of Giants

TURING 图灵程序设计丛书

WebAssembly
实战

WebAssembly
in Action

［加］C. 杰勒德·加伦特　　著
（C. Gerard Gallant）

单业　译

人民邮电出版社
北 京

图书在版编目（CIP）数据

WebAssembly实战 / （加）C.杰勒德·加伦特
(C. Gerard Gallant) 著 ；单业译. -- 北京 ：人民邮
电出版社，2021.5
　（图灵程序设计丛书）
　ISBN 978-7-115-56145-9

Ⅰ. ①W… Ⅱ. ①C… ②单… Ⅲ. ①编译软件 Ⅳ.
①TP314

中国版本图书馆CIP数据核字(2021)第047217号

内 容 提 要

在人们极力渴求提高 JavaScript 性能的情况下，WebAssembly 应运而生，现已得到所有主流 Web 浏览器的支持。由于其卓越的性能和可移植性，WebAssembly 也被用于 Web 浏览器之外的许多场景。本书围绕 WebAssembly 技术栈介绍如何通过 C、C++ 等语言编写高性能的浏览器端应用程序。你将掌握 WebAssembly 的基础知识，学习如何创建原生 WebAssembly 模块，与 JavaScript 组件交互，使用 WebAssembly 文本格式进行调试，并利用多线程支持机制。

本书适合对 C 或 C++、JavaScript 和 HTML 有基本理解的开发者阅读。

◆ 著　　[加] C. 杰勒德·加伦特（C. Gerard Gallant）
　　译　　单　业
　　责任编辑　张海艳
　　责任印制　周昇亮

◆ 人民邮电出版社出版发行　　北京市丰台区成寿寺路11号
　　邮编　100164　电子邮件　315@ptpress.com.cn
　　网址　https://www.ptpress.com.cn
　　涿州市京南印刷厂印刷

◆ 开本：800×1000　1/16
　　印张：24
　　字数：567千字　　　　　　　2021 年 5 月第 1 版
　　印数：1 - 2 500册　　　　　2021 年 5 月河北第 1 次印刷
　　著作权合同登记号　图字：01-2020-1183号

定价：129.80元
读者服务热线：(010)84084456　印装质量热线：(010)81055316
反盗版热线：(010)81055315
广告经营许可证：京东市监广登字 20170147 号

版 权 声 明

前　言

与一些朋友相比，我在编程方面开窍较晚。直到高中时，我才偶然接触编程。当时我需要再修一门计算机课程，辅导老师向我推荐了一门选修课。我以为要学习的是计算机工作原理，但出乎意料，这门课程是关于编程的。很快我就对它痴迷不已，并将职业发展方向从建筑学调整为软件架构。

2001 年，我加入了 Dovico 软件公司，工作内容是维护与改进公司的 C++客户端/服务器应用程序。当时的风向已经转变，2004 年，Dovico 决定转向软件即服务模式，我也将工作重心转到了 Web 应用程序产品。虽然我仍会帮助维护 C++应用程序，但我的核心关注点变成了用 C#和 JavaScript 进行 Web 开发。目前，我仍然从事 Web 开发，但是重心转到了体系结构方面——构建 API、使用数据库，以及探索新技术。

我很乐于通过博客和公开演讲回馈开发者社区。2017 年 9 月，有人问我是否有兴趣为本地用户做一场演讲。在四处浏览以寻找演讲主题时，我看到了一篇来自于 PSPDFKit 的文章，其中讨论了一种名为 WebAssembly 的技术。

当时我已经对谷歌的 Native Client（PNaCI）技术有所了解，它允许编译后的 C/C++代码在 Chrome 浏览器中以接近原生的速度运行。我也了解过 Mozilla 的 asm.js 技术，借助这种技术，可以将 C/C++代码编译为 JavaScript 的一个子集，并让它在支持此技术的浏览器中高速运行。它也可以在不支持 asm.js 的浏览器中运行，只不过速度上没有优势，因为它就是 JavaScript。这是我第一次听说 WebAssembly。

WebAssembly 拥有 asm.js 的优点，同时致力于弥补其缺点。有了 WebAssembly，你能够以多种语言编写代码，并将它编译为可在浏览器中安全运行的代码，而且它在所有主流的桌面浏览器与移动端浏览器中都可用！它也可以应用于浏览器之外，如 Node.js！我被 WebAssembly 的潜力深深触动，从那时起，便开始利用所有空闲时间探索这项技术，并撰写与之相关的博客文章。

2017 年年末，Manning 出版社注意到了我的博客文章，相关人员问我是否有兴趣撰写一本关于 WebAssembly 的图书。最开始，我计划在书中覆盖多门语言，并分别从后端开发者和前端开发者的角度来展示如何使用这项技术。但是，初稿的讲解重点明显不够突出，因此我和审校人决定将范围收窄，只关注 C/C++语言，并且侧重于后端开发者。

在我撰写本书时，WebAssembly 社区与工作组也没有闲着。实际上，这项技术的几项改进正在进行当中。最近，不需要启用任何实验性功能就可以在 Chrome 的桌面版本中使用多线程 WebAssembly 模块了！WebAssembly 有潜力帮助 Web 开发更上一层楼，对于它的未来，我拭目以待。

致　谢

有人告诉过我写书是一件耗时费力的事情，但我没想到是如此耗时费力！本书得到了各位编辑和审稿人的帮助，也得到了购买本书早期版本的读者的反馈，所以我确信它是一本很棒的图书，可以帮助你上手使用 WebAssembly 技术。

我需要感谢很多人，他们使本书的出版成为可能。首先，感谢我的家人，当我在深夜、周末以及假期加班，甚至为了赶上截稿日期而占用休假时间时，他们给予了我充分的理解。感谢我的妻子 Selena 以及女儿 Donna 和 Audrey，我爱你们！

接下来，我要感谢在 Manning 遇到的第一位编辑 Kevin Harreld，他帮助我起步并着手撰写本书。后来 Kevin 去了另一家公司工作，让我有机会与 Toni Arritola 愉快地合作完成本书的剩余部分。Toni，谢谢你与我一起工作时的耐心，谢谢你的专业精神、实事求是，以及对高质量的追求。

感谢 Manning 参与本书从市场营销到出版发行这一过程的每一位工作人员。感谢你们不懈的努力。

感谢在本书的各个阶段从百忙之中抽出时间阅读本书并给出建设性反馈的审稿人，包括 Christoffer Fink、Daniel Budden、Darko Bozhinovski、Dave Cutler、Denis Kreis、German Gonzalez-Morris、James Dietrich、James Haring、Jan Kroken、Jason Hales、Javier Muñoz、Jeremy Lange、Jim Karabatsos、Kate Meyer、Marco Massenzio、Mike Rourke、Milorad Imbra、Pavlo Hodysh、Peter Hampton、Reza Zeinali、Ronald Borman、Sam Zaydel、Sander Zegveld、Satej Kumar Sahu、Thomas Overby Hansen、Tiklu Ganguly、Timothy R. Kane、Tischliar Ronald、Kumar S. Unnikrishnan、Viktor Bek 以及 Wayne Mather。

特别要感谢我的技术编辑 Ian Lovell，他在整个过程中提出了大量宝贵的意见。同时要感谢我的技术校对 Arno Bastenhof，在本书出版前，他对代码进行了最终的审查。

最后，非常感谢各浏览器厂商，他们合作创造了一项未来若干年 Web 都会从中受益的技术。感谢世界各地持续改进 WebAssembly 并扩展其使用范围的人们。这项技术的潜力是巨大的，我已经迫不及待想要看到 WebAssembly 会将我们带向何处。

关于本书

本书旨在让你了解什么是 WebAssembly、它的工作原理，以及用它能够做什么、不能做什么。你将了解如何根据需要创建 WebAssembly 模块。本书将从简单示例开始，然后逐步深入高级主题，如动态链接、并行处理以及调试。

目标读者

本书的目标读者是对 C 或 C++、JavaScript 和 HTML 有基本理解的开发者。尽管互联网上有在线的 WebAssembly 资源，但其中一些已经过时，而且通常并未深入细节或涉及高级主题。本书将以易于学习的形式呈现各种信息，初学者和专家开发者都可以从中受益，从而创建 WebAssembly 模块并与之交互。

内容结构

本书共有 13 章，分为 4 个部分。

第一部分解释了 WebAssembly 是什么及其工作原理。这一部分也介绍了 Emscripten 工具包，全书都将用其来创建 WebAssembly 模块。

❏ 第 1 章讨论了 WebAssembly 是什么、它能解决什么问题，以及它的工作原理，解释了 WebAssembly 的安全性来源、可用于创建 WebAssembly 模块的语言，以及使用这些模块的场合。

❏ 第 2 章阐释了 WebAssembly 模块的组织结构，以及模块每一部分的职责。

❏ 第 3 章介绍了 Emscripten 工具包，讲解了创建 WebAssembly 模块时可用的不同输出选项，还介绍了 WebAssembly JavaScript API。

第二部分带领你创建一个 WebAssembly 模块并在 Web 浏览器中与之交互。

❏ 第 4 章讲解了如何调整已有的 C 或 C++代码库，使其也可以编译为 WebAssembly 模块。你还将学习为网页编写 JavaScript 代码，从而与这个模块交互。

❏ 第 5 章讲解了如何调整第 4 章中创建的代码，使得这个 WebAssembly 模块可以调用网页的 JavaScript 代码。

❏ 第 6 章带领你修改 WebAssembly 模块，让它可以兼容从 JavaScript 代码传入的函数指针。这允许 JavaScript 代码按需指定函数，并使用 JavaScript promise。

第三部分介绍了几个高级主题，如动态链接、并行处理，以及如何在非 Web 浏览器环境中操作 WebAssembly 模块。

- 第 7 章介绍了动态链接的基础知识。两个或多个 WebAssembly 模块可以在运行时通过动态链接合而为一。
- 第 8 章扩展了第 7 章所学，介绍如何创建同一个 WebAssembly 模块的多个实例，并将每个实例按需动态链接到另一个 WebAssembly 模块。
- 第 9 章讲解了 Web worker 和 pthread。在这一章中，你可以学到如何使用 Web worker 在浏览器的一个后台线程中按需预取 WebAssembly 模块，以及如何在 WebAssembly 模块中用 pthread 线程执行并行处理。
- 第 10 章展示了 WebAssembly 并不局限于 Web 浏览器。你将学习如何在 Node.js 中使用自己的若干 WebAssembly 模块。

第四部分深入探讨了调试和测试。

- 第 11 章通过构建一个卡牌匹配游戏，讲解了 WebAssembly 文本格式。
- 第 12 章扩展了这个卡牌匹配游戏，以展示调试 WebAssembly 模块时可用的各种选项。
- 第 13 章讲解了如何为自己的模块编写集成测试。

每一章都建立在前面章节的内容之上，因此最好按顺序阅读。开发者应该依次阅读第 1~3 章，以理解 WebAssembly 是什么、它的工作原理，以及如何使用 Emscripten 工具包。附录 A 很重要，你可以利用它来正确设置工具，以跟随本书代码。本书前两部分覆盖了核心概念，其余部分（高级主题和调试主题）可以根据需要阅读。

关于代码

本书包含很多源代码示例，有编号列表形式的，也有嵌入正文之中的。为了区分代码与普通文本，代码以等宽字体表示。另外，如果代码是从前面的示例修改而来，则修改部分以黑体表示。

有时本书展示的代码会换行和缩进以适应页面空间。极少数情况下，如果仍然没有足够的空间，那么会使用续行符（➡）。

可以从 Manning 出版社网站获得本书源代码，参见 www.manning.com/books/webassembly-in-action。[①]

本书论坛

购买本书即可免费访问 Manning 出版社维护的一个私有 Web 论坛，你可以在该论坛上评论本书、提出技术问题，也可以从作者和其他用户那里获得帮助。

Manning 出版社为所有读者提供了一个交流场所，以便读者之间以及读者和作者之间可以进行有意义的对话。论坛并不能确保作者的参与程度，因为他对论坛的贡献仍然是自愿性质的（且

---

① 读者也可到图灵社区本书中文版主页 ituring.cn/book/2812 "随书下载" 处下载书中示例源代码。——编者注

是无偿的)。建议你尝试向作者询问一些具有挑战性的问题，以引起对方的兴趣。只要书仍然在版，你就可以在出版社的网站上访问该论坛和相关讨论。[①]

其他在线资源

如需更多帮助，可访问以下网站和社区。

- ❑ Emscripten 官网为许多任务提供了大量文档。
- ❑ Emscripten 社区非常活跃，发布频繁。如果发现了 Emscripten 本身的问题，你可以查看是否已经有人提交了 bug 报告，或者了解如何解决你所遇到的问题。
- ❑ Stack Overflow 也是一个很棒的网站，你可以在这里提问或帮助他人。
- ❑ 本书中文版网址链接请到图灵社区本书页面查看。

电子书

扫描如下二维码，即可购买本书中文版电子版。

关于封面图片

  本书封面图片名为"Fille Lipparotte",即"Lipparotte 家的女孩"。插图取自 Jacques Grasset de Saint-Sauveur(1757—1810)所著的各国服饰集,名为 *Costumes civils actuels de tous les peuples connus*(1788 年在法国出版)。其中每幅插图均为手工绘制和上色。这本图集中服饰的多样性,能让我们想起 200 年前世界上的城镇和地区在文化上有多么大的差异。彼此隔离的人们说着不同的语言和方言。在街道与乡野间,仅从他们的衣着就能轻易地辨别出他们的居住场所,以及从事的行业或生活状况。

  从那时起,我们的穿衣方式发生了变化,一度丰富的地区多样性也逐渐消失了。现在已经很难区分不同地区的居民,更不用说不同城镇、区域或国家的居民了。也许我们已经用文化的多样性换取了更多样的个人生活——当然换取的是更多样的、快节奏的技术生活。

  当我们很难分辨一本计算机图书和另一本计算机图书的时候,Manning 以 Grasset de Saint-Sauveur 这套两个世纪前丰富多样的地区生活为基础的图书封面,将计算机行业的创造性和主动性表现得淋漓尽致。

目　　录

Part 1

起　　步

这一部分将介绍 WebAssembly，以及创建 WebAssembly 模块的过程。

第 1 章将介绍 WebAssembly 是什么、它所解决的问题、它的安全性来自何处，以及可以使用哪些编程语言创建 WebAssembly 模块。

第 2 章将介绍 WebAssembly 模块的内部结构，以便你了解每个部分的用途。

第 3 章将用 Emscripten 工具包创建第一个 WebAssembly 模块，以便学习可用的输出选项。这一章还会介绍 WebAssembly JavaScript API。

第 1 章
初识 WebAssembly

本章内容
- ❑ WebAssembly 是什么
- ❑ WebAssembly 能解决什么问题
- ❑ WebAssembly 的工作原理
- ❑ WebAssembly 的安全性来自何处
- ❑ 哪些语言可用于创建 WebAssembly 模块

提到 Web 开发，大多数开发者最关心的一件事就是性能——从网页加载速度到整体的响应性。若干研究表明，如果网页不能在 3 秒内完成加载，那么 40% 的访问者就会离开。这个百分比会随着网页加载秒数的增加而增加。

网页加载时间并不是唯一的问题。根据一篇谷歌论文所述，如果某个网页的性能很差，那么会有 79% 的访问者声称他们不太可能再次访问该网站（参见 Daniel An 与 Pat Meenan 于 2016 年 7 月合著的文章 "Why marketers should care about mobile page speed？"）。

随着 Web 技术的发展，越来越多的应用程序转移到 Web 上。这就向开发者提出了另一项挑战，因为 Web 浏览器只支持一种编程语言：JavaScript。

从某种意义上说，在所有浏览器上只使用一种编程语言是好的——只需要编写代码一次，就可以确保它能在所有浏览器上运行。但仍需要在想要支持的每个浏览器上测试代码，因为有时各个厂商的实现方式会略有不同。另外，有时一个浏览器厂商并不与其他厂商同时添加某项新功能。总体上说，只支持一种语言比支持四五种语言简单一些。但浏览器只支持 JavaScript 的缺点是，我们想要移植到 Web 上的应用程序并不是用 JavaScript 编写的，而是用 C++ 这样的语言编写的。

JavaScript 是一种很棒的编程语言，但现在我们要求它做的已经超出其本来的设计意图（比如游戏所需要的密集型计算），并且还要求它能够快速执行。

1.1 WebAssembly 是什么

随着浏览器开发商寻找提高 JavaScript 性能的方法，Mozilla（Firefox 浏览器开发者）定义了一个名为 asm.js 的 JavaScript 子集。

1.1.1　WebAssembly 的先驱：asm.js

asm.js 具有以下优势。

- 你并不直接编写 asm.js，而是用 C 或 C++编写逻辑，然后将其转换为 JavaScript。将代码从一种语言转换到另一种语言的过程称为 transpiling。
- 大计算量代码可以更快地执行。当浏览器的 JavaScript 引擎看到名为 asm pragma 语句的特殊字符串（"use asm";）时，其作用相当于一个标记，以此告诉浏览器它可以使用底层系统操作而不是更昂贵的 JavaScript 操作。
- 从第一次调用就可以获得更快的代码执行速度。包含的类型提示可以告知 JavaScript 一个变量会持有何种类型的数据。比如，可以用 a|0 来提示变量 a 将持有一个 32 位整型值。这种方法很有效，因为 0 的位 OR 运算不会改变原始值，所以这么做不会产生副作用。
  这些类型提示作为一个承诺向 JavaScript 引擎表明，如果代码将一个变量声明为整型，那么它永远不会被修改，比如不会改为字符串。因此，JavaScript 引擎不需要监测代码来确定这些类型，而是可以像代码所声明的那样直接编译它。

以下代码片段展示了一个 asm.js 代码示例。

```
function AsmModule() {          用于通知 JavaScript 后续
  "use asm";          ◄─────┤ 代码为 asm.js 的标记
  return {
    add: function(a, b) {          类型提示表明参数为
      a = a | 0;          ◄─────┤ 32 位整型
      b = b | 0;
      return (a + b) | 0;          类型提示表明返回值
    }          ◄─────┤ 为 32 位整型
  }
}
```

虽然具有以上优点，但 asm.js 仍有一些缺点。

- 所有这些类型提示可能会使文件非常大。
- 因为 asm.js 文件是 JavaScript 文件，所以它仍然需要由 JavaScript 引擎读入和解析。在像手机这样的设备上，这会是个问题，因为所有处理过程延长了加载时间，而且会消耗电量。
- 为了添加新特性，浏览器厂商将不得不修改 JavaScript 语言本身，而这并不是我们所期望发生的。
- JavaScript 是一种编程语言，并没有设计用来作为编译目标。

1.1.2　从 asm.js 到 MVP

浏览器厂商关注改进 asm.js 的方法，他们想出了一个 WebAssembly 最小化可行产品（minimum viable product，MVP），其目标是保留 asm.js 的优点，同时解决其缺点。2017 年，4 个主流浏览器厂商（谷歌、微软、Apple 和 Mozilla）都更新了自己的浏览器，以提供对此 MVP（有时也称为 Wasm）的支持。

- ❑ WebAssembly 是一种底层类汇编语言，能够在所有当代桌面浏览器及很多移动浏览器上以接近本地的速度运行。
- ❑ WebAssembly 文件设计得很紧凑，因此可以快速传输和下载。这些文件的设计方式也使得它们可以快速解析和初始化。
- ❑ WebAssembly 被设计为编译目标，因此用 C++、Rust 和其他语言编写的代码现在可以在 Web 上运行了。

后端开发者可以利用 WebAssembly 来提高代码复用度或者无须重写就将自己的代码移植到 Web 中。Web 开发者也可以从创建新库、改进现有库，以及提高自己代码中大计算量部分的性能中获益。尽管 WebAssembly 主要用于 Web 浏览器，但其设计也考虑到了可移植性，因此也可以在浏览器之外使用。

1.2　WebAssembly 解决了哪些问题

WebAssembly MVP 解决了 asm.js 的以下问题。

1.2.1　性能改进

WebAssembly 致力于解决的最大问题之一是性能问题——从代码的下载时间到代码的执行速度。使用编程语言，而不是编写计算机处理器理解的机器语言（1 和 0，或者本地代码）时，你通常会编写更接近于人类语言的某种东西。尽管使用从计算机细节中抽象出来的代码更容易，但计算机处理器并不理解你的代码，因此运行时需要将你编写的内容转换为机器码。

JavaScript 是一种**解释型编程语言**，也就是说，它会在执行时读入你编写的代码，并将这些指令即时翻译为机器码。使用解释型语言时，不需要提前编译代码，这意味着它启动的速度更快。但缺点是，解释器必须在每次运行代码时将指令转换为机器码。举例来说，如果你的代码在执行一个循环，那么每次执行该循环时，循环的每一行都要被解释。因为解释过程并不总有大量时间可用，所以并不总能进行优化。

其他编程语言（如 C++）并不是解释型的。使用这类语言时，需要利用称为编译器的特定程序预先将指令转换为机器码。使用编译型编程语言时，需要一些时间将指令转换为机器码，然后才能运行它们，但其优点是有更多时间来优化代码的执行；一旦指令编译为机器码，就不需要再次编译。

随着时间的发展，JavaScript 已经从简单连接多个组件的胶水语言（那时预计其生存期很短）发展为大量网站用于执行复杂处理的语言，它很容易涉及成百上千行代码，而且，随着单页应用程序的兴起，其代码通常生存期很长。互联网已经从只是展示文本和少量图片的网站发展为具有强交互性的网站，甚至是称为 Web 应用程序的站点，因为它们类似于桌面应用程序，只不过运行于 Web 浏览器中。

随着开发者持续挑战 JavaScript 的极限，一些引人注意的性能问题开始显现出来。浏览器厂商决定要找到一个折中点，不仅可以获得解释器的优点，代码被调用时能够尽快启动，而且拥有执行时能更快速运行的代码。为了让代码更快，浏览器厂商引入了一个称为 JIT（just-in-time，即时）编译的概念，JavaScript 引擎在运行时监测代码。如果某一部分代码被使用的次数足够多，那么引擎就会试图将这一部分编译为机器码，这样它就可以绕过 JavaScript 引擎，转而使用底层系统方法，这要快得多。

JavaScript 引擎需要监测代码多次才能将其编译为机器码，因为 JavaScript 也是一种动态编程语言。在 JavaScript 中，一个变量可以持有任何类型的值。举例来说，一个变量可能在最初持有一个整型值，但之后被赋予一个字符串。代码运行若干次之后，浏览器才能了解应该预期什么（类型）。即使是在编译后，也仍然需要监测这段代码，因为某些条件可能会改变，此时需要抛弃这部分编译后的代码，重新开始整个处理过程。

1.2.2　比 JavaScript 更快的启动速度

和 asm.js 一样，WebAssembly 不是设计用于手动编写的，也不是供人类阅读的。代码被编译为 WebAssembly 之后，字节码会以二进制格式而不是文本格式表示，这可以减小文件大小，从而支持快速传输和下载。

这个二进制文件的设计方式使得模块验证可以在一轮内完成，其结构也支持并行编译文件的不同部分。

通过实现 JIT 编译，浏览器厂商在提高 JavaScript 性能方面获得了巨大进步。但是 JavaScript 引擎只能在监测代码若干次后才将其编译为机器码。另外，WebAssembly 代码是静态类型的，即可以预知变量持有的值的类型。WebAssembly 代码可以从一开始就编译为机器码，无须先监测，因此第一次运行代码就可以看到性能提升。

自 MVP 首次发布以来，浏览器厂商已经通过不同方式提升 WebAssembly 的性能。其中一种方式是引入了一种称为**流编译**的技术，在浏览器下载和接收文件时，该技术可以将 WebAssembly 代码编译为机器码。流编译支持 WebAssembly 模块下载完毕即进行初始化，这样会显著加速模块的启动过程。

1.2.3　可以在浏览器中使用 JavaScript 之外的语言

目前为止，要想在 Web 上运行非 JavaScript 语言，需要将代码转换为 JavaScript，但后者并未被设计为编译目标。而 WebAssembly 从一开始就被设计为编译目标，因此，如果开发者想要使用某种特定的语言进行 Web 开发，无须将代码转译为 JavaScript 就可以实现。

因为 WebAssembly 没有绑定到 JavaScript 语言，所以这项技术更容易改进，而无须担心会影响 JavaScript。这种独立性促使 WebAssembly 具备大幅提升性能的能力。

对于 WebAssembly MVP 来说，C 和 C++ 是目标为 WebAssembly 的重点语言，但 Rust 也对此增加了支持，并且几种其他语言也在试验对它的支持。

1.2.4　代码复用的机会

能够用非 JavaScript 语言编写代码，并将其编译为 WebAssembly，对于代码复用来说，这为开发者提供了更多灵活性。过去不得不用 JavaScript 重写的东西现在可以直接在桌面或服务器上使用，并在浏览器中运行。

1.3   WebAssembly 的工作原理

如图 1-1 所示，使用 JavaScript 时，代码被包含在网站中并在运行时解释。因为 JavaScript 变量是动态的，所以观察图示中的函数 add 可以发现，当前处理的变量为何种类型并不是显而易见的。变量 a 和 b 可能是整型、浮点型、字符串，甚至是它们的组合，比如一个变量是字符串，而另一个是浮点型。

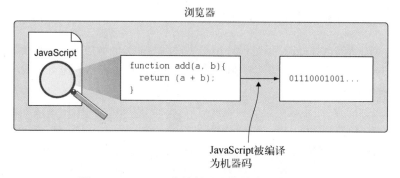

图 1-1   JavaScript 在执行过程中被编译为机器码

确定类型的唯一方法就是在代码执行时进行监测，这也正是 JavaScript 引擎所做的。一旦获得了这些变量的类型，引擎就可以将这段代码转换为机器码。

WebAssembly 不被解释，而是由开发者提前编译为 WebAssembly 二进制格式，如图 1-2 所示。由于变量类型都是预知的，因此浏览器加载 WebAssembly 文件时，JavaScript 引擎无须监测代码。它可以简单地将这段代码的二进制格式编译为机器码。

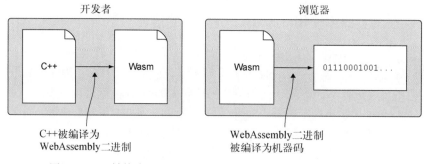

图 1-2   C++转换为 WebAssembly，然后在浏览器中转换为机器码

1.3.1   编译器工作原理概览

1.2.1 节简单讨论过这一点，开发者以更接近于人类语言的语言编写代码，但计算机处理器

只能理解机器语言。因此，你编写的代码必须转化为机器码才能运行。前面没有提到的是，每一类计算机处理器都有它自己的机器码类型。

如果将每种编程语言都直接编译为机器码的各个版本，那么效率会很低。取而代之的是，如图 1-3 所示，编译器中称为**前端**的部分会将你所编写的代码编译为一种中间表示（intermediate representation，IR）。创建好 IR 代码后，编译器的**后端**部分会接收 IR 代码，对其进行优化，然后将其转换为所需要的机器码。

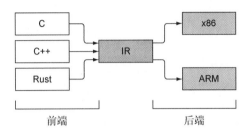

图 1-3　编译器的前端和后端

由于浏览器可以在若干不同的处理器（比如，从桌面计算机到智能手机和平板设备）上运行，因此为每个可能的处理器发布一个 WebAssembly 代码的编译后版本会非常繁复。图 1-4 展示了替代方法，即取得 IR 代码，并通过一个专门的编译器来运行，这个编译器将 IR 代码转换为一种专用字节码并放入后缀为.wasm 的文件中。

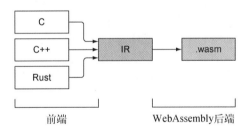

图 1-4　编译器前端与 WebAssembly 后端合作

Wasm 文件中的字节码还不是机器码，它只是支持 WebAssembly 的浏览器能够理解的一组虚拟指令。如图 1-5 所示，当加载到支持 WebAssembly 的浏览器中时，浏览器会验证这个文件的合法性，然后这些字节码会继续编译为浏览器所运行的设备上的机器码。

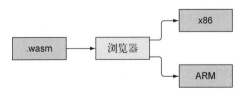

图 1-5　Wasm 文件加载到浏览器中，然后被编译为机器码

1.3.2   模块的加载、编译和实例化

本书撰写时，下载 Wasm 文件到浏览器中并让浏览器编译它的过程是通过 JavaScript 函数调用完成的。我们期望未来会允许 WebAssembly 模块与 ES6 模块交互，这将会支持通过一个专门的 HTML 标签（＜script type="module"＞）来加载 WebAssembly 模块，但目前还不支持这种形式。（ES 是 ECMAScript 的简称，6 是版本号。ECMAScript 是 JavaScript 的官方名称。）

在编译这个模块的二进制字节码前，需要先验证 WebAssembly 模块的合法性，以确保这个模块结构正确，从而确保代码不会做任何不允许它做的事情，也不会访问这个模块不能访问的内存。检查也是在运行时进行的，以确保代码位于它可以访问的内存中。Wasm 文件的组织结构使得验证可以单轮完成，这样可以确保验证过程、编译为机器码，以及之后的实例化过程尽快完成。

浏览器将 WebAssembly 字节码编译为机器码后，就可以将编译后的模块传送给一个 Web worker（第 9 章将深入讨论 Web worker，目前只需要了解 Web worker 是一种在 JavaScript 中创建线程的方式）或另一个浏览器窗口。甚至可以用这个编译后的模块创建这个模块的更多实例。

编译后，Wasm 文件还需要进行实例化才能使用。**实例化**的过程包括接收需要的所有导入对象，初始化模块元素，如果定义了启动函数，那么还要调用启动函数，最终向执行环境返回一个模块实例。

WebAssembly 与 JavaScript

目前为止，允许在 JavaScript 虚拟机（virtual machine，VM）中运行的唯一语言是 JavaScript。多年来，在试验其他技术（如插件）时，它们需要创建自己的沙箱 VM，这扩大了攻击目标，也耗费了计算机资源。JavaScript VM 首次开放自己，允许 WebAssembly 代码也运行在同一个 VM 中。这带来了几点优势，其中最大的优势是，VM 的安全性多年来已经被充分测试和强化过。如果创建一个新 VM，那么它肯定会有一些安全性问题需要解决。

WebAssembly 被设计为 JavaScript 的一个组件，而不是替代品。尽管我们很可能会看到有些开发者试图只用 WebAssembly 来创建整个网站，但这可能不会是普遍情况。一些情况下，JavaScript 仍然是更好的选择。另一些情况下，网站可能需要包含 WebAssembly 来进行快速计算或提供底层支持。比如，有几个浏览器将 SIMD（single instruction, multiple data，单指令，多数据），即用单条指令处理多数据的能力，构建到了 JavaScript 之中，但浏览器厂商决定弃用其 JavaScript 实现，只通过 WebAssembly 模块来提供 SIMD 支持。因此，如果网站需要 SIMD 支持，那么就需要包含一个 WebAssembly 模块来与之通信。

为 Web 浏览器编程时，基本上有两个主要组件：JavaScript VM（WebAssembly 模块运行于其中）以及 Web API（比如 DOM、WebGL、Web worker 等）。作为 MVP，WebAssembly 是缺乏某些东西的。WebAssembly 模块可以与 JavaScript 通信，但是还不能与任何 Web API 直接交流。现在正在开发一项后 MVP 特性，该特性将允许 WebAssembly 直接访问 Web API。目前，模块可以调用 JavaScript 与 Web API 交流，让 JavaScript 代表模块执行所需要的动作。

1.4 WebAssembly 模块的结构

目前 WebAssembly 只能使用 4 种值类型：

❑ 32 位整型

❑ 64 位整型

❑ 32 位浮点型

❑ 64 位浮点型

布尔值用 32 位整型表示，0 为 `false`，非 0 值为 `true`。所有其他值类型（如字符串）需要在模块的线性内存空间中表示。

WebAssembly 程序的主要单元称为**模块**，这个术语既用来表示代码的二进制版本，也表示浏览器中的编译后版本。你并不需要手动创建 WebAssembly 模块，但是对模块结构及其底层工作原理有一定了解是有所帮助的，因为在模块的初始化过程和整个生存期内，你都要与它的某些方面交互。

图 1-6 是一个 WebAssembly 文件结构的基本表示。第 2 章将进一步介绍模块的结构，目前先进行简单的概述。

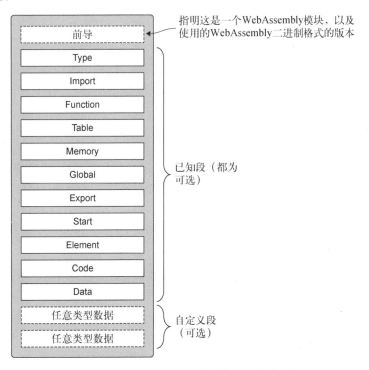

图 1-6　WebAssembly 文件结构的基本表示

Wasm 文件以一个名为**前导**（preamble）的段开始。

1.4.1 前导

前导中包含一个幻数（magic number，`0x00 0x61 0x73 0x6D`，即 `\0asm`），用于区分 WebAssembly 模块与 ES6 模块。这个幻数之后是版本号（`0x01 0x00 0x00 0x00`，即 1），以指明创建本文件时使用的 WebAssembly 二进制格式的版本。

目前这个二进制格式只有一个版本。WebAssembly 的目标之一是在引入新特性的同时保持一切向后兼容，避免不得不增加版本号的情况。如果出现了必须破坏现有内容来实现的特性，那么就得递增版本号。

前导之后，模块可以有若干个**段**，但每一段都是可选的，因此严格来说可以存在没有任何段的空模块。第 3 章会介绍空模块的一个用例，它可以在判断某个 Web 浏览器是否支持 WebAssembly 时发挥作用。

可用的段分为两类：**已知段**和**自定义段**。

1.4.2 已知段

已知段只能被包含一次，并且要按照特定顺序出现。每个已知段都有良好的定义、专门的用途，进行模块初始化时会检验其有效性。第 2 章会深入介绍已知段。

1.4.3 自定义段

自定义段为用户提供了在模块内包含数据的一种方法，应用于已知段不适用的情况。自定义段可以出现在模块的任意位置（已知段的前、后或之间）任意多次，多个自定义段甚至可以复用同一个名字。

与已知段不同，如果某个自定义段的布局不正确，那么将不会触发验证错误。框架可以惰性加载自定义段，也就是说，它们包含的数据可能直到模块初始化到某个阶段才有效。

WebAssembly MVP 有一个名为 "name" 的自定义段。这个段背后的思路是，WebAssembly 模块可以有一个调试版本，在调试时，这个段会持有文本形式的函数和变量名。与其他自定义段不同，这个段应该只出现一次，并且只出现在 Data 段之后。

1.5 WebAssembly 文本格式

WebAssembly 的设计并没有忘记 Web 的开放性，其二进制格式不是设计供人类读写的，但并不能因此就认为 WebAssembly 模块是开发者试图隐藏代码的一种方式。实际上，恰好相反。开发者为 WebAssembly 定义了一种使用 **s-表达式**的文本格式，以对应二进制格式。

信息　符号表达式（或 s-表达式）是为 Lisp 编程语言发明的。一个 s-表达式可以是一个原子或一个 s-表达式的有序对，后者支持 s-表达式的嵌套。原子是一个非列表的符号，比如 `foo` 或 23。列表用括号表示，可以是空的，也可以持有原子或其他列表；成员之间用空格分隔，比如 `()`、`(foo)`，以及 `(foo (bar 132))`。

举例来说，这个文本格式允许浏览器中的代码支持 View Source，也可以用于调试。甚至可以手动编写 s-表达式，然后用专门的编译器将代码编译为 WebAssembly 二进制格式。

因为选择 View Source 以及用于调试目的时浏览器会使用 WebAssembly 文本格式，所以对文本格式有基本了解是有用的。比如，既然模块的所有段都是可选的，那么可以使用下列 s-表达式定义一个空模块。

```
(module)
```

如果要将 s-表达式 (module) 编译为 WebAssembly 二进制格式，并观察得到的二进制值，那么这个文件会只包含前导字节：0061 736d（幻数）和 0100 0000（版本号）。

预告　第 11 章将只用文本格式创建一个 WebAssembly 模块，这样一来，查看其内容时（比如需要在浏览器中调试模块时），你可以更好地理解。

1.6　WebAssembly 如何获得安全性

WebAssembly 的安全性来源之一是，它是第一个共享 JavaScript VM 的语言，而 JavaScript VM 在运行时是沙箱化的，同时也经历了多年的检验和安全测试，这确保了其安全性。WebAssembly 模块的可访问范围不超过 JavaScript 的访问范围，同时也会遵守相同的安全性规则，包括同源策略（same-origin policy）这样的增强规则。

与桌面应用程序不同，WebAssembly 模块对设备内存没有直接访问权限，而是运行时环境在初始化过程中向模块传递一个 ArrayBuffer。模块将这个 ArrayBuffer 当作线性内存来使用，WebAssembly 框架执行检查以确保代码不会对这个数组进行越界操作。

对于像函数指针这样存储在 Table 段中的项目，WebAssembly 模块也不能直接访问。代码会用索引值向 WebAssembly 框架提出访问某个项目的请求。然后框架访问内存，并代表代码执行这个项目。

在 C++ 中，执行栈与线性内存一起位于内存中，虽然 C++ 代码不应该修改执行栈，但是它可以使用指针实现修改。WebAssembly 的执行栈与线性内存是分离的，代码无法访问。

更多信息　要想了解关于 WebAssembly 安全性模型的更多信息，可以访问 WebAssembly 官方网站。

1.7　哪些语言可用来创建 WebAssembly 模块

为了创建这个 MVP，WebAssembly 的最初关注点在 C 和 C++ 语言上，但后来 Rust 和 AssemblyScript 这样的语言也增加了支持。也可以使用 WebAssembly 文本格式通过 s-表达式编写代码，然后用专门的编译器将其编译为 WebAssembly。

现在，WebAssembly 的 MVP 还没有垃圾回收（garbage collection，GC），这限制了某些语言的使用。GC 作为一种后 MVP 功能正在开发中，但在其实现之前，有几种语言正在试验 WebAssembly 支持，方式是将自己的 VM 编译到 WebAssembly，或者在某些情况下将自己的垃圾回收器包含进去。

以下语言正在试验或已经拥有 WebAssembly 支持。

❏ C 和 C++。

❏ Rust 正致力于成为 WebAssembly 的首选编程语言。

❏ AssemblyScript 是一种新编译器，它接受 TypeScript 并将其转换为 WebAssembly。考虑到 TypeScript 是带类型的并且已经可以转译到 JavaScript，转换它是有意义的。

❏ TeaVM 是一个将 Java 转译到 JavaScript 的工具，现在也可以生成 WebAssembly 了。

❏ Go 1.11 为 WebAssembly 增加了一个试验性项目，其编译后的 WebAssembly 模块包含一个垃圾回收器。

❏ Pyodide 是 Python 的一个项目，其中包含了 Python 科学栈的核心包：Numpy、Pandas 和 matplotlib。

❏ Blazor 是微软的实验性项目，用于将 C#引入 WebAssembly。

更多信息　GitHub 网站上维护了一个语言列表（Awesome WebAssembly Language），其中的语言可以编译到 WebAssembly，或者将其 VM 放入 WebAssembly。这个列表也指明了这些语言对 WebAssembly 的支持程度。

本书将使用 C 和 C++语言来学习 WebAssembly。

1.8　我的模块可以用在何处

2017 年，所有的现代浏览器厂商都发布了支持 WebAssembly MVP 的浏览器，其中包括 Chrome、Edge、Firefox、Opera 和 Safari。一些移动 Web 浏览器也支持 WebAssembly，其中包括 Chrome、Android Firefox 和 Safari。

正如本章开头所述，WebAssembly 在设计时就考虑了可移植性，因此它可以用于多个场合，而不限于浏览器。一个名为 WASI（WebAssembly Standard Interface，WebAssembly 标准接口）的新标准正在开发之中，它确保了 WebAssembly 模块可以在所有受支持系统上保持一致性。以下文章对 WASI 进行了很好的概述：Lin Clark 撰写的 "Standardizing WebAssemblySI: A system interface to run WebAssembly outside the Web"（2019 年 3 月 27 日）。

更多信息　如果想深入学习 WASI，可以在 GitHub 网站上找到相关链接和文章的索引列表（Awesome WASI）。

1

从版本 8 开始，Node.js 就是支持 WebAssembly 模块的一个非浏览器环境。Node.js 是一个 JavaScript 运行时，由 Chrome 的 V8 JavaScript 引擎构建，支持在服务器端使用 JavaScript 代码。很多开发者将 WebAssembly 看作在浏览器（而不是 JavaScript）中使用他们熟悉的代码的机会，与之类似，Node.js 让喜欢 JavaScript 的开发者也可以在服务器端使用它。为了展示 WebAssembly 在浏览器之外的使用，第 10 章将介绍如何在 Node.js 中使用 WebAssembly 模块。

WebAssembly 并不是 JavaScript 的替代品，而是它的一个补充。有些情况下，使用 WebAssembly 模块是更好的选择，有些情况下则更应该使用 JavaScript。与 JavaScript 在同一个 VM 中运行可以让两种技术利用彼此。

WebAssembly 为熟练使用非 JavaScript 的开发者开启了一扇门，以帮助他们在 Web 中使用自己的代码。它也让不了解如何编写像 C 或 C++ 这样的代码的 Web 开发者可以访问更新、更快的库，以及那些拥有当前 JavaScript 库不支持的功能的库。某些情况下，WebAssembly 可以被一些库用于加速库的某些部分的执行速度。除了拥有更快的代码之外，这个库的工作方式与通常无异。

关于 WebAssembly 最令人激动的一点是，在所有主流桌面浏览器、几个主要移动浏览器，甚至浏览器之外的 Node.js 之中，它都是可用的。

1.9 小结

如本章所述，WebAssembly 实现了若干性能改进，以及对语言选择和代码复用方面的改进。WebAssembly 带来的几个关键改进如下。

❑ 传输和下载更快，因为二进制编码使得文件更小。

❑ 鉴于 Wasm 文件的结构，它们可以被快速解析和验证，同时文件的各个部分可以并行编译。

❑ 通过流编译技术，可以在下载 WebAssembly 模块的同时编译它，这样一来，下载完毕时就可以实例化这个模块，从而大大加速加载过程。

❑ 对于计算这样的功能来说，代码可以更快地执行，因为使用了机器级调用，而不是更昂贵的 JavaScript 引擎调用。

❑ 编译前不需要检测代码以确定其行为方式。结果是代码每次运行的速度都相同。

❑ 与 JavaScript 分离，可以更快地改进 WebAssembly，因为这不会影响 JavaScript 语言。

❑ 可以在浏览器中使用非 JavaScript 语言编写的代码。

❑ 通过改变 WebAssembly 的框架结构，实现其在浏览器内外部的使用，从而增加代码复用的机会。

第 2 章

初探 WebAssembly 模块内部

2

本章内容
❏ WebAssembly 模块已知段和自定义段的介绍

本章将介绍 WebAssembly 模块的不同段及其设计意图。随着内容的推进，本书将提供更多细节，但目前对模块结构及不同段间的合作方式有基本的了解是有帮助的。

模块的多个段及其设计方式带来的好处如下。

❏ **高效性**——可以在一轮内解析、验证并编译二进制字节码。

❏ **流处理**——解析、验证和编译可以在所有数据下载完成前就开始。

❏ **并行化**——解析、验证和编译可以并行执行。

❏ **安全性**——模块不能直接访问设备内存，像函数指针这样的项目是（框架）代表代码调用的。

图 2-1 展示了 WebAssembly 二进制字节码的基本结构。虽然使用 WebAssembly 模块时你会与各种各样的段交互，但是根据代码按照需要创建这些段并将它们放在适当的位置是由编译器负责的。

WebAssembly 模块可以有若干段，但每段都是可选的。严格来说，可以存在没有任何段的空模块。如第 1 章所述，可用的段有两种类型：

❏ 已知段

❏ 自定义段

已知段有专门的用途、定义良好，并且会在 WebAssembly 模块实例化时进行验证。自定义段用于已知段不适用的数据，且数据没有正确布局也不会触发验证错误。

WebAssembly 字节码从前导开始，前导指明这个模块是一个 WebAssembly 模块，版本为 WebAssembly 二进制格式的版本 1。前导之后是已知段，已知段都是可选的。图 2-1 中显示自定义段位于模块的最后，但实际上，它们可以放在已知段的前面、后面或者之间。与已知段一样，自定义段也是可选的。

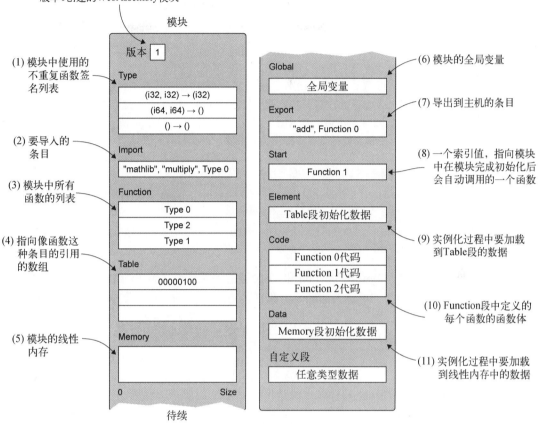

图 2-1 WebAssembly 二进制字节码的基本结构，突出显示了已知段和自定义段

至此你已经看到了一个 WebAssembly 模块的基本结构，接下来我们将详细查看每个已知段。

2.1 已知段

如果某个已知段被包含，那么它只能被包含一次，并且已知段的出现顺序必须符合这里所示的顺序。

Type	Type 段声明模块中将要使用的所有不重复的函数签名的列表，包括那些将被导入的。多个函数可以共享同一个签名。

图 2-2 是 Type 段的一个示例，其中有 3 个函数签名。

❑ 第一个有两个 32 位整型（i32）参数，一个 32 位整型（i32）返回值。

❑ 第二个有两个 64 位整型（i64）参数，但没有返回值。

❑ 第三个不接受任何参数，也没有返回值。

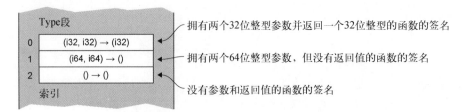

图 2-2　一个有 3 个函数签名的 Type 段。索引值 0 处的签名接受两个 32 位整型参数，
　　　　并返回一个 32 位整型值。索引值 1 处的签名接受两个 64 位整型参数，但没有
　　　　返回值。索引值 2 处的签名不接受任何参数，也没有返回值

Import	Import 段声明模块将使用的所有导入，可能包括 Fucntion、Table、Memroy 或 Global 导入。
	Import 的设计初衷是，模块可以共享代码和数据，同时仍然支持模块独立编译和缓存。在模块进行实例化时，这些导入由主机环境提供。
Function	Function 段是模块中所有函数的列表。列表中函数声明的位置代表 Code 段中函数体的索引值。Function 段中列出的值是 Type 段中函数签名的索引。

　　图 2-3 中的示例展示了 Type、Function 和 Code 段的关系。观察图中的 Function 段可以发现，第二个函数的值是没有参数和返回值的那个函数签名的索引。第二个函数的索引值与 Code 段中的索引值匹配。

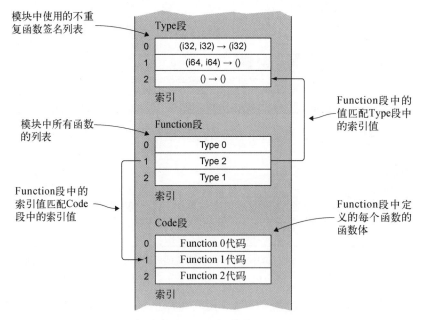

图 2-3　Type、Function 和 Code 段相互配合的示例

　　函数声明与函数主体是分离的，这允许模块中的每个函数进行并行编译和流编译。

Table	Table 段持有一个带类型的引用数组，比如像函数这种无法作为原始字节存储在模块线性内存中的项目。通过为 WebAssembly 框架提供一种能安全映射对象的方式，这个段可以为 WebAssembly 提供一部分代码安全性。
	你的代码不能直接访问保存在这个表中的引用。当代码想要访问这一段中引用的数据时，它要向框架请求表中某个特定索引处的条目。然后 WebAssembly 框架会读取存储在这个索引处的地址，并执行相关动作。比如，如果处理的是函数，那么它就支持通过指定表索引值来使用函数指针。

图 2-4 展示了请求调用 Table 段中索引值 0 处条目的 WebAssembly 代码。WebAssembly 框架会读取这个索引值处的内存地址，然后执行这个内存位置上的代码。

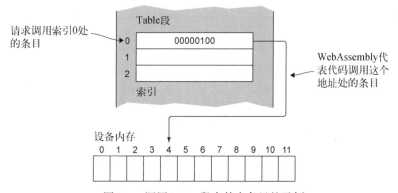

图 2-4   调用 Table 段中某个条目的示例

表会被给定一个初始长度，可能还有最大长度限制。对于表来说，长度就是表中元素的数目。可以通过指定元素的数目来请求增加表的长度。如果指定了元素的最大个数，系统就会阻止表增长超过这个点。但如果没有指定最大长度，那么这个表就可以无限增长。

Memory	Memory 段持有模块实例使用的线性内存。

Memory 段也是 WebAssembly 核心安全性的一部分，因为 WebAssembly 模块不能直接访问设备内存。如图 2-5 所示，实例化模块的环境传入了一个 ArrayBuffer，模块实例将其用作线性内存。如果只从代码的角度考虑，这个线性内存的作用就像是 C++中的堆，但每次代码试图访问这块内存时，框架都会验证请求是否在这个数组范围内。

图 2-5   WebAssembly 模块用作线性内存的 ArrayBuffer

模块的内存被定义为 WebAssembly 页，每页 64 KB（1 KB 是 1024 字节，因此一页有 65 536 字节）。当环境指定模块可以使用多少内存时，它指定的是初始页数，可能还有一个最大页数。如果模块需要更多内存，可以请求内存增长指定页数。如果指定了最大页数，那么框架会防止内存增长超过这一点。如果没有指定最大页数，那么内存可以无限增长。

WebAssembly 模块的多个实例可以共享同一个线性内存（ArrayBuffer），动态链接模块时，这一点很有用。

在 C++ 中，执行栈与线性内存位于同一内存中。尽管 C++ 代码不应该修改执行栈，但可以使用指针进行该操作。WebAssembly 的安全性不仅在于代码不能访问设备内存，而且它还分隔了执行栈和线性内存。

Global	Global 段支持模块中全局变量的定义。
Export	Export 段持有一个列表，其中是模块进行实例化后要返回给主机环境的所有对象（主机环境可以访问的模块部分）。该段可以包含 Function、Table、Memory 或 Global 导出。
Start	Start 段声明在模块初始化后、被导出函数可调用前要调用的函数的索引值。可以将启动函数作为一种初始化全局变量或内存的方法。如果被指定，那么这个函数不能是导入的。它必须存在于模块内部。
Element	Element 段声明实例化过程中要加载到模块的 Table 段中的数据。
Code	Code 段持有 Function 段中声明的每个函数的主体，这些函数主体必须按照其被声明的顺序出现。（参见图 2-3 对 Type、Function 和 Code 段相互配合工作的描述。）
Data	Data 段声明初始化过程中要加载到模块的线性内存中的数据。

第 11 章将介绍 WebAssembly 文本格式，这是模块二进制格式的文本形式。如果源码映射不可用，那么浏览器可以用它来调试模块。如果需要查看生成的模块来了解编译器是如何创建它们的，以确定哪里出了问题，那么文本格式也是很有用的。文本格式使用的段名称与本章所述相同，但有时是缩写形式（比如，使用 func 代替 function）。

模块也可以包含自定义段，以包含不适用本章定义的已知段的数据。

2.2 自定义段

自定义段可以出现在模块的任意位置（已知段之前、之间或之后）任意多次，多个自定义段甚至可以复用同一个名称。

与已知段不同，如果某个自定义段没有正确布局，它并不会触发验证错误。框架可以惰性加载自定义段，这意味着它们包含的数据可能直到模块完成初始化后的某个阶段才可用。

自定义段的一个用例是 WebAssembly MVP 定义的 "name" 段。这个段的设计思路是，可以将函数和变量名称以文本格式放在这里来辅助调试。但与通常的自定义段不同，如果包含这个段，那么它应该只出现一次，而且必须放在已知段 Data 之后。

2.3 小结

本章介绍了 WebAssembly 模块的已知段和自定义段，阐明了每个段的职责以及各段间如何合作。在与 WebAssembly 模块交互和操作 WebAssembly 文本格式时，本章内容很有帮助。具体来说，本章包括以下内容。

❑ WebAssembly 模块的段及其设计方式是许多 WebAssembly 功能和优点的来源之一。

❑ 编译器负责生成 WebAssembly 模块的段，并将它们按照适当顺序放置。

❑ 所有的段都是可选的，因此可能存在空模块。

❑ 如果指定了已知段，那么它们只能出现一次并且要按照特定顺序出现。

❑ 自定义段可以放置在已知段之前、之间或之后，用于指定不适用已知段的数据。

第 3 章

创建自己的第一个 WebAssembly 模块

本章内容
- ❑ Emscripten 工具包概述
- ❑ 用 Emscripten 和 Emscripten 的 HTML 模板创建第一个模块
- ❑ 用 Emscripten JavaScript plumbing 代码创建模块，并让此代码处理模块加载
- ❑ 在不使用 Emscripten JavaScript plumbing 代码的情况下创建模块，然后自己加载这个模块
- ❑ 检测 WebAssembly 是否可用的功能测试

本章将编写一些 C 代码，然后用 Emscripten 工具包将其编译为 WebAssembly 模块。这样一来，我们可以了解用这个工具包创建 WebAssembly 模块的 3 种方法。为了让你大概了解这个工具包可以做些什么，这里列出了已经用 Emscripten 移植到 WebAssembly 的几个工具，其中包括 Unreal Engine 3、SQLite 和 AutoCAD。

3.1 Emscripten 工具包

目前 Emscripten 工具包是将 C/C++代码编译为 WebAssembly 字节码的最成熟工具包。最初它是为了将这样的代码转译到 asm.js 而设计的。当开始 WebAssembly MVP 的设计时，选中 Emscripten 是因为它使用 LLVM 编译器，而 WebAssembly 工作组已经在使用谷歌的 Portable Native Client（PNaCl）的工作过程中获得了 LLVM 的相关经验。Emscripten 仍然可以用于将 C/C++代码转译到 asm.js，而你将用它把自己编写的代码编译为 WebAssembly 模块。

如第 1 章所述，编译器通常有一个前端部分，它接收源码并将其转换为一个 IR，编译器的后端部分会将 IR 转换为所需要的机器码，如图 3-1 所示。

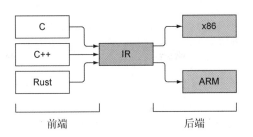

图 3-1　编译器前端和后端

前面提到 Emscripten 使用 LLVM 编译器，这个编译器工具链目前具有最多的 WebAssembly 支持。使用 LLVM 的好处是，你可以向其插入数个前端和后端。Emscripten 编译器使用 Clang，后者类似于 C++中的 GCC，可以作为前端编译器将 C 或 C++代码转换为 LLVM IR，如图 3-2 所示。然后 Emscripten 会接收 LLVM IR 并将其转换为一种二进制字节码，这就是一套支持 WebAssembly 的浏览器可以理解的虚拟指令集。一开始你可能会觉得有点儿复杂，但正如你将在本章后面看到的，将 C/C++代码编译为 WebAssembly 模块的过程只是控制台窗口中的一个简单命令。

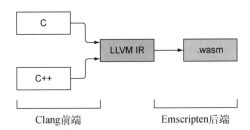

图 3-2　使用 LLVM IR 的编译器前端

在继续学习之前，请先阅读附录 A 来安装 Emscripten，并确保本书将用到的所有工具都已就位。安装好必要的工具后就可以继续阅读了。

3.2　WebAssembly 模块

当某个支持 WebAssembly 的浏览器加载 WebAssembly 文件后，它会进行检查以确保一切都是有效的。如果文件的检查结果没有问题，那么浏览器会继续将字节码编译为这个设备的机器码，如图 3-3 所示。

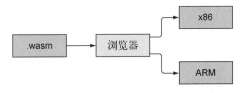

图 3-3　WebAssembly 文件载入浏览器并编译为机器码

WebAssembly 二进制文件和浏览器中的已编译对象都称为模块。虽然可以创建一个空模块，但没什么用处，因此多数模块至少会有一个函数来执行某些处理过程。模块的函数可以是内建的，也可以是从其他模块的导出部分导入的，甚至可能是从 JavaScript 导入的。

WebAssembly 模块有几个段，这是 Emscripten 根据 C 或 C++代码生成的。在底层实现中，段从一个段 ID 开始，之后是这一段的大小，然后是内容本身。第 2 章提供过关于模块段的更多内容。所有这些段都是可选的，因此你可以拥有一个空模块。

Start 段指向一个本模块内部（非导入）函数的索引值。在 JavaScript 能够调用这个模块的所有导出前，这个被指向的函数会被自动调用。如果 C/C++代码中包含 main 函数，则 Emscripten 会把它设置为模块的起始函数。

WebAssembly 模块以 ArrayBuffer 的形式使用从宿主获得的内存。从模块的角度来看，这个 buffer 就像是 C/C++中的堆，但每次模块访问这段内存的时候，WebAssembly 框架都会验证以确保请求在这个数组的边界之内。

WebAssembly 模块只支持 4 种数据类型：

❑ 32 位整型

❑ 64 位整型

❑ 32 位浮点型

❑ 64 位浮点型

布尔值用 32 位整型表示，其中 0 为 false，非 0 值为 true。主机环境设置的所有其他值（如字符串）需要在模块的线性内存内表示。

WebAssembly 文件包含一个二进制字节码，这个二进制字节码并非为人类阅读而设计，而应设计得尽可能高效，以便被尽快加载、编译和实例化。与此同时，WebAssembly 模块也并不是要成为开发者用来隐藏其代码的黑箱。WebAssembly 的设计秉承着 Web 的开放性，因此 WebAssembly 二进制格式有一个等价的 WebAssembly 文本格式表示。你可以进入浏览器的开发者工具来查看这个文本格式。

WebAssembly 模块具有以下几点优势。

❑ 它们被设计用作编译目标，而 JavaScript 的设计初衷不是这样。这会支持未来在不影响 JavaScript 的情况下，对 WebAssembly 进行改进。

❑ 可移植性是它们的设计目标，这意味着它们也可以用于 Web 浏览器之外的地方。目前 Node.js 就是另一个可以使用 WebAssembly 模块的场合。

❑ WebAssembly 文件使用二进制格式，因此它们会尽可能紧凑，可以被快速传递和下载。

❑ 文件的结构组织支持单轮验证，这可以加速启动过程。

❑ 利用最新的 WebAssembly JavaScript API 函数，可以在下载文件的同时将其编译为机器码，这样下载完成后便可以立即使用。

❑ 由于 JavaScript 的动态性，在将代码编译为机器码之前，需要对其进行多次检测。而 WebAssembly 字节码可以直接编译为机器码。这样第 1 次调用和之后调用（如第 10 次）速度会一样快。

❑ 由于是提前编译的，因此编译器甚至可以在代码到达浏览器之前就对其执行优化。

❑ WebAssembly 代码和本地代码运行得几乎一样快。由于 WebAssembly 会执行一些检查以确保代码行为正常，因此与运行纯粹的本地代码相比，还是会有微小的性能下降。

何时不应使用 WebAssembly 模块

尽管 WebAssembly 有很多优点，但并非任何情况下它都是正确选择。在某些情况下，JavaScript 是更优的选择。

❑ 如果逻辑非常简单，那么建立编译器工具链并编写另一语言的程序可能得不偿失。

❑ WebAssembly 模块不能直接访问 DOM 和任何 Web API，但这个问题正在解决之中，未来可能会发生变化。

定义　DOM（document object model，文档对象模型）是一个代表网页各个部分的接口，为 JavaScript 代码提供了一种与页面交互的方式。

3.3　Emscripten 输出选项

根据目标的不同，可以用几种方式创建 WebAssembly 模块。可以指示 Emscripten 生成 WebAssembly 模块文件，同时根据命令行中指定的选项，Emscripten 还可能包含一个 JavaScript plumbing 文件和一个 HTML 文件。

定义　JavaScript plumbing 文件是 Emscripten 生成的一个 JavaScript 文件。根据给定的命令行参数，这个文件的内容可能会有所不同。这个文件的代码会自动下载 WebAssembly 文件并在浏览器中将其编译和实例化。这个 JavaScript 文件还包含若干辅助函数，使得主机与模块更容易相互交流。

用 Emscripten 创建模块的方法有以下 3 种。

❑ 让 Emscripten 生成 WebAssembly 模块、JavaScript plubming 文件，以及 HTML 模板文件。
让 Emscrpten 生成 HTML 文件在产品中并不常见，但如果是在 WebAssembly 学习过程中，要想在深入理解模块加载和实例化涉及的细节前专注于 C/C++编译，这种方法是有所帮助的。如果想要试验部分代码作为一种调试或原型化的手段，这种方法也是很有用的。使用这种方法，只需要编写 C/C++代码并编译，然后在自己的浏览器中打开生成的 HTML 文件来检查结果。

❑ 让 Emscripten 生成 WebAssembly 模块和 JavaScript plumbing 文件。
产品开发中常用这种方法，因为只需要包含一个指向生成的 JavaScript 文件的引用，就可以将这个文件添加到新的或已有的 HTML 页面中。在这个 HTML 页面被加载时，这个

JavaScript 文件会自动下载模块，并让模块进行实例化。这个 JavaScript 文件中还有几个辅助函数，可用于简化模块与 JavaScript 代码的交互。

HTML 模板方法和这种方法都会包含所有代码使用的 C 标准库条目。如果需要在模块中包含某个代码中没有使用的 C 标准库函数，可以使用标记来通知 Emscripten 包含所需要的函数。

❑ 让 Emscripten 只生成 WebAssembly 模块。

这种方法是为了在运行时**动态链接**两个或更多模块，但也可以用来创建一个不包含 C 标准库支持或 JavaScript plumbing 文件的极小模块。

定义　第 7~8 章会详细介绍 WebAssembly 模块的动态链接，现在可以将它看作运行时将两个或多个模块合并到一起的过程，其中一个模块中的未解析符号（如一个函数）会解析到另一个模块中的符号上。

如果代码需要在模块和 JavaScript 之间传递整型和浮点型之外的任何东西，那么就需要内存管理。除非你有等价于 malloc 和 free 函数的标准库函数，否则我不推荐在这种情况下使用此方法。模块的线性内存实际上是在实例化过程中传递给模块的一个数组缓冲区，因此内存问题不会影响到浏览器或 OS，但可能导致很难追踪的 bug。

除了动态链接，这种方法也可以用于学习如何使用 WebAssembly JavaScript API 来手动下载、编译、实例化一个模块是 Emscripten plumbing 代码为你做的。了解 WebAssembly JavaScript API 函数可以做些什么会更容易理解网上可能看到的一些示例。

由于 Emscripten 并不是创建 WebAssembly 模块的唯一编译器（比如，Rust 就有一个），因此以后你可能需要使用一个没有代码来加载自身的第三方模块。某些时候可能需要手动下载模块，并让其进行实例化。

3.4　用 Emscripten 编译 C/C++ 并使用 HTML 模板

假定让你编写一个逻辑来确定某个数字范围之内有哪些素数。你可以使用 JavaScript 来编写代码，但你已经了解到 WebAssembly 擅长的主要领域之一就是计算，因此决定使用 WebAssembly 来实现这个项目。

你需要将这个项目集成到一个现有的网站中，但在此之前要先创建这个 WebAssembly 模块来确保一切正常工作。你会使用 C 语言编写这段逻辑，然后用 Emscripten 将其编译为 WebAssembly 模块。如图 3-4 所示，这很方便，Emscripten 可以创建下载和编译这个 WebAssembly 模块所需要的 JavaScript 代码，还可以从一个模板创建 HTML 文件。

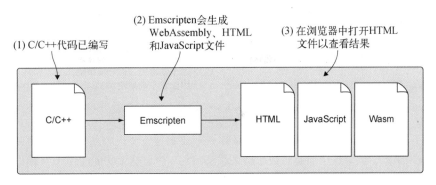

图 3-4　Emscripten 会生成 WebAssembly、JavaScript 和 HTML 文件

要做的第一件事就是创建一个用于存放文件的目录：WebAssembly\Chapter 3\3.4 html_template\。

注意　本书采用 Windows 惯用的文件分割符。*Nix 用户需要将字符\替换为/。

如图 3-5 所示，过程的第一步是创建 C 或 C++代码。创建一个名为 calculate_primes.c 的文件，然后打开。要做的第一件事是包含 C 标准库、C 标准输入和输出，以及 Emscripten 库的头文件。

```
#include <stdlib.h>
#include <stdio.h>
#include <emscripten.h>
```

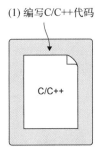

图 3-5　第一步是创建 C 或 C++代码

下一步是编写一个名为 IsPrime 的辅助函数，这个函数会接受一个整型值作为参数，我们将检查这个值是否为素数。如果是，函数会返回 1。否则，函数会返回 0。

素数是只能被 1 和自身整除的数。除了 2 之外，偶数不会是素数，因此这个函数可以跳过偶数。另外，由于检查超过这个数字平方根的数是多余的，因此代码还可以跳过这些数字，这使其逻辑更高效一些。基于此，可以在 calculate_primes.c 文件中创建以下函数。

```
int IsPrime(int value) {
  if (value == 2) { return 1; }              2 是素数
  if (value <= 1 || value % 2 == 0) { return 0; }    小于或等于 1 以及偶数
                                                     （2 除外）不是素数
```

```
for (int i = 3; (i * i) <= value; i += 2) {
  if (value % i == 0) { return 0; }
}

return 1;
}
```

从 3 循环到这个值的
平方根；只检查奇数

这个值可以被循环值整除，
因此它不是素数

这个值不能被检查的任
何值整除，它是素数

现在有了可以确定一个值是否为素数的函数，需要编写一些代码在一个数字范围内循环调用这个 IsPrime 函数，如果这个值是素数，那么就输出它。执行这个功能的代码不需要与 JavaScript 有任何交互，因此你可以将它包含在 main 函数中。看到 C 或 C++代码中的 main 函数时，Emscripten 会将这个函数指定为模块的启动函数。一旦模块被下载并编译，WebAssembly 框架就会自动调用这个启动函数。

我们会在 main 函数中用 printf 函数将字符串传给 Emscripten 的 JavaScript 代码。然后 JavaScript 代码会接收这些字符串，将其显示在网页上的文本框和浏览器开发者工具的控制台窗口中。第 4 章将编写模块与 JavaScript 交互的代码，这将有助于你更好地理解与 JavaScript 交互的工作原理。

在 IsPrime 函数之后，可以编写代码清单 3-1 中展示的代码，以便从 3 循环到 100 000 来找到这些数字中的素数。

代码清单 3-1　calculate_primes.c 中的 main 函数

```
...

int main() {
  int start = 3;
  int end = 100000;

  printf("Prime numbers between %d and %d:\n", start, end);

  for (int i = start; i <= end; i += 2) {
    if (IsPrime(i)) {
      printf("%d ", i);
    }
  }
  printf("\n");

  return 0;
}
```

从奇数开始，使得
以下循环更高效

告诉 JavaScript 代码循
环的范围

在这个数字范围内循环，
只检查奇数

如果当前值为素数，就将
这个值告知 JavaScript

图 3-6 展示了这个过程的下一步，其中指示了 Emscripten 编译器接收 C 代码并将其转换为 WebAssembly 模块。在这个示例中，还需要 Emscripten 包含 JavaScript plumbing 文件和 HTML 模板文件。

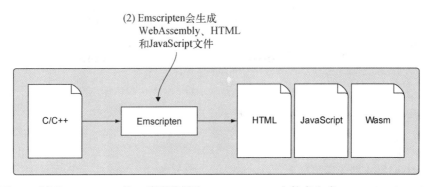

图 3-6　请求 Emscripten 将 C 代码编译为 WebAssembly 文件来生成 JavaScript plumbing
和 HTML 文件

为了将 C 代码编译为 WebAssembly 模块，需要用控制台窗口来运行 emcc 命令，后者是 Emscripten 编译器。进入目录 WebAssembly\Chapter 3\3.4 html_template\就更简单一些了，不需要指定想要 Emscripten 编译的文件路径。打开一个控制台窗口，然后定位到这个目录。

这个 emcc 命令接受若干输入和标记。一般来说，应该首先包含输入文件，尽管这个顺序无关紧要。在这个示例中，应该将 calculate_primes.c 放在 emcc 之后。

默认情况下，如果没有包含输出文件名，则 Emscripten 不会生成 HTML 文件，而是生成一个名为 a.out.wasm 的 WebAssembly 文件和一个名为 a.out.js 的 JavaScript 文件。如果指定输出文件，那么需要使用-o 标记（连字符以及小写的 o），之后是想要的文件名。如果要让 Emscripten 生成 HTML 模板，则需要指定一个后缀为.html 的文件名。

运行以下命令可以生成 WebAssembly 模块、JavaScript plumbing 文件和一个 HTML 模板。注意，如果是第一次运行 Emscripten 编译器，则可能需要几分钟时间，因为它还会创建一些通用资源供编译器复用。这些资源会被缓存，这样之后的编译就会快得多。

```
emcc calculate_primes.c -o html_template.html
```

更多信息　Emscripten 网站上给出了几个优化标记。Emscripten 推荐最初移植代码时从无优化开始。命令行不指定任何优化标记，默认就是-O0（大写 O 之后是零）。应该在开始优化前进行调试并修正代码中可能存在的问题。然后根据不同的需求调整优化标记，从-O0 到-O1、-O2、-Os、-Oz，直到-O3。

如果查看文件 calculate_primes.c 所在目录，你现在应该可以看到图 3-7 中高亮显示的其他 3 个文件。

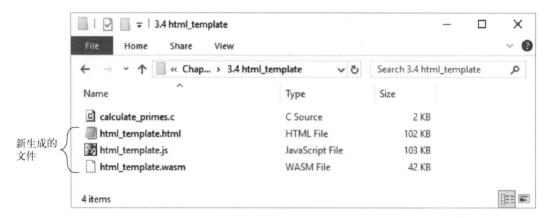

图 3-7   新生成的 HTML、JavaScript 和 WebAssembly 文件

文件 html_template.wasm 是 WebAssembly 模块。文件 html_template.js 是生成的 JavaScript 文件，然后第三个文件是 HTML 文件 html_template.html。

如图 3-8 所示，整个过程的最后一步是查看网页来验证这个 WebAssembly 模块能够按照期望工作。

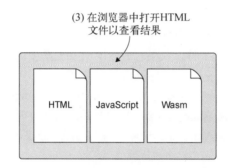

图 3-8   现在可以在 Web 浏览器中打开这个 HTML 文件并查看结果了

如果用 Python 作为本地 Web 服务器，则进入目录 WebAssembly\Chapter 3\3.4 html_template\ 并启动 Web 服务器。打开 Web 浏览器，在地址栏中输入以下地址（根据 Web 浏览器的不同，可能不需要地址中的:8080 这一部分）。

```
http://localhost:8080/html_template.html
```

你应该会看到生成的 HTML 页面，如图 3-9 所示。

图 3-9 在谷歌 Chrome 浏览器中运行的 HTML 页面

提示 为了安装 Emscripten 工具包，需要先安装 Python，这很方便，因为 Python 可以运行本地
Web 服务器。使用其他 Web 服务器运行本书示例也是可以的，但需要确保 WebAssembly
媒体类型存在。可以在附录 A 中找到关于如何启动 Python 本地 Web 服务器的指导。附录
A 也提到了加载 WebAssembly 模块时浏览器期望的媒体类型。

Emscripten 创建的 HTML 文件会将任何来自模块的 `printf` 输出定向到一个文本框，这样不
需要打开浏览器开发者工具，就可以在页面上看到输出。这个 HTML 文件还会在文本框上方包
含一个 canvas 元素，以支持 WebGL 输出。WebGL 是一个基于 OpenGL ES 2.0 的 API，支持 Web
内容为 canvas 元素提供 2D 或 3D 图形渲染。

后面的章节会介绍 Emscripten 如何接受来自 `printf` 调用的输出，并将输出定向到浏览器的
调试器控制台或一个文本框。

3.5 让 Emscripten 生成 JavaScript plumbing 代码

如果想要快速试验代码或者在运行下一步之前验证模块逻辑有效，能够让 Emscripten 包含
HTML 模板是很有帮助的。但对于产品代码来说，通常不会使用 HTML 模板文件，而是让
Emscripten 将 C/C++代码编译为 WebAssembly 模块并生成 JavaScript plumbing 文件。然后创建新
的网页或者编辑已有的网页，并将指向这个 JavaScript 文件的引用包含进去。一旦这个 JavaScript
文件引用成为网页的一部分，当这个网页加载时，这个文件就会自动处理 WebAssembly 模块的
下载和实例化。

3.5.1　用 Emscripten 生成的 JavaScript 编译 C/C++

通过让 Emscripten 创建 WebAssembly 模块时带有 HTML 模板，我们已经验证了素数逻辑。既然 WebAssembly 模块的逻辑已经有了，并且能够按照期望工作，现在我们想让 Emscripten 只生成 WebAssembly 模块和 JavaScript plumbing 文件。如图 3-10 所示，我们将自己创建 HTML 文件，然后引用生成的 JavaScript 文件。需要做的第一件事是新建一个目录，并在其中放置本节文件：WebAssembly\Chapter 3\3.5 js_plumbing\。

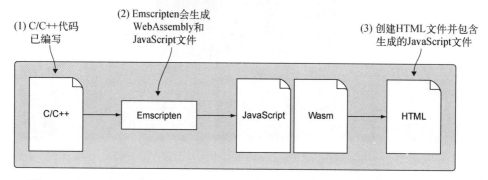

图 3-10　让 Emscripten 生成 WebAssembly 文件和 JavaScript plumbing 文件。然后自己创建 HTML 文件并包含一个指向生成的 JavaScript 文件的引用

如图 3-11 所示，第一步是创建 C 或 C++代码。代码清单 3-2 展示了 calculate_primes.c 文件的内容，创建这个文件是为了与 HTML 模板一起使用。将这个文件复制到目录 3.5 js_plumbing 下。

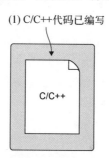

图 3-11　第一步是创建 C/C++代码

代码清单 3-2　calculate_primes.c 中的代码

```
#include <stdlib.h>
#include <stdio.h>
#include <emscripten.h>

int IsPrime(int value) {
  if (value == 2) { return 1; }
  if (value <= 1 || value % 2 == 0) { return 0; }
```

```
    for (int i = 3; (i * i) <= value; i += 2) {
      if (value % i == 0) { return 0; }
    }

    return 1;
}

int main() {
  int start = 3;
  int end = 100000;

  printf("Prime numbers between %d and %d:\n", start, end);

  for (int i = start; i <= end; i += 2) {
    if (IsPrime(i)) {
      printf("%d ", i);
    }
  }
  printf("\n");

  return 0;
}
```

至此我们有了新的 C 文件，图 3-12 展示了过程的下一步，其中要让 Emscripten 编译器接受 C 代码并将其转换为一个 WebAssembly 模块。还要让 Emscripten 包含 JavaScripten plubming 文件，但不包含 HTML 模板文件。

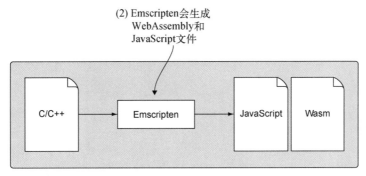

图 3-12　让 Emscripten 将 C 代码编译为一个 WebAssembly 文件并生成 JavaScript plumbing 文件

为了将 C 代码编译为 WebAssembly 模块，需要打开控制台窗口，进入目录 WebAssembly\Chapter 3\3.5 js_plumbing\。使用的命令与之前请求包含 HTML 模板时的命令类似。在这个示例中，我们只想生成 WebAssembly 和 JavaScript 文件，不想生成 HTML 文件，因此需要将输出文件名修改为带.js 后缀，而不是.html 后缀。运行以下命令，让 Emscripten 创建 WebAssembly 模块和 JavaScript 文件。

```
emcc calculate_primes.c -o js_plumbing.js
```

如果现在查看复制 calculate_primes.c 文件的目录，应该可以看到两个新文件，如图 3-13 所示。

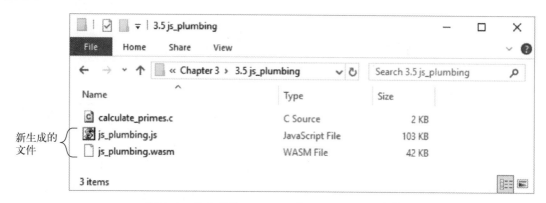

图 3-13 新生成的 JavaScript 和 WebAssembly 文件

现在我们有了 WebAssembly 模块和生成的 JavaScript 文件，图 3-14 展示了下一步，其中会创建一个 HTML 文件并包含生成的 JavaScript 文件。Emscripten 生成的 JavaScript 文件会处理 WebAssembly 模块的加载和实例化，因此，要想获得对模块功能的访问，只需要在一个 HTML 页面中包含指向这个文件的引用。

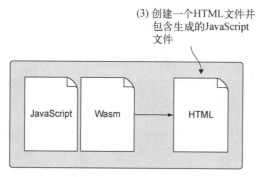

图 3-14 修改一个 HTML 文件或者创建一个新文件，以引用生成的 JavaScript 文件

3.5.2 创建一个供浏览器使用的基本 HTML 网页

有些开发者可能擅长使用 C/C++这样的语言，但并没有 HTML 页面经验。针对这些开发者，我将简要介绍 HTML 页面的元素，你很快就要用这些元素创建一个页面以用于本章示例。如果你已经了解基础 HTML 页面，则可以跳过下面这一小节直接进入"创建自己的 HTML 页面"部分。

1. HTML 基础

每个 HTML 页面都首先需要一个 DocType 声明，以告知浏览器现在使用的是哪个版本的

HTML。最新版本是 HTML 5，这也是此处将使用的版本，HTML 5 的 `DocType` 写作 `<!DOCTYPE html>`。

HTML 在很大程度上可以说是一系列类似于 XML 的标签。XML 用于描述数据，而 HTML 用于描述表现。HTML 标签类似于刚才提到的 `DocType` 声明，通常由围绕内容的开闭标签构成，内容中还可以包含其他标签。

在 `DocType` 声明之后，HTML 页面由一个 `html` 标签开始，其中包含所有页面内容。`html` 标签内是 `head` 和 `body` 标签。

`head` 标签中可以放置页面的元数据，比如标题或者文件的字符编码。通常用于 HTML 文件的字符编码格式是 UTF-8，但你也可以使用其他编码。还可以在 `head` 标签中包含 `link` 标签以包含指向文件的引用，用于指示展示页面内容的风格等。

`body` 标签是放置页面所有内容的地方。与 `head` 标签一样，`body` 标签也可以包含文件引用。

通过包含 `src` 属性，`script` 标签可用于包含 JavaScript 代码，前者的这个属性会告诉浏览器到哪里可以找到代码文件。浏览器开发者想要通过简单地在页面中包含一个 `script` 标签来支持在页面中包含 WebAssembly 模块，类似于 `<script type="module">`，但这一功能还在开发之中。

`script` 标签可以放在 `head` 或 `body` 标签中，但直到最近为止，人们普遍认为将 `script` 标签放在 `body` 标签的结尾处为最佳实践。这是因为浏览器在脚本下载好之前会暂停 DOM 构造，如果一个网页在这段暂停之前显示点什么，而不是一开始只展示一片空白，那么会让人感觉响应性更好。现在 `script` 标签中可以包含一个 `async` 属性，以告知浏览器可以在下载这个脚本文件的同时继续构造 DOM。

更多信息　以下文章更详细地解释了为什么建议将 `script` 标签放在 `body` 标签的结尾处："Adding Interactivity with JavaScript," Ilya Grigorik，谷歌开发者。

浏览器不需要 HTML 文件中的空白字符。HTML 文件中的缩进和换行是可选的，包含它们只是为了可读性更强。

2. 创建自己的 HTML 页面

下面的 HTML（代码清单 3-3）是针对 WebAssembly 文件的一个基本网页，应该将其放在目录 WebAssembly\Chapter 3\3.5 js_plumbing\下，并命名为 js_plumbing.html。这个代码清单中的网页只是包含了一个指向 Emscripten 生成的 JavaScript 文件的引用。由于这个 JavaScritp 文件会处理 WebAssembly 模块的加载和实例化，因此你要做的就是包含一个指向这个文件的引用。

代码清单 3-3　用作 js_plumbing.html 的 HTML

```
<!DOCTYPE html>
<html>
  <head>
    <meta charset="utf-8"/>
```

```
    </head>
    <body>
       HTML page I created for my WebAssembly module.

       <script src="js_plumbing.js"></script>
    </body>
</html>
```

这个 JavaScript 文件会处理 WebAssembly 模块的加载和实例化

3. 查看你的 HTML 页面

如果打开一个浏览器并在地址栏中输入以下网址，可以看到一个类似于图 3-15 的页面。

```
http://localhost:8080/js_plumbing.html
```

图 3-15　刚创建的 HTML 页面，运行于谷歌 Chrome 浏览器中

在浏览器中查看这个网页时，你可能会问自己，3.4 节中使用 HTML 模板方法时看到的展示所有素数的文本去哪儿了？

在 3.4 节中，当你要求 Emscripten 生成 HTML 模板时，Emscripten 会将所有 printf 输出放在网页上的一个文本框中；而默认情况下，它会将所有这样的输出定向到浏览器开发者工具的控制台上。要想显示这些工具，可以按 F12 键。

每个浏览器的开发者工具略有不同，但都有查看控制台输出的方法。如图 3-16 所示，来自模块中的 printf 调用的文本被输出到浏览器开发者工具的控制台窗口中。

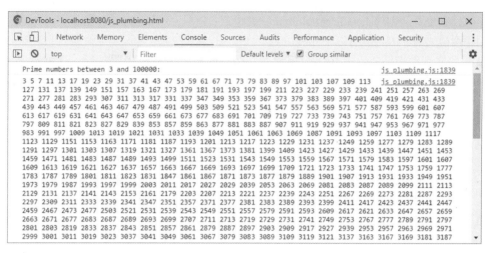

图 3-16　谷歌 Chrome 浏览器开发者工具的控制台窗口展示了素数列表

3.6　让 Emscripten 只生成 WebAssembly 文件

图 3-17 展示了我们将要介绍的用 Emscripten 创建 WebAssembly 模块时的第三种场景。这种场景下，我们会要求 Emscripten 只将 C/C++代码编译为 WebAssembly，而不创建任何其他文件。这种情况下，不仅要自己创建一个 HTML 文件，还要编写下载和实例化模块需要的 JavaScript 代码。

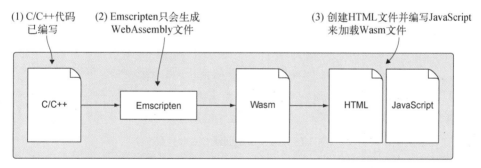

图 3-17　Emscripten 被要求只生成 WebAssembly 文件。然后创建必要的 HTML 和 JavaScript 代码，以下载和实例化模块

要想实现这种创建 WebAssembly 模块的方式，可以告知 Emscripten 要创建一个副模块。实际上，副模块主要用来实现动态链接，其中可以下载多个模块，然后在运行时将它们链接到一起，从而作为一个单元工作。这类似于其他语言中的依赖库。本书后面会讨论动态链接。对于这种场景来说，我们要求一个副模块并不是为了实现动态链接。要求 Emscripten 创建副模块的原因是：如果这么做，Emscripten 就不会在 WebAssembly 模块中将任何 C 标准库函数与你的代码包含在

一起，而且它也不会创建 JavaScript plumbing 文件。

创建副模块的原因可能有以下几种。

☐ 想要实现动态链接，其中多个模块会在运行时被下载并链接到一起。这种情况下，这些模块之一将被编译为主模块，并拥有 C 标准库函数。第 7 章将解释主模块和副模块之间的区别，那时我们将深入探讨动态链接，而副模块和主模块都归属于本章介绍的 3 种情况。

☐ 模块逻辑不需要 C 标准库。这里要小心，如果在 JavaScript 代码和模块之间传递了任何非整型或浮点型的数据，那么就需要内存管理，这就会要求某种形式的 C 标准库函数 `malloc` 和 `free`。我们已经了解了模块内存就是一个由 JavaScript 传给它的数组缓冲区，因此内存管理问题只会影响你自己的代码，但是可能会出现很难追踪的 bug。

☐ 学习如何下载模块并让浏览器对其进行编译和实例化是有用的技巧，因为 Emscripten 并不是创建 WebAssembly 模块的唯一编译器。网上的几个示例展示了如何手动加载模块。如果想要学习这些示例，那么创建一个可以手动加载的模块是很有帮助的。可能在未来的某一时刻，你需要使用没有 JavaScript plumbing 文件的第三方模块工作。

3.6.1   用 Emscripten 将 C/C++编译为副模块

如图 3-18 所示，第一步是创建一些 C 代码。创建一个目录来放置本节文件：WebAssembly\Chapter 3\3.6 side_module\。

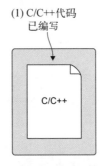

图 3-18   第一步是创建 C/C++代码

因为 C 代码不能访问 `printf` 函数，所以目前使用的示例需要一个简单的 C 文件作为替换。我们将创建一个名为 `Increment` 的函数，这个函数会接受一个整型，将这个值加 1，然后向调用者返回结果。在这个例子中，调用者会是 JavaScript 函数。将以下代码片段放入一个名为 side_module.c 的文件中。

```
int Increment(int value) {
  return (value + 1);
}
```

现在已经有了 C 代码,可以进行下一步骤了,即让 Emscripten 只生成 WebAssembly 文件,如图 3-19 所示。为了将这段代码编译为副模块,需要包含 -s SIDE_MODULE=2 标记作为 emcc 命令的一部分。这个 -s SIDE_MODULE=2 标记会告诉 Emscripten 不想在生成的模块中包含像 C 标准库这样的东西,也不想生成 JavaScript plumbing 文件。

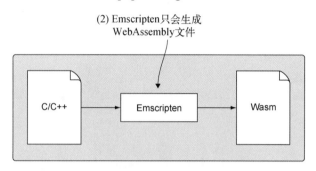

图 3-19 让 Emscripten 只生成 WebAssembly 文件

还需要包含优化标记 -O1(大写字母 O 和数字 1)。如果没有指定优化标记,则 Emscripten 会使用默认的 -O0(大写字母 O 和数字 0),这表示不执行任何优化。现在这个场景下,如果不进行任何优化,那么会在试图加载这个模块的时候引发链接错误,这个模块期待若干个函数和全局变量,但你的代码并没有提供。通过移除多余的导入,添加非 -O0 的优化标记会修正这个问题,因此要使用下一级优化标志 -O1(字母 O 要区分大小写,必须是大写)。

需要将函数 Increment 指定为导出函数,这样它才能够被 JavaScript 代码调用。为了向 Emscripten 编译器指示这一点,可以在命令行参数 -s EXPORTED_FUNCTIONS 中包含这个函数名。生成 WebAssembly 文件时,Emscripten 会在这个函数前添加一个下划线字符,因此将函数名包含到导出数组时,需要包含下划线字符:_Increment。

提示　在这个例子中,只需要在 EXPORTED_FUNCTIONS 命令行数组中指定一个函数。如果需要指定多个函数,不要在逗号和下一个函数之间添加空格,否则就会收到编译错误。如果一定要在多个函数名之间添加空格,则需要用双引号包裹命令行数组,比如 -s "EXPORTED_FUNCTIONS=['_Increment', '_Decrement']"。

最后,指定的输出文件需要有 .wasm 后缀。第一种情况中指定一个 HTML 文件,第二个情况中指定一个 JavaScript 文件。这种情况下,指定一个 WebAssembly 文件,如果不指定文件名,则 Emscripten 会创建一个名为 a.out.wasm 的文件。

打开一个命令行窗口,进入保存 C 文件的目录,运行以下命令就可以将 Increment 代码编译为 WebAssembly 模块。

```
emcc side_module.c -s SIDE_MODULE=2 -O1
➡ -s EXPORTED_FUNCTIONS=['_Increment'] -o side_module.wasm
```

如果观察文件 side_module.c 所在的目录，你现在应该可以看到只有一个新文件，如图 3-20 所示。

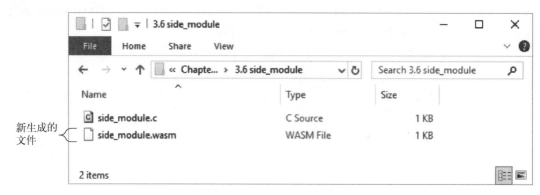

图 3-20   新生成的 WebAssembly 文件

3.6.2   浏览器中的加载与实例化

了解了如何创建 Wasm 文件后，现在需要创建一个 HTML 文件并编写 JavaScript 代码从服务器请求这个文件，并让这个模块完成实例化。

1. promise 与箭头函数表达式

我们将要介绍的很多 JavaScript 函数，在工作时通常是通过 promise 来异步操作的。当调用一个异步函数时，它会返回一个 Promise 对象，之后当动作被实现（成功）或者被拒绝（出错）时，这个 Promise 对象会被调用。

Promise 对象有一个 then 方法，这个方法接受两个参数，二者都是回调函数。如果动作完成，那么会调用第一个参数，动作被拒绝则会调用第二个参数。

以下示例包含了一个请求完成时会被调用的函数和一个出错时会被调用的函数。

```
asyncFunctionCall.then(onFulfilled, onRejected);
```
传入这个 promise 完成或被
拒绝时会调用的回调函数

完成函数和拒绝函数都接受一个参数。调用完成函数的函数可以传递任何数据作为完成参数值。拒绝参数值是一个包含拒绝原因的字符串。

在前面的示例中，传入的是 then 方法完成或被拒绝时要调用的函数指针。不一定需要存在于代码别处的独立函数，也可以创建匿名函数，如下所示：

```
asyncFunctionCall.then(function(result) {
    ...
}, function(reason) {
    ...
});
```
用于 promise 完成
情况的匿名函数

用于 promise 被拒
绝情况的匿名函数

使用 promise 时，你经常会看到更进一步的情况，即使用箭头函数表达式。与普通函数相比，其语法形式更简洁，如下所示：

```
asyncFunctionCall.then((result) => {
  ...
}, (reason) => {
  ...
});
```

← 用一个箭头函数表达式作为完成函数

← 用一个箭头函数表达式作为拒绝函数

如果只有一个参数，那么括号是可选的。比如，函数 (result) => {} 可以写成 result => {}。如果没有参数，则要使用括号：() => {}。

对于箭头函数表达式的函数体，如果期望返回值并使用了大括号，那么需要有一个显式的 return 语句。

```
(value1, value2) => { return value1 + value2 }
```

如果箭头函数表达式的函数体被括号包裹或者完全没有包裹，那么有一个隐式返回值，如下所示：

```
(value1, value2) => value1 + value2
```

如果只想要确定动作是否完成，那么可以不指定 then 方法中用于拒绝情况的第二个参数。

另外，如果只关心一个动作是否出问题了，那么可以将第一参数指定为 null，然后是一个用于拒绝的回调。但一般来讲，如果只关心是否出错，则可以使用 catch 方法。这个方法只接受一个参数，即一个动作被拒绝时会调用的回调函数。

then 和 catch 方法都返回 promise，因此可以将几个异步操作链接起来。这样会使几个彼此依赖的异步操作使用起来更简单，因为只有前一个完成之后才会调用下一个 then 方法。

```
asyncFunctionCall.then(result =>
  asyncFunctionCall2()
).then(result => {

}).catch((err) => {

});
```

← **asyncFunctionCall2** 也返回一个 promise

← **asyncFunctionCall2** 完成

← 链中的一个调用被拒绝。将错误记录到日志或显示出来

2. JavaScript 对象简写

后面示例中要使用的一些函数接受对象作为参数。可以用 new Object() 在 JavaScript 中创建对象，但还有一些用大括号来创建对象的简写方式，如下所示，这个例子创建了一个空对象。

```
const person = {};
```

对象内可以包含名/值对，各对之间用逗号分隔。名/值对本身用冒号分隔，值可以是一个 string、number、object、array、true、false 或者 null。字符串值用单引号或双引号包裹。以下是一个名/值对的示例。

```
age: 21
```

用这种方式创建对象使得事情变得简单，因为可以用一个步骤声明并初始化对象。定义了 JavaScript 对象之后，就可以用 . 号记法访问属性，如下所示：

```
const person = { name: "Sam Smith", age: 21 };
console.log("The person's name is: " + person.name);
```

3. WebAssembly JavaScript API 概览

支持 WebAssembly 的浏览器提供了 WebAssembly JavaScript API。这套 API 是一个 WebAssembly 命名空间，其中包含几个用来编译和实例化模块的函数和对象；与模块的各方面交互，比如它的内存，在模块和 JavaScript 之间来回传递字符串；以及处理出错情况。

当使用 Emscripten 生成的 JavaScript 文件时，它会处理 WebAssembly 的下载。然后它与 WebAssembly JavaScript API 交互，以便 WebAssembly 模块可以被编译和实例化。

本节将介绍如何使用这组 API，与之交互以手动加载 3.6.1 节创建的 WebAssembly 模块。

信息　包括 Edge、Firefox、Chrome、Safari 和 Opera 等多数当代桌面和移动浏览器，支持 WebAssembly。

能够用 WebAssembly 模块做任何事情之前，首先需要请求下载 WebAssembly 文件。为了请求这个文件，我们将使用 JavaScript 方法 `fetch`。这个方法会让 JavaScript 进行异步 HTTP 相关调用。举例来说，如果只需要拿取数据，而不需要向服务器传递数据，那么只需要指定第一个参数，即想要下载的文件的 URI，`fetch` 方法会返回一个 `Promise` 对象。举个例子，如果 Wasm 文件位于服务器上与 HTML 文件下载来源相同的目录中，那么只需要指定文件名作为 URI，如下所示：

```
fetch("side_module.wasm")
```

`fetch` 方法接受一个 JavaScript 对象作为可选的第二个参数，以控制与请求相关的各种设置，比如数据内容类型（如果向服务器传递数据）。对于本书来说，不需要使用这个名为 `init` 的可选的第二个参数。

一旦获取 WebAssembly 文件，就需要用一种方法来编译并实例化它。对此，推荐的方法是使用函数 `WebAssembly.instantiateStreaming`，因为可以在用 `fatch` 方法下载字节码的同时将模块编译为机器码。因为模块刚完成下载就准备好了被实例化，所以在下载时编译模块加速了加载过程。

函数 `instantiateStreaming` 接受两个参数。一个是 `Response` 对象，另一个是将用 `Response` 对象完成的 `Promise` 对象，表示 Wasm 文件的来源。由于 `fetch` 方法会返回一个 `Response` 对象，因此可以简单地将这个方法调用作为 `instantiateStreaming` 的第一个参数。第二个参数是一个可选的 JavaScript 对象，我们将简要介绍，其中要向模块传递任何它期望的数据，比如导入的函数或全局变量。

函数 instantiateStreaming 会返回一个 Promise 对象，如果完成，这个对象会持有一个 module 属性和一个 instance 属性。属性 module 是一个 WebAssembly.Module 对象，属性 instance 是一个 WebAssembly.Instance 对象。我们感兴趣的对象是 instance 属性，因为它持有一个 exports 属性，其中包含这个模块的所有导出条目。

以下示例用函数 WebAssembly.instantiateStreaming 加载了 3.6.1 节中创建的模块。

来自 fetch 调用的 Promise 对象
被作为第一个参数传入

从 instance 对象可以
访问导出函数

```
WebAssembly.instantiateStreaming(fetch("side_module.wasm"),
  importObject).then(result => {
  const value = result.instance.exports._Increment(17);
  console.log(value.toString());
});
```

函数 instantiateStreaming 是在 WebAssembly MVP 第一次发布之后加入浏览器的，因此可能有一些支持 WebAssembly 的浏览器并不支持 instantiateStreaming。在试图使用之前，最好先用功能检测来检查 instantiateStreaming 是否可用。3.7 节会展示如何测试并查看这个函数是否可用。如果不可用，就应该使用更老一些的 WebAssembly.instantiate 函数。

提示　MDN（正式名为 Mozilla 开发者网络，Mozilla developer network）Web Docs 上面有一个关于函数 instantiateStreaming 的文档，并且其中在页面最后包含了最新的浏览器兼容性列表。

与调用 instantiateStreaming 一样，使用 instantiate 时也可以用 fetch 下载 WebAssembly 文件的内容。但与使用 instantiateStreaming 不同的是，不能直接向 instantiate 传入 Promise 对象。需要等待 fetch 请求完成，将数据转入一个 ArrayBuffer，然后将这个 ArrayBuffer 传入 instantiate。与函数 instantiateStreaming 一样，函数 instantiate 也接受一个 JavaScript 对象作为可选的第二个参数，以用于模块的导入项。

以下是使用函数 WebAssembly.instantiate 的一个示例。

```
fetch("side_module.wasm").then(response =>
    response.arrayBuffer()
).then(bytes =>
  WebAssembly.instantiate(bytes, importObject)
).then(result => {
    const value = result.instance.exports._Increment(17);
    console.log(value.toString());
});
```

请求下载 WebAssembly
文件

请求将文件数据转化为一
个 ArrayBuffer

向函数 instantiate 传入这个 ArrayBuffer

现在可以访问实例化后的
模块 result.instance 了

第 9 章将操作一个只编译了的模块（没有完成实例化），该模块传自一个 Web worker。那时还会使用函数 WebAssembly.compileStreaming 和 WebAssembly.compile。目前，函数

compileStreaming 和 compile 与函数 instantiateStreaming 和 instantiate 一样，只是返回编译后的模块。

注意，函数 WebAssembly.Module 可以编译模块，函数 WebAssembly.Instance 可以实例化编译后的模块，但是不推荐使用这两个函数，因为它们是同步调用的。函数 instantiateStreaming、instantiate、compileStreaming 和 compile 是异步的，推荐使用它们。

前面提到过，可以向函数 instantiateStreaming 和 instantiate 传入可选的 JavaScript 对象（通常名为 importObject）作为第二个参数。这个对象可以包含内存、一个表、全局变量或函数引用。贯穿本书的各种示例都将使用这些导入。

WebAssembly 模块可以包含一个 Memory 段，以指示它最初需要多少页内存，以及最多需要多少页面，后者是可选的。每页内存有 65 536 字节或者说 64 KB。如果模块指示需要导入内存，那么 JavaScript 代码负责将它作为传入函数 instantiateStreaming 或 instantiate 的 importObject 的一部分来提供。

更多信息　WebAssembly 的一个安全特性是，模块不能直接分配自己的内存，也不能直接改变其大小。WebAssembly 模块使用的内存是在模块进行实例化时由主机以可变大小的 ArrayBuffer 的形式提供的。

为了向模块传递内存，要做的第一件事就是创建一个 WebAssembly.Memory 对象的实例，并将它包含在 importObject 中。WebAssembly.Memory 对象接受一个 JavaScript 对象作为它的构造器的一部分。这个 JavaScript 对象的第一个属性是 initial，以指示最初应该为这个模块分配多少个页面。这个 JavaScript 对象可以包含一个可选属性 maximum，以表明允许这个 WebAssembly 的内存最大增长到多少个页面。后面会介绍内存增长的更多细节。

以下示例展示了如何创建 WebAssembly.Memory 对象并将其传递给一个模块。

```
const importObject = {
  env: {
    memory: new WebAssembly.Memory({initial: 1, maximum: 10})
  }
};
WebAssembly.instantiateStreaming(fetch("test.wasm"),
  ➡ importObject).then(result => { ... });
```

初始内存为一个页面，只允许增加到最大 10 页

4. 编写 JavaScript 代码来获取并实例化模块

这里将编写一些 JavaScript 代码，以加载 3.6.1 节创建的 side_module.wasm 文件，我们将使用函数 WebAssembly.instantiateStreaming。3.6.1 节曾经要求 Emscripten 创建作为副模块的模块，这样 Emscripten 便不会在 Wasm 文件中包含任何 C 标准库函数，也不会创建 JavaScript plumbing 文件。Emscripten 的副模块方法主要用于在运行时动态链接两个或更多模块，但这里我们并不是为了这个目的。Emscripten 会向模块添加导入，这是调用 instantiateStreaming 需要提供的。

　　我们需要定义一个 JavaScript 对象，将其命名为 importObject，它有一个名为 env 的子对象，其中包含一个 __memory_base 属性，这是这个模块想要导入的。这个 __memory_base 属性会简单持有一个 0 值，因为我们不会动态链接这个模块。

　　创建好 importObject 后，就可以调用函数 instantiateStreaming，传入 Wasm 文件的 fetch 方法的结果作为第一个参数，importObject 作为第二个参数。instantiateStreaming 会返回一个 promise，因此我们将设置一个处理函数作为成功回调，模块完成下载、编译并实例化后，它就会被调用。此时可以访问这个 WebAssembly 模块实例的导出元素并调用_Increment 函数，传入值 17。_Increment 函数接受这个传入的值，加 1，然后返回新值。包含的 console.log 调用会将结果输出到浏览器的控制台窗口，本例会显示数字 18。

　　代码清单 3-4 是加载并实例化模块所需要的 JavaScript 代码。

代码清单 3-4　加载并实例化 side_module.wasm 的 JavaScript 代码

```
const importObject = {
  env: {
    __memory_base: 0,
  }
};

WebAssembly.instantiateStreaming(fetch("side_module.wasm"),
➥ importObject).then(result => {
  const value = result.instance.exports._Increment(17);
  console.log(value.toString());
});
```

5. 创建一个基本的 HTML 页面

　　在目录 Chapter 3\3.6 side_module\中，创建文件 side_module.html，然后用编辑器打开。正如代码清单 3-5 所示，将用于加载 WebAssembly 文件的 HTML 几乎和 3.5.2 节中使用的 js_plumbing.html 文件一样，只是这里没有引用 JavaScript 文件，而是使用了代码清单 3-4 中编写的 JavaScript 代码，将其添加到了此代码清单的 script 块中。

代码清单 3-5　用于 WebAssembly 模块的 HTML 页面，名为 side_module.html

```
<!DOCTYPE html>
<html>
  <head>
    <meta charset="utf-8"/>
  </head>
  <body>
    HTML page I created for my WebAssembly module.

    <script>
      const importObject = {
        env: {
          __memory_base: 0,
        }
      };
```

```
        WebAssembly.instantiateStreaming(fetch("side_module.wasm"),
    ➥ importObject).then(result => {
        const value = result.instance.exports._Increment(17);
        console.log(value.toString());
      });
    </script>
  </body>
</html>
```

打开一个 Web 浏览器并在地址栏中输入 http://localhost:8080/side_module.html。然后按 F12 键打开浏览器的开发者工具，你可以看到刚创建的 HTML 页面输出了数字 18，如图 3-21 所示。

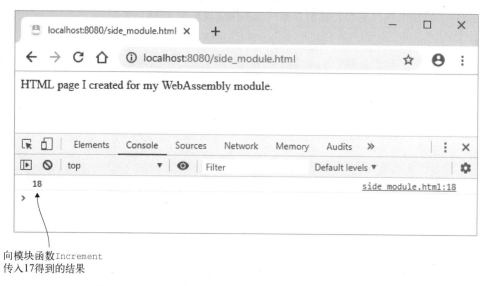

向模块函数Increment
传入17得到的结果

图 3-21   刚创建的 HTML 页面，其中显示了函数 Increment 的调用结果

3.7   功能检测：如何测试 WebAssembly 是否可用

对于新技术来说，有时一些浏览器厂商会更早实现某个功能。并不是所有人都会像我们期望的那么频繁将浏览器更新到最新版本，因此，即使用户使用的浏览器来自已经实现了某个功能的厂商，他们使用的版本也不一定支持这个功能。如果你的用户使用的某个浏览器中可能不支持你需要的功能，那么最佳实践是在试图使用前检查这个功能是否存在。

WebAssembly 是一个足够新的技术，并非当前在用的所有浏览器或者 Node.js 版本都支持它。也可能出现浏览器支持 WebAssembly，但出于安全检查的原因，不允许你请求的模块被加载和实例化，比如像内容安全策略（content security policy，CSP）检查，这是增加的安全性保护，用于阻止跨站脚本（cross-site scripting）和数据注入攻击的情况。因此，简单地检查 WebAssembly JavaScript 对象是否存在是不够的。可以使用代码清单 3-6 来检测浏览器或 Node.js 是否支持 WebAssembly。

代码清单 3-6 测试是否支持 WebAssembly 的 JavaScript 代码

封装进一个 `try/catch` 块，以防抛出 `CompileError` 或 `LinkError`

查看 WebAssembly JavaScript API 对象是否存在

编译一个只有幻数（`'\0asm'`）和版本（1）的极小模块

检查结果是否为一个 JavaScript API `WebAssembly.Module` 对象

```
function isWebAssemblySupported() {
  try {
    if (typeof WebAssembly === "object") {
      const module = new WebAssembly.Module(new Uint8Array([0x00, 0x61,
        0x73, 0x6D, 0x01, 0x00, 0x00, 0x00]));
      if (module instanceof WebAssembly.Module) {
        const moduleInstance = new WebAssembly.Instance(module);
        return (moduleInstance instanceof WebAssembly.Instance);
      }
    }
  } catch (err) {}

  return false;
}

console.log((isWebAssemblySupported() ? "WebAssembly is supported":
  "WebAssembly is not supported"));
```

如果对象是一个 JavaScript API `WebAssembly.Instance` 对象，那么支持 WebAssembly

结果是否为 JavaScript API `WebAssembly.Module` 对象

不支持 WebAssembly

至此你了解了如何测试是否支持 WebAssembly，浏览器或 Node.js 有可能不支持最新的功能。比如，`WebAssembly.instantiateStreaming` 是一个新的 JavaScript 函数，可以用来代替 `WebAssembly.instantiate`，但是 `instantiateStreaming` 是在 MVP 发布之后创建的。因此，`instantiateStreaming` 可能并不存在于所有支持 WebAssembly 的浏览器上。要想测试某个 JavaScript 函数是否存在，可以执行以下步骤。

```
if (typeof WebAssembly.instantiateStreaming === "function") {
  console.log("You can use the WebAssembly.instantiateStreaming
    function");
} else {
  console.log("The WebAssembly.instantiateStreaming function is not
    available. You need to use WebAssembly.instantiate instead.");
}
```

对于功能测试来说，通常是先测试要使用的函数，如果这个函数不存在，则使用备用方法。在我们的示例中，首选 `instantiateStreaming` 是因为它会在模块下载的同时编译代码；如果它不可用，`instantiate` 也可以工作。但 `instantiate` 不能像 `instantiateStreaming` 那样带来性能提升。

那么如何将本章所学应用于现实呢？

3.8 现实用例

以下是本章所学的几个可能用例。

❑ 可以使用 Emscripten 的 HTML 模板输出选项来快速创建概念验证代码或测试与网页无关的 WebAssembly 功能。通过使用 `printf` 函数，可以向网页上的文本框和浏览器开发者工具控制台输出信息来验证一切按照期望工作。一旦拥有可以在测试环境下工作的代码，就可以在主代码库中实现它。

❑ 可以用 WebAssembly JavaScript API 执行功能检测，以确定是否支持 WebAssembly。

❑ 其他示例还包括计算器或单位转换器（比如，摄氏度到华氏度或厘米到英寸）。

3.9　练习

练习答案参见附录 D。

(1) WebAssembly 支持哪 4 种数据类型？

(2) 为 3.6.1 节创建的副模块添加一个 `Decrement` 函数。

    a. 这个函数应该有一个整型返回值和一个整型参数。从接收到的值中减去 1，然后向调用函数返回结果。

    b. 编译这个副模块，然后修改 JavaScript 代码来调用这个函数并将结果显示在控制台上。

3.10　小结

正如你在本章所见，Emscripten 工具包会使用 LLVM 编译器工具链将 C/C++代码转换为 LLVM IR。然后 Emscripten 会将 LLVM IR 转换为 WebAssembly 字节码。支持 WebAssembly 的浏览器会加载这个 WebAssembly 文件，如果检查一切无误，就会继续将字节码编译为设备机器码。

针对不同的需求，Emscripten 工具链提供了不同的灵活性，支持以下几种创建模块的方法。

❑ 可以创建一个模块，同时生成 HTML 和 JavaScript 文件。这通常是在想要学习 WebAssembly 模块，同时无须学习 HTML 和 JavaScript 方面的知识时的一种有用方法。在需要快速测试某些东西，而不必创建 HTML 和 JavaScript 代码时，这种方法也很有用。

❑ 可以创建一个模块，同时生成 JavaScript 文件。由你来负责生成自己的 HTML 文件。这提供了一种灵活性，你可以创建一个新的自定义 HTML 页面，也可以将生成的 JavaScript 引用添加到现有网页。这也是用于产品代码的典型方法。

❑ 最后，可以只创建一个模块。此时你负责创建自己的 HTML 文件并下载和实例化模块所需要的 JavaScript。这种方法有助于学习 WebAssembly JavaScript API 的相关细节。

Part 2

第二部分

使用模块

现在你已经了解 WebAssembly 是什么，也认识了 Emscripten 工具包，这一部分将带领你创建可以与 JavaScript 代码相互交互的 WebAssembly 模块。

在第 4 章中，你将学习如何调整现有 C/C++代码库，使其可以编译为 WebAssembly 模块。你还将学习如何为网页编写 JavaScript 代码，从而与新模块交互。

第 5 章介绍如何调整第 4 章中的代码，以便 WebAssembly 模块可以调用网页中的 JavaScript 代码。

在第 6 章中，通过向 WebAssembly 模块传递 JavaScript 函数指针，我们将调用网页 JavaScript 代码的手段提高了一个等级。这使得 JavaScript 代码可以按需指定函数，并利用 JavaScript promise。

复用现有 C++代码库

本章内容
- 将 C++代码库修改为可被 Emscripten 编译
- 导出 WebAssembly 函数，以便其可以被 JavaScript 调用
- 用 Emscripten 辅助函数调用 WebAssembly 函数
- 通过模块内存向 WebAssembly 模块传递字符串和数组

大家讨论 WebAssembly 优点时通常是从性能的角度来说的。但 WebAssembly 还有另外一个优点——代码复用。相较于针对每个目标环境（桌面、网站等）多次编写同样的逻辑，WebAssembly 支持在不同位置复用相同的代码。

想象这样一个场景：某公司已经有一个以 C++编写的桌面版零售应用程序，而现在想要增加一个在线解决方案。公司已经确定要创建的网站的第一部分是 Edit Product（编辑产品）网页，如图 4-1 所示。新网站还要用 Node.js 编写服务器端逻辑。关于 Node.js 的使用将在后面章节中讨论。

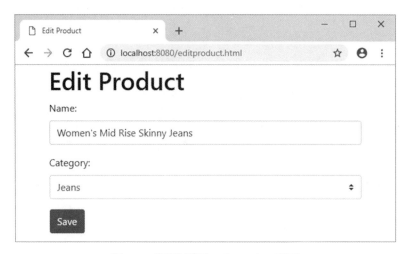

图 4-1　将要创建的 Edit Product 页面

因为已经有 C++代码,所以公司想要通过 WebAssembly 将验证代码扩展到浏览器和 Node.js。这可以确保 3 个位置都能以完全相同的方式验证数据,从而提高可维护性。如图 4-2 所示,创建这个网站并纳入验证逻辑的步骤如下。

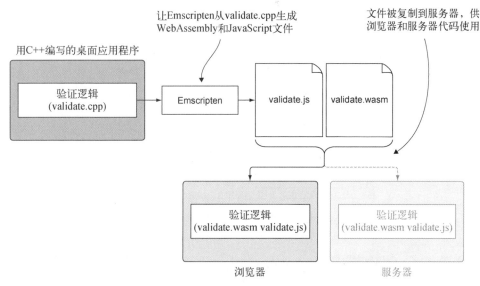

图 4-2 将现有 C++逻辑转化为 WebAssembly 模块供浏览器和服务器端代码使用所需
要的步骤。后面章节会讨论 Node.js 这种服务器部分

(1) 将 C++代码修改为可被 Emscripten 编译。

(2) 请求 Emscripten 生成 WebAssembly 和 JavaScript plumbing 文件。

(3) 创建网页,然后编写与 WebAssembly 模块交互所需的 JavaScript 代码。

为什么要两次验证用户输入?为什么不省略浏览器中的验证,而只在服务器端验证?原因有以下两点。

❑ 主要原因是,用户可能在物理上离服务器较远。距离越远,数据到达服务器以及响应返回所需要的时间就越长。如果用户在世界的另一端,那么延迟会是可感知的。因此,尽可能在浏览器中验证数据可以提高网站对用户的响应性。

❑ 尽可能在浏览器中验证数据也可以降低服务器端的工作量。如果服务器不需要响应每位用户,那么就可以同时应对更多用户。

与在浏览器中验证用户数据一样,不能假定到达服务器端的数据是完美的,这一点很有帮助。可以通过一些方法绕过浏览器的验证检查。不管是用户无意还是有意输入,你都不会冒险向数据库添加坏数据。不论浏览器端的验证如何完美,服务器端代码必须验证接收到的数据。

图 4-3 展示了将要创建的网页会如何执行验证。用户输入某些信息并点击保存按钮时,验证检查就会执行,以确保数据符合期望。如果数据有问题,网页会显示一条出错信息。修正问题后,用户可以再次点击保存按钮。如果数据没问题,信息就会被传送到服务器。

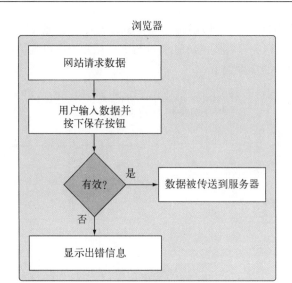

图 4-3 浏览器的验证流程

4.1 用 C/C++创建带 Emscripten plumbing 的模块

本节将创建用于验证逻辑的 C++代码,其中会包含 C 标准库和 Emscripten 辅助函数,这是生产环境中用来创建模块的推荐方式。主要有以下几点原因。

❑ Emscripten 提供了一些辅助函数,以简化模块与 JavaScript 之间的交互。

❑ 如果代码使用了 C 标准库函数,那么 Emscripten 会在模块中包含它们。如果代码在运行时需要某个 C 标准库函数,但编译代码时并没有使用这个函数,那么可以用命令行标记包含这个函数。

❑ 如果需要在模块和 JavaScript 之间传递非整型或浮点型数据,那么需要使用模块的线性内存。C 标准库包含 `malloc` 和 `free` 函数,二者可以辅助内存管理。

本章后面将介绍创建不包含 C 标准库和 Emscripten 辅助函数的 WebAssembly 模块的方法。

4.1.1 修改 C++代码

你需要做的第一件事是创建一个目录,以保存本章所需要的文件:WebAssembly\Chapter 4\4.1 js_plumbing\source\。

如图 4-4 所示,创建复用 C++验证代码的网站的第一步是修改代码,以便 Emscripten 也可以对其进行编译。

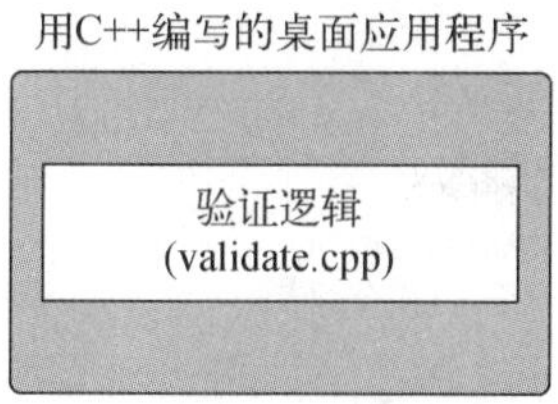

用C++编写的桌面应用程序

验证逻辑
(validate.cpp)

图 4-4 复用 C++代码过程的第一步是修改代码，以便 Emscripten 也可以对其进行编译

1. Emscripten 的条件编译符号与头文件

在很多情况下，当使用作为某个现存解决方案一部分的 C/C++代码来创建 WebAssembly 模块时，你需要向代码添加内容才能让一切顺利合作。比如，如果代码是为桌面应用程序编译的，那么它就不需要 Emscripten 头文件；你需要用一种方法来包含这个头文件，以实现只在代码由 Emscripten 编译时才包含它。

好在 Emscripten 提供了条件编译符号__EMSCRIPTEN__，你可以用其检测正在编译这个解决方案的是否为 Emscripten。如果需要，还可以用条件编译符号检查包含一个 else 条件，以包含代码不由 Emscripten 编译时需要的头文件。

创建一个名为 validate.cpp 的文件，然后打开它。添加 C 标准库和字符串库头文件。由于这个代码是已有解决方案的一部分，因此还需要添加 Emscripten 库的头文件，但需要用条件编译符号检查来包裹，以确保它只在 Emscripten 编译代码时才被包含进去。

```
#include <cstdlib>
#include <cstring>

#ifdef __EMSCRIPTEN__        ◄── 当代码被 Emscripten 编译时
  #include <emscripten.h>    ◄── 这个符号存在
#endif                            Emscripten 库的
                                  头文件
```

资讯 有些 C 头文件已经过时被弃用，或者 C++中已经不再支持。stdlib.h 就是一个例子。现在应该使用 cstdlib，而不是 stdlib.h。

---

2. extern "C"块

在 C++中，函数名可以被重载（overload），因此，编译时为了确保名称的唯一性，编译器会通过添加与函数参数相关的信息来改变它。编译代码时，编译器会修改函数名，这对于想要调用某个特定函数的外部代码来说是一个问题，因为那个函数名已经不复存在了。

你可能想告知编译器不要修改 JavaScript 代码将调用的函数的名称。为了实现这一点，需要为函数包裹一个 extern "C"块。你将来要添加到这个文件中的所有函数都会放在这个块内。向 validate.cpp 文件添加以下代码片段。

```
#ifdef __cplusplus
extern "C" {
#endif
```
　　因此编译器不会在这对
　　大括号内重命名函数

　　WebAssembly
　　函数将放在这里

```
#ifdef __cplusplus
}
#endif
```

3. 函数 `ValidateValueProvided`

将要创建的 Edit Product 网页会有一个产品名称字段和类别下拉列表需要验证。名称和选中的类别都会作为字符串传入模块，但是类别 ID 会持有一个数字。

你需要创建函数 `ValidateName` 和 `ValidateCategory` 来验证产品名称和选中类别。因为两个函数都需要确保提供了值，所以还需要创建一个名为 `ValidateValueProvided` 的接受以下参数的辅助函数。

- ❏ 从网页传入模块的值。
- ❏ 来自模块的适当出错信息，这是根据此函数是被 `ValidateName` 还是 `ValidateCategory` 调用决定的。如果没有提供值，那么会将这个出错信息放入第三个参数的返回缓冲区。
- ❏ 如果没有提供值，可以是放置出错信息的缓冲区。

将以下代码片段放入 validate.cpp 文件的 `extern "C"` 大括号内。

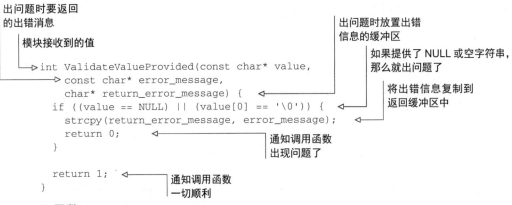

出问题时要返回
的出错消息

模块接收到的值

出问题时放置出错
信息的缓冲区

如果提供了 NULL 或空字符串，
那么就出问题了

将出错信息复制到
返回缓冲区中

```
int ValidateValueProvided(const char* value,
    const char* error_message,
    char* return_error_message) {
  if ((value == NULL) || (value[0] == '\0')) {
    strcpy(return_error_message, error_message);
    return 0;
  }

  return 1;
}
```

通知调用函数
出现问题了

通知调用函数
一切顺利

4. 函数 `ValidateName`

现在需要创建函数 `ValidateName`，它接受以下参数：

- ❏ 用户输入的产品名称；
- ❏ 名称的最大长度值；
- ❏ 指向缓冲区的指针，如果验证出错，那么会向这个缓冲区添加一条出错信息。

这个函数会验证两件事情。

- ❏ 是否提供了产品名称？可以通过将名称传入辅助函数 `ValidateValueProvided` 来验证这一点。

□ 用 C 标准库函数 `strlen` 来验证提供的名称长度没有超过最大长度值。

如果任何一个验证检查失败，则将适当的出错信息放到返回缓冲区并退出函数，返回 0（出错）。如果代码运行到函数末尾，那么就不存在验证错误，因此返回消息 1（成功）。

还要向 `ValidateName` 函数添加一个 `EMSCRIPTEN_KEEPALIVE` 声明，并将其包裹在条件编译符号检查之内，以确保只有 Emscripten 编译此代码时才会将它包含进去。在第 3 章中，为了让 JavaScript 代码可以与模块函数交互，需要将这些来自模块的函数添加到名为 `EXPORTED_FUNCTIONS` 的 Emscripten 命令行标记中。声明 `EMSCRIPTEN_KEEPALIVE` 会自动将关联的函数添加到导出函数，这样就不需要在命令行中显式指定了。

代码清单 4-1 中的代码是函数 `ValidateName`。将它添加到 validate.cpp 中函数 `ValidateValueProvided` 之后。

代码清单 4-1　validate.cpp 中的函数 `ValidateName`

```
...
                                    将函数添加到
                                    导出函数列表
#ifdef __EMSCRIPTEN__
  EMSCRIPTEN_KEEPALIVE          传入模块的
#endif                          产品名称
int ValidateName(char* name,
    int maximum_length,              允许的名称
    char* return_error_message) {    最大长度
  if (ValidateValueProvided(name,
                                    出错时放置出错
      "A Product Name must be provided.",   信息的缓冲区
      return_error_message) == 0) {
    return 0;                       如果没有指定值，
  }                                 则返回错误

  if (strlen(name) > maximum_length) {
    strcpy(return_error_message, "The Product Name is too long.");
    return 0;
  }                               如果值的长度超出最
                                  大值，则返回错误

  return 1;      告诉调用方
}               一切顺利
```

5. 函数 `IsCategoryIdInArray`

创建函数 `ValidateCategory` 前，先创建一个辅助函数来简化这个函数的逻辑。这个辅助函数名为 `IsCategoryIdInArray` 并接受以下参数：

□ 用户指定的类别 ID；
□ 指向一个整型数组的指针，这个数组持有有效类别 ID；
□ 有效类别 ID 数组的元素个数。

这个函数会在数组元素中循环，以检查用户选择的类别 ID 是否在数组中。如果是，就返回 1（成功）。如果没有找到类别 ID，则返回 0（错误）。

将如下函数 `IsCategoryIdInArray` 添加到文件 validate.cpp 中的函数 `ValidateName` 之后。

传入模块的类别 ID

指向持有有效类别 ID
的整型数组的指针

数组 **valid_category_ids**
的元素个数

将接收的字符串
转化为整数

```
int IsCategoryIdInArray(char* selected_category_id,
    int* valid_category_ids,
    int array_length) {
  int category_id = atoi(selected_category_id);

  for (int index = 0; index < array_length; index++) {
    if (valid_category_ids[index] == category_id) {
      return 1;
    }
  }

  return 0;
}
```

在数组中循环

如果这个ID在数组中,
那么退出函数,并告知
调用方 ID 已找到

告知调用方没有在数组中
找到这个类别 ID

6. 函数 `ValidateCategory`

需要创建的最后一个函数是 `ValidateCategory`,它接受以下参数:

- 用户选择的类别 ID;
- 指向持有有效类别 ID 的整型数组的指针;
- 有效类别 ID 数组的元素个数;
- 指向验证出错时添加出错消息的缓冲区的指针。

这个函数验证以下 3 点。

- 是否提供了一个类别 ID? 可以通过将 ID 传入辅助函数 `ValidateValueProvided` 来验证这一点。
- 是否提供了指向有效类别 ID 数组的指针?
- 这个用户指定类别 ID 是否在有效 ID 数组中?

如果任何一个验证检查失败,则将适当的出错信息放到返回缓冲区并退出函数,返回 0(出错)。如果代码运行到函数末尾,那么就不存在验证错误,因此返回消息 1(成功)。

将代码清单 4-2 中的函数 `ValidateCategory` 添加到文件 validate.cpp 中的函数 `IsCategory-IdInArray` 之后。

代码清单 4-2 函数 `ValidateCategory`

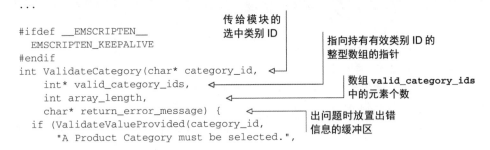

传给模块的
选中类别 ID

指向持有有效类别 ID 的
整型数组的指针

数组 **valid_category_ids**
中的元素个数

出问题时放置出错
信息的缓冲区

```
...
#ifdef __EMSCRIPTEN__
  EMSCRIPTEN_KEEPALIVE
#endif
int ValidateCategory(char* category_id,
    int* valid_category_ids,
    int array_length,
    char* return_error_message) {
  if (ValidateValueProvided(category_id,
      "A Product Category must be selected.",
```

```
      return_error_message) == 0) {          ←──────    如果没有接收到值，
    return 0;                                             则返回错误
  }

  if ((valid_category_ids == NULL) || (array_length == 0)) {  ←──
    strcpy(return_error_message,
        "There are no Product Categories available.");              如果没有指定数组，
    return 0;                                                       则返回错误
  }

  if (IsCategoryIdInArray(category_id, valid_category_ids,
      array_length) == 0) {                  ←──────
    strcpy(return_error_message,
        "The selected Product Category is not valid.");     如果未在数组中找到
    return 0;                                               选中类别 ID，那么返
  }                                                         回错误

  return 1;    ←──┐ 告知调用方
}                 └─ 一切顺利
```

4.1.2　将代码编译为 WebAssembly 模块

现在我们已经修改了 C++代码，它可以被 Emscripten 编译，是时候继续下一步了，让 Emscripten 将代码编译为 WebAssembly，如图 4-5 所示。

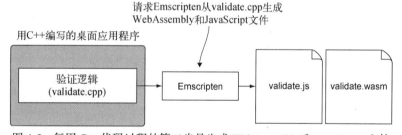

图 4-5　复用 C++代码过程的第二步是生成 WebAssembly 和 JavaScript 文件

在编写与模块交互的 JavaScript 代码时，你将使用到 Emscripten 辅助函数 ccall 和 UTF8ToString（关于函数 ccall 的细节，参见附录 B）。为了确保这些函数被包含进生成的 JavaScript 文件，需要在编译 C++代码时指定它们。为了实现这一点，可以使用命令行数组 EXTRA_EXPORTED_RUNTIME_METHODS 指定这些函数。

注意　记住，包含函数时，函数名要区分大小写。比如，函数 UTF8ToString 中的 UTF、T 和 S 必须大写。

要想将代码编译为 WebAssembly 模块，需要打开一个命令行窗口，进入保存文件 validate.cpp 的目录，然后运行以下命令。

```
emcc validate.cpp -o validate.js
 ➥ -s EXTRA_EXPORTED_RUNTIME_METHODS=['ccall','UTF8ToString']
```

4.1.3   创建网页

我们已经修改了 C++代码并将其编译为 WebAssembly 模块，现在需要创建网站的 Edit Product 页面，如图 4-6 所示。

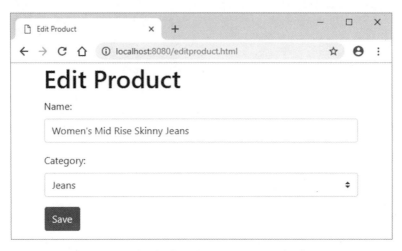

图 4-6   将要创建和验证的 Edit Product 页面

提示   有些人可能擅长使用像 C/C++这样的语言，但没有 HTML 经验。如果想要熟悉 HTML 基础，W3schools 官网中有很好的教程。

如果想获得看起来更专业的网页，就不要手动设计一切，可以使用 Bootstrap。这个流行的 Web 开发框架包含一些设计模板，可以简化并加速开发。对于本书来说，只需要简单地指向 CDN 中的文件，但 Bootstrap 可以下载并包含在你的网页中。下载并包含 Bootstrap 的指令可以在附录 A 中找到。

信息   CDN（content delivery network，内容分发网络）是一个地理性分布式的网络，旨在向请求设备提供尽可能近的文件。这个分布加速了下载文件的过程，从而改善了网站加载时间。

在 WebAssembly\Chapter 4\4.1 js_plumbing\目录下创建一个名为 frontend 的文件夹，然后在 frontend 文件夹中创建一个名为 editproduct.html 的文件。在文本编辑器中打开文件 editproduct.html，然后输入代码清单 4-3 中的 HTML。

代码清单 4-3   Edit Product 页面的 HTML（editproduct.html）

```
<!DOCTYPE html>
<html>
  <head>
```

```
    <title>Edit Product</title>
    <meta charset="utf-8"/>
    <meta name="viewport" content="width=device-width, initial-scale=1">
    <link rel="stylesheet"
    ➥ href="https://maxcdn.bootstrapcdn.com/bootstrap/4.1.0/css/W3Schools
    ➥ bootstrap.min.css">
    <script
    ➥ src="https://ajax.googleapis.com/ajax/libs/jquery/3.3.1/W3Schools
    ➥ jquery.min.js"></script>
    <script
    ➥ src="https://cdnjs.cloudflare.com/ajax/libs/popper.js/1.14.0/umd/
    ➥ W3Schools popper.min.js"></script>
    <script
    ➥ src="https://maxcdn.bootstrapcdn.com/bootstrap/4.1.0/js/W3Schools
    ➥ bootstrap.min.js"></script>
  </head>
  <body onload="initializePage()">
    <div class="container">
      <h1>Edit Product</h1>

      <div id="errorMessage" class="alert alert-danger" role="alert"
      ➥ style="display:none;"></div>

      <div class="form-group">
        <label for="name">Name:</label>
        <input type="text" class="form-control" id="name">
      </div>

      <div class="form-group">
        <label for="category">Category:</label>
        <select class="custom-select" id="category">
          <option value="0"></option>
          <option value="100">Jeans</option>
          <option value="101">Dress Pants</option>
        </select>
      </div>

      <button type="button" class="btn btn-primary"
      ➥ onclick="onClickSave()">Save</button>
    </div>

    <script src="editproduct.js"></script>
    <script src="validate.js"></script>
  </body>
</html>
```

4.1.4 创建与模块交互的 JavaScript 代码

图 4-7 展示了过程的下一步，其中会将 Emscripten 生成的文件 validate.jsh 和 validate.wasm 复制到 editproduct.html 文件所在的目录。然后创建一个 editproduct.js 文件来连接与网页交互的用户和与模块交互的代码。

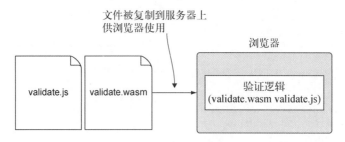

图 4-7   复用 C++代码的第三步是将生成的文件复制到 HTML 文件所在目录，然后
创建 JavaScript 代码与模块交互

将文件 validate.js 和 validate.wasm 从目录 WebAssembly\Chapter 4\4.1 js_plumbing\source\复制
到 WebAssembly\Chapter 4\4.1 js_plumbing\frontend\。在 frontend 目录下创建名为 editproduct.js 的
文件，然后打开它。

这里并不是包含与服务器交流的代码，而是通过创建一个名为 `initialData` 的 JavaScript
对象来模拟已经从服务器接收到数据。在显示网页时，这个对象会用于初始化各个控件。将以下
JavaScript 对象添加到 editproduct.js 文件中。

```
const initialData = {
  name: "Women's Mid Rise Skinny Jeans",    ◁——  模拟从服务器
  categoryId: "100",                              接收到的数据
};
```

调用模块的函数 `ValidateName` 时，它会想要知道产品名称的最大长度。为了指定这个值，
需要使用常量 `MAXIMUM_NAME_LENGTH`。还会有一个有效类别 ID 数组 `VALID_CATEGORY_IDS`，
以供验证用户的类别 ID 选择时使用。将以下代码片段添加到文件 editproduct.js 中的 `initialData`
对象后。

```
const MAXIMUM_NAME_LENGTH = 50;              ◁——  允许的名称
const VALID_CATEGORY_IDS = [100, 101];  ◁——        最大长度
                                        可以选择的有效
                                        类别 ID 列表
```

在 editproduct.html 页面的 HTML 中，我们指定了网页加载完成后函数 `initializePage` 会
被调用。这个函数用 `initialData` 对象中的数据填充页面控件。

在函数 `initializePage` 内，首先用 `initialData` 对象中的 `name` 值填充名称。然后，在
类别下拉列表中循环寻找匹配 `initialData` 对象中 `categoryID` 值的条目。如果找到匹配的
`category ID` 值，通过将条目的索引传给属性 `selectedIndex`，在列表中设定选中条目。在
文件 editproduct.js 中添加下面这个函数 `initializePage`。

```
function initializePage() {
  document.getElementById("name").value = initialData.name;

  const category = document.getElementById("category");
```

```
          const count = category.length;
          for (let index = 0; index < count; index++) {                得到下拉框中
      if (category[index].value === initialData.categoryId) {          的条目数
            category.selectedIndex = index;
            break;                                                     在类别列表中
          }                                                            循环每个条目
        }
      }
如果找到匹配，则选中列表中的
这个条目并退出循环
```

要添加到文件 editproduct.js 中的下一个函数是 `getSelectedCategoryId`。它返回选中条目在类别列表中的 ID，并在用户点击保存按钮时被调用。

```
function getSelectedCategoryId() {
  const category = document.getElementById("category");
  const index = category.selectedIndex;
  if (index !== -1) { return category[index].value; }          如果列表中有选中条目，
                                                                则返回这个条目的值
  return "0";          如果没有选中任何条目，
}                      则返回 0 作为 ID
```

现在需要创建函数 `setErrorMessage`，它用于向用户呈现出错信息。通过用从 WebAssembly 模块接收到的字符串填充网页上的一个块，可以实现这一点。如果传给函数的是空字符串，那就意味着网页上隐藏着错误块。否则，显示出错块。以下代码片段是要添加到 editproduct.js 文件的函数 `setErrorMessage`。

```
function setErrorMessage(error) {
  const errorMessage = document.getElementById("errorMessage");
  errorMessage.innerText = error;
  errorMessage.style.display = (error === "" ? "none" : "");
}
```

网页上的保存按钮的 HTML 有一个 `onclick` 事件，后者被指定为要在用户点击按钮时触发函数 `onClickSave`。在函数 `onClickSave` 中，我们会取得用户输入的值并将其传递给 JavaScript 函数 `validateName` 和 `validateCategory`。如果任何一个验证函数指示出错，那么就从模块内存中获取出错信息并显示给用户。

提示　可以给 JavaScript 函数任意取名，但这里我对它们的命名匹配其在模块中调用的函数名。比如，JavaScript 函数 `validateName` 调用模块函数 `ValidateName`。

如前面章节所述，WebAssembly 模块只支持 4 种基本数据类型（32 位整型、64 位整型、32 位浮点型和 64 位浮点型）。对于像字符串这样的复杂数据类型，需要使用模块的内存。

Emscripten 有一个辅助函数 `ccall`，后者的目的是帮助调用模块函数，并在字符串希望只在调用期间存在时，辅助管理这些字符串的内存。在这个例子中，我们会向模块传入一个字符串缓冲区，如果用户输入有任何问题，这个缓冲区就会被合适的验证错误信息填充。但这块字符串内存需要存续的时间超过了对模块函数 ValidateName 或 ValidateCategory 的调用期，所以需要在函数 onClickSave 中手动处理内存管理。为了实现这一点，Emscripten plumbing 代码分别通过_malloc 和_free 提供了对 C 标准库函数 malloc 和 free 的访问，这样我们就可以分配和释放模块内存了。

除了内存的分配和释放，还需要能够从模块内存中读取字符串。要想实现这一点，需要使用 Emscripten 的辅助函数 UTF8ToString。这个函数接受一个指针，并从这个内存位置读取字符串。

代码清单 4-4 中展示的是函数 onClickSave，你需要将其添加到文件 editproduct.js 中的函数 setErrorMessage 后。

代码清单 4-4　editprodut.js 中的函数 onClickSave

```
为出错信息保留 256 字节
的模块内存                                        从网页取得
    ...                                         用户输入值

function onClickSave() {
  let errorMessage = "";
  const errorMessagePointer = Module._malloc(256);      检查 Name 和 Category
                                                        ID 是否有效
  const name = document.getElementById("name").value;
  const categoryId = getSelectedCategoryId();
                                                        从模块内存取
  if (!validateName(name, errorMessagePointer) ||       得出错信息
      !validateCategory(categoryId, errorMessagePointer)) {
    errorMessage = Module.UTF8ToString(errorMessagePointer);
  }

  Module._free(errorMessagePointer);                    释放_malloc
                                                        锁定的内存
  setErrorMessage(errorMessage);
  if (errorMessage === "") {          如果有，就展示
                                      出错信息
  }
}         没有问题。可以将数据
          传给服务器保存起来
```

1. 与模块交流：ValidateName

WebAssembly 模块中需要调用的第一个函数的 C++原型如下所示：

```
int ValidateName(char* name,
    int maximum_length,
    char* return_error_message);
```

要想在模块中调用函数 ValidateName，需要使用 Emscripten 辅助函数 ccall。关于函数 ccall 的参数的详细信息，参见附录 B。需要给函数 ccall 传入以下值作为参数。

❑ 'ValidateName'，以指明想要调用的函数名。

❑ 'number'，表明返回类型，因为这个函数返回一个整型值。

❑ 值为'string'、'number'和'number'的一个数组，用于指明参数数据类型。

ValidateName 的第一个参数是 char*指针，用于用户输入的产品名称。在这个例子中，这个字符串可以是临时的，因此可以将这个参数值指定为'string'，让函数 ccall 来处理内存管理。

第二个参数需要一个 int，因此就指定为类型'number'。

第三个参数有点儿复杂。char*指针参数是出错时的返回消息。我们需要这个指针长时间生存，这样才可以将它返回到调用方 JavaScript 函数。相较于让函数 ccall 处理这个字符串的内存管理，这个例子在函数 onClickSave 中自己处理它。我们只想将字符串作为指针传递，而为了传递指针，需要指定参数类型为'number'。

❑ 一个数组，其中是用户输入的产品名称值、产品名称可用最大长度常量值，以及一个放置可能返回的出错信息的缓冲区。

以下代码片段展示的是函数 validateName，需要将其添加到文件 editproduct.js 中的函数 onClickSave 之后。

```
function validateName(name, errorMessagePointer) {           模块中要调用的
  const isValid = Module.ccall('ValidateName',                函数名称
      'number',      ◁──────── 函数的返回类型
      ['string', 'number', 'number'],
      [name, MAXIMUM_NAME_LENGTH, errorMessagePointer]); ◁──
                                                            持有参数
  return (isValid === 1); ◁── 如果这个整数是 1，返回        值的数组
}                             true，否则返回 false
```

参数类型的数组

> **提示** 在这个例子中，调用模块函数 ValidateName 的代码是很直观的。你将在后面的示例中看到更复杂的代码。建议将调用每个 WebAssembly 函数的代码放到独立的 JavaScript 函数中，以增加可维护性。

2. 与模块交流：`validateCategory`

现在我们将编写 JavaScript 函数 validateCategory 来调用模块函数 ValidateCategory。函数 ValidateCategory 的 C++签名如下所示：

```
int ValidateCategory(char* category_id,
    int* valid_category_ids,
    int array_length,
    char* return_error_message);
```

函数 ValidateCategory 需要一个整型数组指针，但函数 ccall 的数组参数类型只用于 8 位值（关于这些参数的更多信息，参见附录 B）。因为模块函数期望得到一个 32 位整型的数组，所以需要为这个数组手动分配内存并在模块调用返回后释放它。

WebAssembly 模块的内存就是一个带类型的数组缓冲区。Emscripten 提供了几种视图，因此支持以不同的视图查看内存，这使得用不同数据类型工作更容易一些。因为模块期望得到一个

整型数组，所以我们将使用 HEAP32 视图。

为了分配足够内存用于数组指针，对 Module._malloc 的调用需要将数组中的项目个数乘以放在 Module.HEAP32 对象中的每个项目的字节数。要实现这一点，可以使用常量 Module.HEAP32.BYTES_PER_ELEMENT，对于 HEAP32 对象来说，它的值是 4。

为数组指针分配完内存后，可以使用 HEAP32 对象的 set 方法将数组内容复制到模块内存中。

- 第一个参数是数组 VALID_CATEGORY_IDS，它将被复制到 WebAssembly 模块的内存中。
- 第二个参数是 set 方法应该写入底层数组（模块内存）的索引值。在这个例子中，由于使用内存的 32 位视图，每个索引值代表一个 32 位的组（4 字节），因此，需要将内存地址除以 4。

需要添加到文件 editproduct.js 结尾处的最后一个函数是代码清单 4-5 中的 validateCategory。

代码清单 4-5   editproduct.js 中的函数 validateCategory

```
获得 HEAP32 对象每个                              为数组所有条目
元素的字节数                                     分配足够的内存
   ...

function validateCategory(categoryId, errorMessagePointer) {
  const arrayLength = VALID_CATEGORY_IDS.length;
  const bytesPerElement = Module.HEAP32.BYTES_PER_ELEMENT;    将数组的元素复
  const arrayPointer = Module._malloc((arrayLength *         制到模块内存中
    bytesPerElement));
  Module.HEAP32.set(VALID_CATEGORY_IDS,
    (arrayPointer / bytesPerElement));                        在模块中调用函数
                                                             ValidateCategory
  const isValid = Module.ccall('ValidateCategory',
    'number',
    ['string', 'number', 'number', 'number'],
    [categoryId, arrayPointer, arrayLength, errorMessagePointer]);

  Module._free(arrayPointer);                                释放为数组
                                                            分配的内存
  return (isValid === 1);          如果这个整数为 1，返回
}                                  true，否则返回 false
```

4.1.5   查看结果

现在已经有了完整的 JavaScript 代码，可以打开浏览器并在地址栏中输入 http://localhost:8080/editproduct.html 来查看刚刚创建的网页。可以通过删除 Name 字段的所有文本，然后点击保存按钮来测试验证过程。网页上应该会显示一条出错信息，如图 4-8 所示。

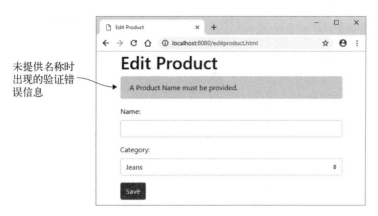

图 4-8　Edit Product 页面的 Name 验证错误

4.2　用 C/C++创建不使用 Emscripten 的模块

假设你想要用 Emscripten 编译 C++代码，并且不包含任何 C 标准库函数，也不生成 JavaScript plumbing 文件。虽然 Emscripten plumbing 代码很方便，但它隐藏了使用 WebAssembly 模块的大量细节。这种方法对于学习很有用，因为你将有机会直接使用 JavaScript WebAssembly API 来工作。

通常来说，生产环境中的代码会采用 4.1 节介绍的流程，其中 Emscripten 在生成的模块中包含你的代码使用的 C 标准库函数。在那种流程中，Emscripten 还会生成 JavaScript plumbing 文件来处理模块的加载和实例化，并包含 `ccall` 这样的辅助函数来简化与模块的交互过程。

如图 4-9 所示，本节的流程与 4.1 节中的类似，但这里只用 Emscripten 生成 WebAssembly 文件，不生成 JavaScript plumbing 文件。

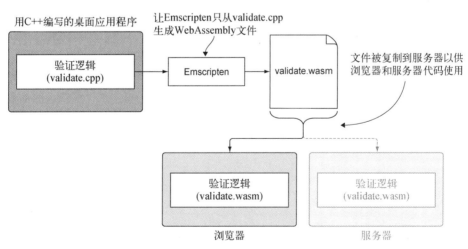

图 4-9　将现有 C++逻辑转化为 WebAssembly，以供网站和服务器端代码使用，但不生成任何 Emscripten JavaScript 代码。后面章节将介绍服务器部分的 Node.js

4.2.1   修改 C++ 代码

虽然 4.1 节中创建的文件 validate.cpp 非常简单，但它使用了一些 C 标准库函数，比如 strlen，当要求 Emscripten 生成副模块时，前者不会包含这些函数。此外，因为代码要传递指向内存中的值的指针，所以需要用某种方法将这块内存标记为已锁定，以防止在代码用完这块内存前，C 或 JavaScript 代码覆盖内存中这一部分的值。

因为不能访问标准库函数 malloc 和 free，所以第一步（参见图 4-10）是实现自己的版本。

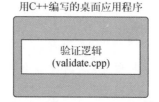

图 4-10   第一步是创建自己所需要的 C 标准库函数的版本，
这样代码才能被 Emscripten 编译

1. 副模块系统函数的头文件

创建目录 WebAssembly\Chapter 4\4.2 side_module\source\。在 source 目录下，创建一个名为 side_module_system_functions.h 的文件，并用编辑器打开。向文件中添加以下代码片段来定义将要创建的函数的函数签名。

```
#pragma once

#ifndef SIDE_MODULE_SYSTEM_FUNCTIONS_H_
#define SIDE_MODULE_SYSTEM_FUNCTIONS_H_

#include <stdio.h>

void InsertIntoAllocatedArray(int new_item_index, int offset_start,
    int size_needed);

int create_buffer(int size_needed);
void free_buffer(int offset);

char* strcpy(char* destination, const char* source);
size_t strlen(const char* value);

int atoi(const char* value);

#endif // SIDE_MODULE_SYSTEM_FUNCTIONS_H_
```

2. 副模块系统函数实现文件

现在在 source 目录下创建文件 side_module_system_functions.cpp，然后用编辑器打开。我们将为 C 标准库函数 malloc 和 free 创建一个简单替代。malloc 函数将找到满足请求内存大小的第一个可用内存位置。然后它会标记这块内存，这样便不会被其他请求内存的代码使用。对这块内存使用完毕后，代码会调用 C 标准库的 free 函数来释放锁定。

我们将用一个数组来处理内存块分配，最大可以支持 10 个并发请求，这已超出了这个验证代码的需求。应该一直至少有一页的内存，即 65 536 字节（64 KB），这样内存分配便都能在这个块内完成。

在文件 side_module_system_functions.cpp 的开头添加 C 标准输入输出库包含文件和 Emscripten 头文件。添加前半个 extern "C" 块，然后添加表示内存大小和并发内存块最大个数的常量。

```
#include <stdio.h>
#include <emscripten.h>

#ifdef __cplusplus
extern "C" {
#endif

const int TOTAL_MEMORY = 65536;
const int MAXIMUM_ALLOCATED_CHUNKS = 10;
```

在常量之后，添加变量 current_allocated_count，以表明多少个内存块当前已被分配。为对象 MemoryAllocated 添加定义，该对象将持有已分配内存的起始位置和这块内存的长度。然后创建一个数组，该数组持有的对象指明哪些内存块处于使用状态。

```
int current_allocated_count = 0;

struct MemoryAllocated {
  int offset;
  int length;
};

struct MemoryAllocated
➥ AllocatedMemoryChunks[MAXIMUM_ALLOCATED_CHUNKS];
```

下一步是创建一个接受索引值的函数，以指示要在数组 AllocatedMemoryChunks 中插入一个新内存块的位置。在这个数组内，从这个索引值到数组结尾的任何条目都会向数组尾端移动一个位置。然后这个函数会将内存块的起始位置（偏移量）和内存块大小放在数组中所请求的位置上。将代码清单 4-6 中的代码放到文件 side_module_system_functions.cpp 中的 Allocated-MemoryChunks 数组之后。

代码清单 4-6 函数 InsertIntoAllocatedArray

```
...

void InsertIntoAllocatedArray(int new_item_index, int offset_start,
    int size_needed) {
  for (int i = (MAXIMUM_ALLOCATED_CHUNKS - 1); i > new_item_index; i--){
    AllocatedMemoryChunks[i] = AllocatedMemoryChunks[(i - 1)];
  }
```

```
AllocatedMemoryChunks[new_item_index].offset = offset_start;
AllocatedMemoryChunks[new_item_index].length = size_needed;

current_allocated_count++;
}
```

现在来创建一个 `malloc` 函数的简化版本,将其命名为 `create_buffer`。如果 C++ 代码中包含字符串字面量并将代码编译为 WebAssembly 模块,那么 Emscripten 会在模块进行实例化时自动将这些字符串字面量加载到模块内存中。因此,代码需要为这些字符串留出空间,从位于字节 1024 的位置开始分配内存。代码还会将所请求内存的大小增加到可以被 8 整除。

代码要做的第一件事是在当前已分配内存中循环,以查看已分配的块之间是否存在能够满足请求内存大小的空间。如果有,就会在数组的这个索引处插入新分配的块。如果现有的已分配内存块之间没有满足请求内存大小的空间,则代码会检查在当前已分配内存之后是否还有空间。

如果成功找到位置,那么代码返回已分配的内存块的内存偏移量。否则,它会返回 `0`,这表示出错了,因为代码只能从第 1024 字节处开始分配内存。

将代码清单 4-7 中的代码添加到文件 side_module_system_functions.cpp 中。

代码清单 4-7　`malloc` 函数的简化版本

```
...

EMSCRIPTEN_KEEPALIVE
int create_buffer(int size_needed) {
  if (current_allocated_count == MAXIMUM_ALLOCATED_CHUNKS) { return 0; }

  int offset_start = 1024;
  int current_offset = 0;                    增大大小,以便下一个
  int found_room = 0;                        偏移量是 8 的倍数       在当前已分配内
                                                                   存块之间是否有
  int memory_size = size_needed;                                   空间?
  while (memory_size % 8 != 0) { memory_size++; }  ◄───

  for (int index = 0; index < current_allocated_count; index++) {  ◄───
    current_offset = AllocatedMemoryChunks[index].offset;
    if ((current_offset - offset_start) >= memory_size) {
      InsertIntoAllocatedArray(index, offset_start, memory_size);
      found_room = 1;
      break;                                        未在当前已分配内存块
    }                                               之间找到空间

    offset_start = (current_offset + AllocatedMemoryChunks[index].length);
  }

  if (found_room == 0) {  ◄───
    if (((TOTAL_MEMORY - 1) - offset_start) >= size_needed) {  ◄───
      AllocatedMemoryChunks[current_allocated_count].offset = offset_start;
      AllocatedMemoryChunks[current_allocated_count].length = size_needed;
      current_allocated_count++;
      found_room = 1;
    }                                               最后一个内存块到
                                                    模块内存尾端之间
                                                    是否有空间?
```

```
    }

    if (found_room == 1) { return offset_start; }
    return 0;
}
```

free 函数的简化版本名为 free_buffer。这个函数只是简单地在已分配内存块数组中循环，直到找到调用方传入的偏移量。找到这个数组条目之后，将其后面的所有条目向数组起始方向移动一个位置。将代码清单 4-8 中的代码添加到函数 create_buffer 之后。

代码清单 4-8　free 函数的简化版本

```
    ...

EMSCRIPTEN_KEEPALIVE
void free_buffer(int offset) {
  int shift_item_left = 0;

  for (int index = 0; index < current_allocated_count; index++) {
    if (AllocatedMemoryChunks[index].offset == offset) {
      shift_item_left = 1;
    }

    if (shift_item_left == 1) {
      if (index < (current_allocated_count - 1)) {
        AllocatedMemoryChunks[index] = AllocatedMemoryChunks[(index + 1)];
      }
      else {
        AllocatedMemoryChunks[index].offset = 0;
        AllocatedMemoryChunks[index].length = 0;
      }
    }
  }

  current_allocated_count--;
}
```

在文件 side_module_system_functions.cpp 中，接下来是以下代码片段，其中创建了系统库函数 strcpy 和 strlen 的另外一个版本。

```
char* strcpy(char* destination, const char* source) {
  char* return_copy = destination;
  while (*source) { *destination++ = *source++; }
  *destination = 0;

  return return_copy;
}

size_t strlen(const char* value) {
  size_t length = 0;
  while (value[length] != '\0') { length++; }

  return length;
}
```

在文件 side_module_system_functions.cpp 中，接下来是代码清单 4-9，其中创建了系统函数 atoi 的另一个版本。

代码清单 4-9 atoi 的另一个版本

```
...

int atoi(const char* value) {
  if ((value == NULL) || (value[0] == '\0')) { return 0; }        标记第一个字符是
                                                                   否为负号。移动到
  int result = 0;                                                  下一个字节
  int sign = 0;

  if (*value == '-') { sign = -1; ++value; }       ◁

                                                        保持循环，直到遇到
  char current_value = *value;                          null 终结符
  while (current_value != '\0') {          ◁
    if ((current_value >= '0') && (current_value <= '9')) {  ◁    当前字符是否
      result = result * 10 + current_value - '0';     ◁           为数字……
      ++value;
      current_value = *value;        将指针移动到                 ……将 current_value
    }                                下一个字节                   转换为整数。将其添加到
    else {           ◁                                            结果中
      return 0;
    }                    如果发现一个非数字字符，
  }                      则退出，返回零

  if (sign == -1) { result *= -1; }     ◁   如果是负数，那么
  return result;                            将值翻转为负数
}
```

最后，在文件 side_module_system_functions.cpp 的结尾处添加 extern "C"右大括号，如下所示：

```
#ifdef __cplusplus
}
#endif
```

现在我们就完成了文件 side_module_system_functions.cpp。将文件 validate.cpp 从目录 WebAssembly\Chapter 4\4.1 js_plumbing\source\复制到目录 WebAssembly\Chapter 4\4.2 side_module\ source\下。

打开文件 validate.cpp，删除 cstdlib 和 cstring 的头文件包含。接着，在函数 ValidateValue-Provided 之前、extern "C"块之内添加新的 side_module_system_functions.h 头文件包含。

警告 头文件包含必须放到 extern "C"块之内。这是因为你会请求 Emscripten 编译两个.cpp 文件。虽然两个文件的函数都在 extern "C"块之内，但 Emscripten 仍然会假定 validate.cpp 中的函数调用会被编译为一个 C++文件，其中函数已被改变。编译器无法在生成的模块中看到改变后的函数名，它会假定它们需要被导入。

以下代码片段展示了对文件 validate.cpp 的修改。

```
#ifdef __EMSCRIPTEN__
  #include <emscripten.h>
#endif

#ifdef __cplusplus
extern "C" {
#endif

#include "side_module_system_functions.h"    ← 要点：将头文件放到
                                                 extern "C"块之内
```

4.2.2　将代码编译为 WebAssembly 模块

现在已经创建好了 C++代码，下一步是让 Emscripten 将代码编译为 WebAssembly 模块，同时不生成 JavaScript plumbing 代码，如图 4-11 所示。

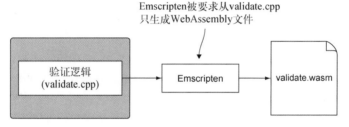

图 4-11　过程的第二步是让 Emscritpen 只生成 WebAssembly 文件。这种情况下，
Emscripten 不会生成 JavaScript plumbing 文件

为了将 C++代码编译为 WebAssembly 模块，需要打开命令行窗口，进入保存 C++文件的目录，并运行以下命令。

```
emcc side_module_system_functions.cpp validate.cpp -s SIDE_MODULE=2
➥ -O1 -o validate.wasm
```

4.2.3　创建与模块交互的 JavaScript 代码

既然有了 WebAssembly 模块，就可以进行下一步了，具体参见图 4-12。在目录 WebAssembly\Chapter 4\4.2 side_module\中，创建目录 frontend，并将文件 editproduct.html 和 editproduct.js 从 WebAssembly\Chapter 4\4.1 js_plumbing\frontend\复制过来。

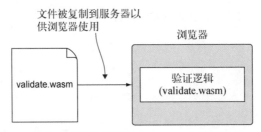

图 4-12   过程的第三步是将生成的文件复制到 HTML 文件所在处，并创建 JavaScript
代码与模块交互

接着，将 validate.wasm 从 WebAssembly\Chapter 4\4.2 side_module\source\复制到新的 frontend
目录中。

我们要做的第一件事是打开文件 editproduct.html，并去除底部对 JavaScript 文件 validate.js
的引用。现在文件 editproduct.html 的结尾处应该看起来如以下代码片段所示：

```
    </div>

    <script src="editproduct.js"></script>
  </body>
</html>
```

接下来，对文件 editproduct.js 做几处修改（参见代码清单 4-10）：在函数 initializePage
之前添加两个全局变量，分别名为 moduleMemory 和 moduleExports。变量 moduleMemory
保存指向模块的 WebAssembly.Memory 对象的一个引用，这样你就可以读写内存了。

代码清单 4-10   对 editproduct.js 中 initializePage 的修改

```
...

let moduleMemory = null;        ←———— 添加两个新的全局变量
let moduleExports = null;

function initializePage() {
  ...

  moduleMemory = new WebAssembly.Memory({initial: 256});

  const importObject = {
    env: {                                    将模块内存引用
      __memory_base: 0,                       放入全局变量
      memory: moduleMemory,
    }
  };

  WebAssembly.instantiateStreaming(fetch("validate.wasm"),
  ➡ importObject).then(result => {                         下载并实例
    moduleExports = result.instance.exports;               化模块
  });                              保存一个引用，该引用指向
}                                  实例化后模块的导出

  ...
```

因为不能访问 Emscripten 的 plumbing 代码，所以也没有 `Module` 对象。需要使用一个全局对象引用 `moduleExports`，它是在实例化模块时得到的。`moduleExports` 引用允许调用模块的所有导出函数。我们还要在函数 `initializePage` 结尾处添加代码来加载并实例化模块。

Emscripten 编译器会在模块中的每个函数名前放一个下划线，因此你看到的模块函数（如 `cleate_buffer`）在代码清单 4-11 中有一个下划线前缀。

下一个需要修改的函数是 `onClickSave`，我们需要将对 `Module._malloc` 的调用替换为对 `moduleExports._create_buffer` 的调用、将对 `Module.UTF8ToString` 的调用替换为对 `getStringFromMemory` 的调用、将对 `Module._free` 的调用替换为对 `moduleExports._free_buffer` 的调用。对函数 `onClickSave` 的修改在代码清单 4-11 中以黑体展示。

代码清单 4-11　对 editproduct.js 中函数 `onClickSave` 的修改

```
...
                                              用 moduleExports._create_buffer
                                              替换 Module._malloc
function onClickSave() {
  let errorMessage = "";
  const errorMessagePointer = moduleExports._create_buffer(256);

  const name = document.getElementById("name").value;
  const categoryId = getSelectedCategoryId();

  if (!validateName(name, errorMessagePointer) ||
      !validateCategory(categoryId, errorMessagePointer)) {
    errorMessage = getStringFromMemory(errorMessagePointer);          用一个辅助函数代替
  }                                                                    Module.UTF8ToString
                                                                       从内存读取字符串
  moduleExports._free_buffer(errorMessagePointer);

  setErrorMessage(errorMessage);          用 moduleExports.
  if (errorMessage === "") {              _free_buffer 替换
                                          Module._free
  }           验证没有问题。
}             可以保存数据
...
```

在初始化过程中传给 WebAssembly 模块的内存是通过一个 `WebAssembly.Memory` 对象提供的，变量 `moduleMemory` 中会保存一个指向这个对象的引用。在底层，`WebAssembly.Memory` 对象持有一个 `ArrayBuffer` 对象，后者为模块提供字节来模拟真实的机器内存。通过访问 `buffer` 属性，可以访问 `moduleMemory` 引用持有的底层 `ArrayBuffer` 对象。

你可能还记得，Emscripten plumbing 代码有像 `HEAP32` 这样的对象，它们支持以不同方式查看模块内存（`ArrayBuffer`），这样便可以更简单地操作不同类型的数据。不能访问 Emscripten 的 plumbing 代码，就不能访问 `HEAP32` 这样的对象，但好在这些对象只是引用了像 `Int32Array` 这样的 JavaScript 对象，而这些是可以访问的。

需要创建一个名为 `getStringFromMemory` 的辅助函数，它会从模块内存读取模块返回到 JavaScript 代码的字符串。C 或 C++中的字符串是作为 8 位字符数组放在内存中的，因此我们将用 JavaScript 对象 Uint8Array 从一个指针指定的偏移量开始访问模块内存。获得这个视图后，在数组元素中循环，每次读取一个字符直到到达终止符 null。

需要在文件 editproduct.js 中的函数 onClickSave 后添加辅助函数 getStringFromMemory，如代码清单 4-12 所示。

代码清单 4-12　editproduct.js 中的函数 getStringFromMemory

```
...

function getStringFromMemory(memoryOffset) {
  let returnValue = "";

  const size = 256;                                          取得从偏移量之后共 256 个
  const bytes = new Uint8Array(moduleMemory.buffer, memoryOffset, size);    字符的内存段

  let character = "";
  for (let i = 0; i < size; i++) {                           在字节中循
    character = String.fromCharCode(bytes[i]);               环，一步一
    if (character === "\0") { break; }                       个字节

                                                             将当前字节转
    returnValue += character;                                换为字符

  }
                                                             如果当前字符是 null
  return returnValue;                                        终止符，那么读取字符
}                                                            串来结束
        在循环到下一个字符前，将当前
        字符添加到返回字符串
```

现在已经可以从模块内存中读取字符串，还需要创建一个函数向模块内存写字符串。类似于函数 getStringFromMemory，函数 copyStringToMemory 先创建一个 Uint8Array 对象来操纵模块内存。然后用 JavaScript TextEncoder 对象将这个字符串转换为一个字节数组。从字符串中得到这个字节数组后，可以调用 Uint8Array 对象的 set 方法将字节数组作为第一个参数传入，并将写入这些字节的起始偏移量作为第二个参数传入。

以下是函数 copyStringToMemory，将其添加到文件 editproduct.js 中的函数 getStringFromMemory 之后。

```
function copyStringToMemory(value, memoryOffset) {
  const bytes = new Uint8Array(moduleMemory.buffer);
  bytes.set(new TextEncoder().encode((value + "\0")),
      memoryOffset);
}
```

修改函数 validateName，以便为用户输入的产品名称分配内存。通过调用函数 copyStringToMemory，将字符串值复制到模块的内存中，后者位于指针指向的内存位置。接下来调用模块函数_ValidateName，然后，释放为名称指针分配的内存。

以下代码片段展示了对函数 validateName 的修改。

```
function validateName(name, errorMessagePointer) {
    const namePointer = moduleExports._create_buffer(
        (name.length + 1));
    copyStringToMemory(name, namePointer);

    const isValid = moduleExports._ValidateName(namePointer,
        MAXIMUM_NAME_LENGTH, errorMessagePointer);

    moduleExports._free_buffer(namePointer);

    return (isValid === 1);
}
```

需要修改的最后一项是函数 validateCategory。我们要为类别 ID 分配内存，然后将 ID 复制到指针指向的内存位置。

这个函数会为全局数组 VALID_CATEGORY_IDS 中的条目分配所需要的内存，然后将每个数组条目复制到模块内存中，这类似于使用 Emscripten plumbing 代码的方法。区别是这里不能访问 Emscritpen 的 HEAP32 对象，但这个对象只是一个指向 JavaScript 对象 Int32Array 的引用，而 Int32Array 是可以访问的。

一旦数组的值被复制到模块的内存，代码就可以调用模块函数_ValidateCategory 了。这个函数返回后，代码会释放为数组和字符串指针分配的内存。代码清单 4-13 展示了修改后的函数 validateCategory。

代码清单 4-13　validateCategory

为类别 ID 分配内存　　　　　　　　　　　　　　将 ID 复制到模块内存中
　　...

```
function validateCategory(categoryId, errorMessagePointer) {
    const categoryIdPointer = moduleExports._create_buffer(
        (categoryId.length + 1));
    copyStringToMemory(categoryId, categoryIdPointer);

    const arrayLength = VALID_CATEGORY_IDS.length;
    const bytesPerElement = Int32Array.BYTES_PER_ELEMENT;
    const arrayPointer = moduleExports._create_buffer(
        (arrayLength * bytesPerElement));

    const bytesForArray = new Int32Array(moduleMemory.buffer);
    bytesForArray.set(VALID_CATEGORY_IDS, (arrayPointer / bytesPerElement));

    const isValid = moduleExports._ValidateCategory(categoryIdPointer,
        arrayPointer, arrayLength, errorMessagePointer);

    moduleExports._free_buffer(arrayPointer);
    moduleExports._free_buffer(categoryIdPointer);

    return (isValid === 1);
}
```

为数组中的每个条目分配内存

得到内存的 Int32Array 视图，然后将数组值复制进去

调用模块中的函数 **_ValidateCategory**

释放已分配的内存

4.2.4   查看结果

至此我们修改好了代码，可以打开浏览器并在地址栏输入 http://localhost:8080/editproduct.html 来查看网页了。可以在 Name 字段输入超过 50 个字符并点击保存按钮来测试验证过程，这应该会显示验证错误，如图 4-13 所示。

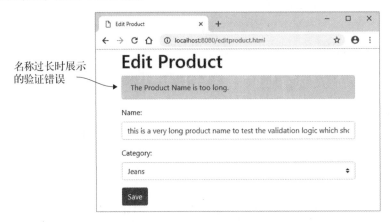

图 4-13   输入的名称过长时，Edit Product 页面会出现名称验证出错信息

如何将本章所学应用于现实世界呢？

4.3   现实用例

以下是本章内容的一些可能用例。

❑ 可以修改现有的 C++代码库或取得代码库的一部分，并将其编译为 WebAssembly，以便其可以在浏览器中运行。

❑ 如果有一些调用服务器或第三方 API 并接受大量返回文本数据的 JavaScript 代码，那么可以创建一个 WebAssembly 模块来解析这些字符串，以获得网页所需的数据。

❑ 如果你有一个允许用户上传照片的网站，那么可以创建一个接收文件字节的 WebAssembly 模块，从而在上传之前调整图片大小或进行压缩。这可以节省带宽，帮助用户降低数据流量的使用，同时减少服务器要处理的工作量。

4.4   练习

练习答案参见附录 D。

(1) 利用 Emscripten 让你的函数对 JavaScript 代码可见的两个选项是什么？

(2) 编译时如何防止函数名被改变，以便 JavaScript 代码能够使用期望的函数名？

4.5 小结

通过创建一个需要验证的接收用户信息的网页，本章深入介绍了 WebAssembly 的代码复用方面。

❑ 通过使用条件编译符号 __EMSCRIPTEN__ 并将函数放入 extern"C"块内，可以调整现有代码，以便其也可以被 Emscripten 编译器编译。这就允许单个 C/C++代码库也可以在 Web 浏览器或 Node.js 中使用，比如，这个代码库可能是某个桌面应用程序的一部分。

❑ 通过对一个函数包含声明 EMSCRIPTEN_KEEPALIVE，可以让这个函数自动添加到 Emscripten 对 JavaScript 代码可见的函数列表中。通过使用这个声明，编译模块时不需要在命令行的 EXPORTED_FUNCTIONS 数组中包含这个函数。

❑ 可以用 Emscripten 辅助函数 ccall 调用模块函数。

❑ 如果要在模块与 JavaScript 之间传递任何非整型或浮点型数据，那么需要与模块内存交互。Emscripten 生成的 JavaScript 代码提供了若干函数来帮助实现这一点。

创建调用 JavaScript 的 WebAssembly 模块

我们在第 4 章中创建了一个 WebAssembly 模块，JavaScript 代码可以通过 Emscripten 辅助函数 ccall 调入模块。我们向模块函数传入了一个缓冲区作为参数，如果出现问题，可以将出错信息放入这个缓冲区来返回。如果出现问题，JavaScript 也会从模块内存读取这个字符串，然后将出错消息呈现给用户，如图 5-1 所示。

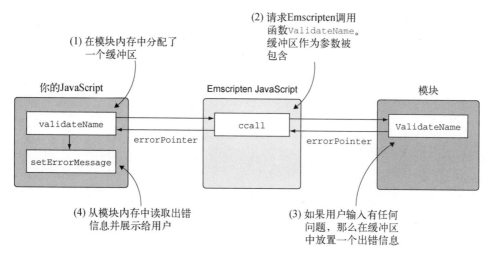

图 5-1 目前 JavaScript 代码与模块函数的交互方式

想象一下，出错时不是向模块函数传入一个缓冲区，而是模块可以直接将出错信息传给 JavaScript 代码，如图 5-2 所示。

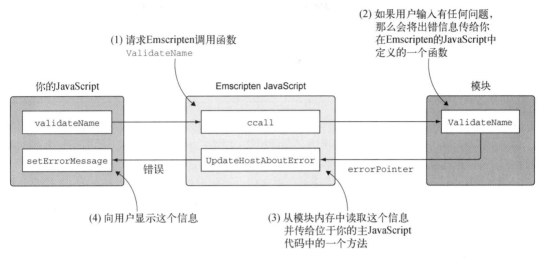

图 5-2　模块调用 JavaScript 代码中的一个函数

使用 Emscripten 工具包时，可以通过以下 3 种方式从你的模块与 JavaScript 代码交互。

(1) 使用 Emscripten 宏，其中包括 emscripten_run_script 系列宏、EM_JS 宏，以及 EM_ASM 系列宏。

(2) 在 Emscripten 的 JavaScript 文件中添加自定义 JavaScript，这是你可以直接调用的。

(3) 使用函数指针，其中 JavaScript 代码指定某个函数以供模块调用。第 6 章将讨论这种方法。

任何一种从模块与 JavaScript 交互的方法都可能在某种情况下优于另一种方法。

(1) 在调试时，或与 JavaScript 代码的交互很少时，Emscripten 的宏很有用。随着宏的复杂性或与 JavaScript 交互次数的增加，可能需要考虑将宏代码从 C/C++代码中分离出来。这么做是为了提高模块代码和网页代码的可维护性。

在底层，当使用 EM_JS 和 EM_ASM 系列宏时，Emscripten 编译器会创建所需的函数并将其添加到生成的 Emscripten JavaScript 文件中。当调用这些宏时，WebAssembly 模块实际上是在调用这些生成的 JavaScript 函数。

信息　关于 Emscripten 宏的更多信息（包括如何使用它们），参见附录 C。

---

(2) 正如你将在本章后面看到的，直接调用 JavaScript 很简单，并且可以在一定程度上简化网站的 JavaScript 代码。如果计划从放在 Emscripten 生成的 JavaScript 文件中的 JavaScript 函数中进行函数调用，则需要对主 JavaScript 代码有一定了解。如果向第三方提供这个模块，则需要提供关于正确设置的清晰指示，这样才不会出现错误，比如，函数不存在。

> **警告**　如果计划使用这种方法并且目标为 Node.js，那么添加到生成的 JavaScript 文件中的 JavaScript 代码必须是自足的。第 10 章将使用 Node.js，那时会介绍更多细节，但简单来说，鉴于 Node.js 加载 Emscripten JavaScript 文件的方式，文件中的代码不能调用主 JavaScript 代码。

---

(3) 在第 6 章中，你将看到函数指针的使用带来了很大的灵活性，因为这样模块就无须了解 JavaScript 代码中存在哪些函数。此时模块只是调用你提供的 JavaScript 函数。函数指针带来的灵活性伴随的是更高的复杂度，因为需要更多 JavaScript 代码才能让一切顺利工作。

相较于让 Emscripten 生成 JavaScript 函数来利用宏，你可以定义自己的 JavaScript 代码并将其包含到 Emscripten 的 JavaScript 文件中。本章将介绍这种方法。

针对这种场景，我们将修改第 4 章中创建的验证模块，以便验证出现问题时，不再是通过一个参数将出错信息传回给调用函数。将要实现的步骤如下（参见图 5-3）。

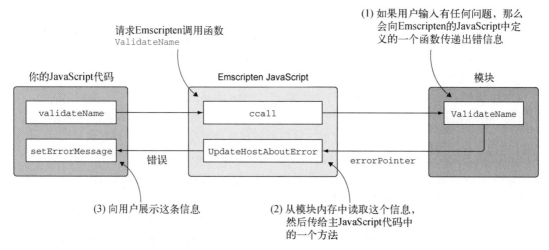

图 5-3　重构模块和 JavaScript 代码，以便模块可以回调 JavaScript

(1) 如果用户输入有问题，就让模块调用一个 JavaScript 函数，这个函数是你将要放入 Emscripten 生成的 JavaScript 文件中的。

(2) 这个 JavaScript 函数接受来自模块的一个指针，然后根据这个指针从模块内存中读取出错信息。

(3) 然后它会将信息传给网页的主 JavaScript 代码，后者负责用收到的错误信息来更新 UI。

5.1　用 C/C++创建带 Emscripten plumbing 的模块

我们来修改一下第 4 章中创建的 C++验证逻辑，以便它可以与 JavaScript 代码交互。我们将包含 C 标准库和 Emscripten 辅助函数，这也是创建用于生产环境的模块的推荐方法。本章后面还会介绍其他创建 WebAssembly 模块的方法，其中不包含 C 标准库或 Emscripten 辅助函数。

如图 5-4 所示，创建模块的步骤与第 4 章中类似。

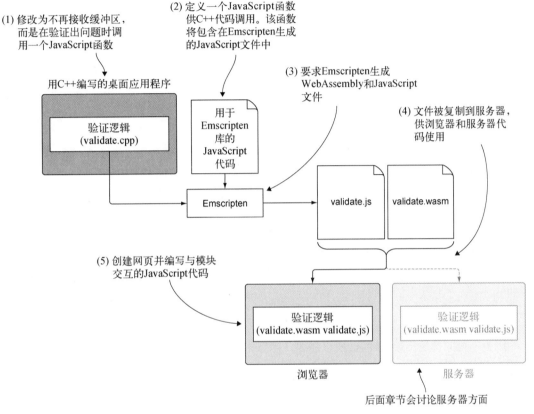

图 5-4　调整 C++逻辑和一些 JavaScript 代码的步骤，其中 JavaScript 代码需要包含到 Emscripten 的 JavaScript 文件中，从而生成 WebAssembly 模块以供浏览器和服务器端代码使用。后面章节会讨论服务器方面的 Node.js

(1) 修改 C++代码为不再接收字符串缓冲区，而是在验证出问题时调用一个 JavaScript 函数。

(2) 定义将要包含在 Emscripten 生成的 JavaScript 文件中的 JavaScript 代码。

(3) 请求 Emscripten 生成 WebAssembly 模块和 JavaScript plumbing 文件。

(4) 复制生成的文件以供在浏览器中使用。

(5) 创建网页，然后编写必要的 JavaScrpt 代码与 WebAssembly 模块交互。

5.1.1　调整 C++代码

如图 5-5 所示，第一步是修改 C++代码，使其不再接收一个字符串缓冲区。取而代之的是，在验证出现问题时，代码会调用一个 JavaScript 函数，并向其传递出错信息。

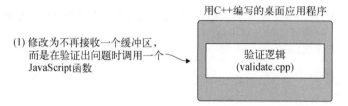

图 5-5 第一步是修改 C++代码，令其将出错信息传给 JavaScript 函数

在 WebAssembly 目录下，为本节将用到的文件创建目录 Chapter 5\5.1.1 EmJsLibrary\source\。将文件 validate.cpp 从目录 WebAssembly\Chapter 4\4.1 js_plumbing\source\复制到新创建的 source 目录。用编辑器打开文件 validate.cpp。

我们将修改 C++代码来调用定义在 JavaScript 代码中的一个函数。因为这个函数不是 C++代码的一部分，所以需要通过在签名前包含关键字 extern 来告诉编译器函数签名是什么。这样做允许待编译的 C++代码期望这个函数在代码运行时可用。当看到这个函数签名时，Emscripten 编译器会在 WebAssembly 模块中为它创建一个导入项。当模块实例化时，WebAssembly 框架会看到要求的导入并期望这个函数被提供。

将要创建的这个 JavaScript 函数会接受一个 const char*指针作为参数，如果验证出现问题，这个参数将持有出错信息。这个函数不会返回值。为了定义这个函数的签名，在文件 validate.cpp 中的 extern "C"块内的函数 ValidateValueProvided 之前添加以下代码片段。

```
extern void UpdateHostAboutError(const char* error_message);
```

因为不再向模块传递缓冲区，所以需要从函数中去除参数 char* return_error_message。另外，所有调用 strcpy 以将出错信息复制到缓冲区的位置现在都需要用调用函数 UpdateHost-AboutError。

修改函数 ValidateValueProvided 为不再拥有参数 return_error_message，并且改为调用函数 UpdateHostAboutError，而不是 strcpy，如下所示：

```
int ValidateValueProvided(const char* value,          ← 参数 return_error_message
    const char* error_message) {                           已被移除

  if ((value == NULL) || (value[0] == '\0')) {
    UpdateHostAboutError(error_message);              ← 用 UpdateHostAboutError
    return 0;                                              调用代替 strcpy
  }

  return 1;
}
```

与处理函数 ValidateValueProvided 一样，修改函数 ValidateName 为不再接收参数 return_error_message，并将其从 ValidateValueProvided 函数调用中移除。修改代码，令其向函数 UpdateHostAboutError 传递出错信息，而不再使用 strcpy，如下所示：

```
int ValidateName(char* name, int maximum_length) {
  if (ValidateValueProvided(name,
      "A Product Name must be provided.") == 0) {
    return 0;
  }

  if (strlen(name) > maximum_length) {
    UpdateHostAboutError("The Product Name is too long.");
    return 0;
  }

  return 1;
}
```

参数 return_error_message
已被移除

用 UpdateHostAboutError
调用代替 strcpy

无须对函数 IsCategoryIdInArray 进行任何改动。

最后，需要对函数 ValidateCategory 进行与函数 ValidateValueProvided 和 ValidateName 同样的修改，如代码清单 5-1 所示。

代码清单 5-1　validate.cpp 中修改后的函数 ValidateCategory

```
int ValidateCategory(char* category_id, int* valid_category_ids,
    int array_length) {
  if (ValidateValueProvided(category_id,
      "A Product Category must be selected.") == 0) {
    return 0;
  }

  if ((valid_category_ids == NULL) || (array_length == 0)) {
    UpdateHostAboutError("There are no Product Categories available.");
    return 0;
  }

  if (IsCategoryIdInArray(category_id, valid_category_ids,
      array_length) == 0) {
    UpdateHostAboutError("The selected Product Category is not valid.");
    return 0;
  }

  return 1;
}
```

参数 return_error_message
已被移除

5.1.2　创建将要包含到 Emscripten 生成的 JavaScript 文件中的 JavaScript 代码

现在我们已经修改了 C++ 代码，下一步（参见图 5-6）是创建需要包含到 Emscripten 生成的 JavaScript 文件中的 JavaScript 代码。

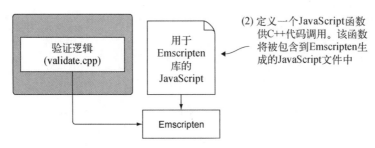

图 5-6　第二步是创建包含到 Emscripten 生成的 JavaScript 文件中的 JavaScript 代码

在创建要合并到 Emscripten 生成的 JavaScript 文件中的 JavaScript 代码时，WebAssembly 模块的创建方式与之前相比略有不同。这种情况下，需要在请求 Emscripten 编译 C++代码之前定义自己的 JavaScript 函数 UpdateHostAboutError，因为需要 Emscripten 编译器将 JavaScript 代码与生成的其余 Emscripten JavaScript 代码合并到一起。

为了让 JavaScript 代码包含到 Emscripten 生成的 JavaScript 文件中，需要将 JavaScript 代码添加到 Emscripten 的 LibraryManager.library 对象中。为了实现这一点，可以使用 Emscripten 的 mergeInto 函数，它接受两个参数：

❑ 想要添加属性的对象，这个示例中是 ibraryManager.library 对象；
❑ 属性会复制到第一个对象内的一个对象，这个示例中是你的代码。

我们将创建一个 JavaScript 对象，它会持有一个名为 UpdateHostAboutError 的属性，其值为一个接受出错信息指针的函数。这个函数会使用 Emscripten 辅助函数 UTF8ToString 从模块内存中读取数据，然后调用 JavaScript 函数 setErrorMessage，这是网页主 JavaScript 代码的一部分。

在目录 WebAssembly\Chapter 5\5.1.1 EmJsLibrary\source\下，创建一个名为 mergeinto.js 的文件，然后用编辑器打开它并添加以下代码片段。

```
mergeInto(LibraryManager.library, {
  UpdateHostAboutError: function(errorMessagePointer) {
    setErrorMessage(Module.UTF8ToString(errorMessagePointer));
  }
});
```
将这个对象的属性复制到
LibraryManager.library
对象中

5.1.3　将代码编译为 WebAssembly 模块

现在我们已经修改了 C++代码，并创建了要包含到 Emscripten 生成的 JavaScript 文件中的 JavaScript 函数，可以进行下一步了。如图 5-7 所示，这个步骤是让 Emscripten 将代码编译为 WebAssembly 模块。还要指示 Emscripten 在生成的 JavaScript 文件中包含来自文件 mergeinto.js 的代码。

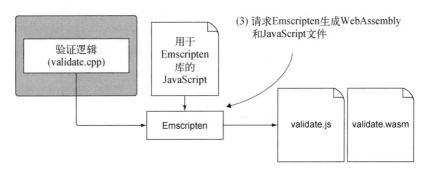

图 5-7 第三步是请求 Emscripten 生成 WebAssembly 和 JavaScript 文件。在这个示例中，
还要请求 Emscripten 包含文件 mergeInto.js

为了告知 Emscripten 编译器将 JavaScript 代码包含进生成的 JavaScript 文件，需要使用 --js-library 标记，后面是要包含的文件路径。为了确保 JavaScript 代码需要的 Emscripten 辅助函数也被包含进生成的 JavaScript 文件，需要在编译 C++代码时指定这些函数，具体是通过将它们放在 EXTRA_EXPORTED_RUNTIME_METHODS 命令行数组中来实现的。需要包含两个 Emscripten 辅助函数：

❑ ccall，网页 JavaScript 代码用其来调入模块；
❑ UTF8ToString，文件 mergeinto.js 中编写的 JavaScript 代码用其从模块内存中读取字符串。

为了将代码编译为 WebAssembly 模块，打开命令行窗口，进入保存文件 validate.cpp 和 mergeinto.js 的目录，然后运行以下命令。

```
emcc validate.cpp --js-library mergeinto.js
➡ -s EXTRA_EXPORTED_RUNTIME_METHODS=['ccall','UTF8ToString']
➡ -o validate.js
```

打开 Emscripten 生成的 JavaScript 文件 validate.js，并搜索函数 UpdateHostAboutError，应该可以看到你定义的函数现在是生成的 JavaScript 文件的一部分。

```
function _UpdateHostAboutError(errorMessagePointer) {
  setErrorMessage(Module.UTF8ToString(errorMessagePointer));
}
```

在生成的 JavaScript 文件中包含函数的好处是，如果 UpdateHostAboutError 以外还有若干其他函数，那么只有被模块代码实际调用的函数会被包含。

5.1.4 调整网页的 JavaScript 代码

图 5-8 展示了过程的下一步，其中要将 Emscripten 生成的文件复制到一个目录，同时要将第 4 章创建的文件 editproduct.html 和 editproduct.js 也复制过去。然后根据与模块交互的方式来修改文件 editproduct.js 中的部分代码。

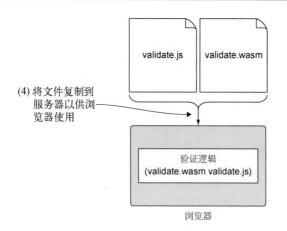

图 5-8   第四步是将生成的文件复制到 HTML 文件所在处，并根据与
模块交互的新方式来更新 JavaScript 代码

在 WebAssembly\Chapter 5\5.1.1 EmJsLibrary\目录下，创建一个名为 frontend 的目录。将以下文件复制到新目录 frontend：

❑ 来自目录 Chapter 5\5.1.1 EmJsLibrary\source\的文件 validate.js 和 validate.wasm；

❑ 来自目录 Chapter 4\4.1 js_plumbing\frontend\的文件 editproduct.html 和 editproduct.js。

用编辑器打开文件 editproduct.js。

由于 JavaScript 代码不再需要创建字符串缓冲区并将其传递给模块，因此可以简化文件 editproduct.js 中的函数 onClickSave。

❑ 不再需要变量 errorMessage 和 errorMessagePointer，因此可以删除这两行代码。可以在这两行位置上放置对函数 setErrorMessage 的调用，并传入一个空字符串，这样一来，如果网页上还显示着之前的错误，而这个事件中当前对保存函数的调用没有问题，那么这个消息就会被隐藏。

❑ 从对函数 validateName 和 validateCategory 的调用中移除参数 errorMessage-Pointer。

❑ 移除 if 语句中的 Module.UTF8ToString 这一行代码。

❑ 修改 if 语句令两个检查之间的 or 条件（||）现在变成 and 条件（&&），并且从两个函数调用前去掉不等检查（!）。现在，如果两个函数调用都指示没有错误，那么一切有效，可以将数据传给服务器端代码。

❑ 可以去掉函数中 if 语句之后的其余代码。

现在函数 onClickSave 看起来应该如下所示：

```
function onClickSave() {
    setErrorMessage("");          清除所有之前的
                                  出错信息
    const name = document.getElementById("name").value;
    const categoryId = getSelectedCategoryId();
```

```
if (validateName(name) &&
    validateCategory(categoryId)) {

}
}
```

去除每个函数调
用的第二个参数

去除函数调用前的不
等检查。or 条件修改
为 and 条件

没有问题。可以将数据
传给服务器端代码

还需要修改函数 `valdiateName`。

❑ 去除参数 `errorMessagePointer`。

❑ 由于 WebAssembly 模块中的函数 `ValidateName` 现在只需要两个参数，因此去除函数
  `ccall` 的第三个参数中的最后一个数组项（`'number'`）。

❑ 从函数 `ccall` 的最后一个参数中去除 `errorMessagePointer` 数组项。

现在函数 `validateName` 看起来应该如下所示：

```
function validateName(name) {
  const isValid = Module.ccall('ValidateName',
    'number',
    ['string', 'number'],
    [name, MAXIMUM_NAME_LENGTH]);

  return (isValid === 1);
}
```

已经去除第二个参数
（**errorMessagePointer**）

已经去除第三个数组
项（**number**）

已经去除第三个数组项
（**errorMessagePointer**）

还需要对函数 `validateCategory` 进行与函数 `validateName` 同样的修改。

❑ 去除参数 `errorMessagePointer`。

❑ 从函数 `ccall` 的第三个参数去除最后一个数组项（`'number'`）。

❑ 从函数 `ccall` 的最后一个参数中去除数组项 `errorMessagePointer`。

现在函数 `validateCategory` 看起来应该如代码清单 5-2 所示。

代码清单 5-2   editproduct.js 中修改后的函数 `validateCategory`

```
function validateCategory(categoryId) {
  const arrayLength = VALID_CATEGORY_IDS.length;
  const bytesPerElement = Module.HEAP32.BYTES_PER_ELEMENT;
  const arrayPointer = Module._malloc((arrayLength * bytesPerElement));
  Module.HEAP32.set(VALID_CATEGORY_IDS, (arrayPointer / bytesPerElement));

  const isValid = Module.ccall('ValidateCategory',
    'number',
    ['string', 'number', 'number'],
    [categoryId, arrayPointer, arrayLength]);

  Module._free(arrayPointer);

  return (isValid === 1);}
```

已经去除第二个参数
（**errorMessagePointer**）

已经去除第四个数组项
（**number**）

已经去除第四个数组项
（**errorMessagePointer**）

5.1.5 查看结果

现在 JavaScript 代码已经修改完毕，可以打开浏览器并在地址栏中输入 http://localhost:8080/ editproduct.html 来查看网页。可以去除 Name 字段的所有文本并点击保存按钮来测试验证过程。 网页上应该会出现出错信息（参见图 5-9）。

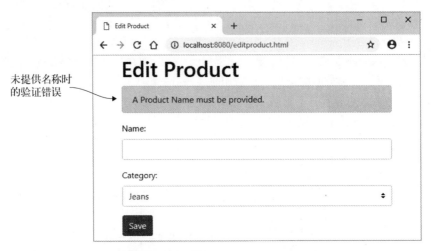

未提供名称时的验证错误

图 5-9　Edit Product 页面的名称验证错误

5.2　用 C/C++创建不带 Emscripten plumbing 的模块

假定你想让 Emscripten 编译 C++代码，但不包含任何 C 标准库，也不生成 JavaScript plumbing 文件。Emscripten 的 plumbing 代码带来了很多便利，但它也隐藏了大量使用 WebAssembly 模块 的细节。接下来要介绍的这种方法对于学习很有帮助，因为你将直接使用模块。

5.1 节中介绍的带 Emscripten plumbing 代码的流程通常用于生产环境代码。Emscripten 生成 的 JavaScript 文件带来了便利，因为它会处理模块的加载和实例化，还会包含辅助函数来简化与 模块的交互。

在 5.1 节中，当编译带 Emscripten plumbing 代码的 WebAssembly 模块时，函数 updateHost-AboutError 放在了 Emscripten 生成的 JavaScript 文件中，如图 5-10 所示。

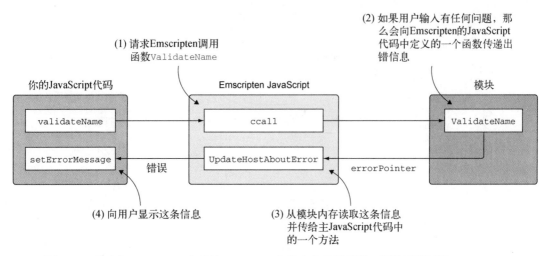

图 5-10 通过在 Emscripten 生成的 JavaScript 文件中定义的函数，模块可以回调 JavaScript

如果不使用 Emscripten 的 plumbing 代码，C/C++代码就不能访问 Emscripten 宏或 Emscripten 的 JavaScript 文件，但仍然可以直接调入 JavaScrit。因为不能访问 Emscripten 生成的 JavaScript 文件，所以需要将回调函数放在网页 JavaScript 文件中，如图 5-11 所示。

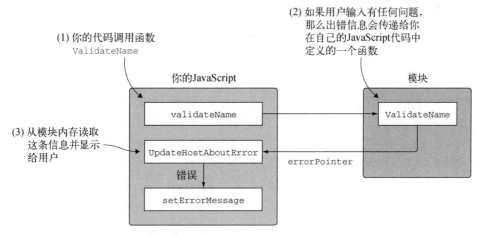

图 5-11 不使用 Emscripten plumbing 代码时回调逻辑如何工作

5.1.1 节中曾提醒过你，在 Emscripten 的 JavaScript 代码中包含 JavaScript 时，如果你的计划目标是 Node.js，那么这个代码需要是自足的。第 10 章将在 Node.js 中使用 WebAssembly 模块，并深入了解其中细节，而出现这个提醒的原因在于 Emscripten 生成的 JavaScript 文件在 Node.js 中的加载方式。

通过这种方法创建的模块没有代码自足的限制，模块调用的代码将是主 JavaScript 的一部分。如图 5-12 所示，这个过程与 5.1 节中的类似，但这里要让 Emscripten 只生成 WebAssembly 文件。

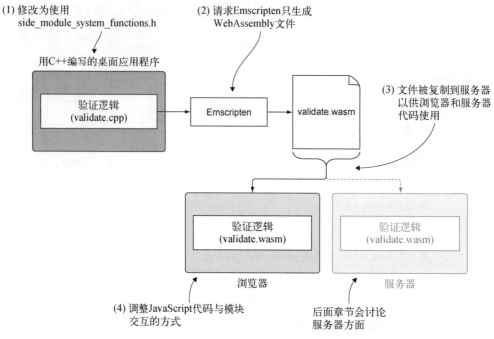

图 5-12   将现有 C++逻辑转化为 WebAssembly，以供网站和服务器端代码使用，同时不
生成任何 Emscripten JavaScript 代码。后面章节将介绍服务器方面的 Node.js

5.2.1   C++修改

过程（参见图 5-13）的第一步是修改 5.1 节中创建的 C++代码，令其使用第 4 章中创建的文
件 side_module_system_functions.h 和.cpp。在目录 Chapter 5\下，创建一个目录 5.2.1 SideModule-
CallingJS\source\来放置本节文件。将以下文件复制到新目录 source 下：

❏ 目录 5.1.1 EmJsLibrary\source\下的文件 validate.cpp；

❏ 目录 Chapter 4\4.2 side_module\source\下的文件 side_module_system_functions.h 和.cpp。

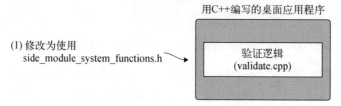

图 5-13   需要将 5.1 节中的 C++代码修改为使用第 4 章中创建的
side_module_system_functions 文件

直接调入 JavaScript 代码的这一部分 C++代码，与 5.1 节中创建的完全相同，其中使用了 extern 关键字来定义 JavaScript 函数的函数签名。

```
extern void UpdateHostAboutError(const char* error_message);
```

这里的 C++代码与 5.1 节创建的代码的唯一区别是，不能访问 C 标准库。需要导入第 4 章中编写的代码，其中提供了像 strcpy、strlen 和 atoi 这样的函数。

用编辑器打开文件 validate.cpp，然后去除标准库 cstdlib 和 cstring 的包含部分。接下来，添加自己版本的 C 标准库函数的头文件 side_module_system_functions.h，放置于 extern "C"块之内。

提醒　　头文件的包含必须放置于 extern "C"块之内，因为我们将请求 Emscripten 编译器编译两个.cpp 文件。虽然两个文件的函数都在 extern "C"块之内，但 Emscripten 编译器仍会假定 validate.cpp 中的函数调用会编译为 C++文件，而其中的函数已经被改变。编译器无法在生成的模块中找到改变后的函数名，因此会假定它们需要被导入。

以下代码片段展示了对文件 validate.cpp 的修改。

```
#ifdef __EMSCRIPTEN__
  #include <emscripten.h>
#endif

#ifdef __cplusplus
extern "C" {
#endif

#include "side_module_system_functions.h"    ◄─── 要点：将头文件放入 extern "C"块中
```

5.2.2　将代码编译为 WebAssembly 模块

现在我们已经修改了 C++代码，下一步是让 Emscripten 将其编译为 WebAssembly 模块，但不包含 JavaScript plumbing 代码，如图 5-14 所示。

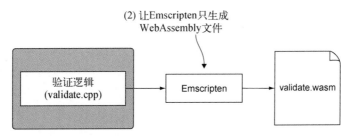

图 5-14　在这个示例中，需要请求 Emscripten 只生成 WebAssembly 文件，而没有 JavaScript plumbing 文件

为了将 C++代码编译为 WebAssembly 模块，需要打开一个命令行窗口，进入保存 C++文件的目录，然后运行以下命令。

```
emcc side_module_system_functions.cpp validate.cpp
➥ -s SIDE_MODULE=2 -O1 -o validate.wasm
```

5.2.3　调整将与模块交互的 JavaScript 代码

生成 WebAssembly 模块后，图 5-15 展示了下一步，其中要将生成的 Wasm 文件复制到 HTML 文件所在位置。然后修改 JavaScript 代码与模块交互的部分，令其不再向模块函数传递缓冲区。

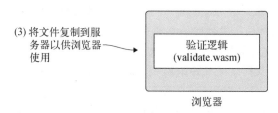

图 5-15　将生成的 Wasm 文件复制到 HTML 文件所在目录并修改 JavaScript 代码与模块交互的方式

在目录 Chapter 5\5.2.1 SideModuleCallingJS\下创建目录 frontend\。将以下文件复制到这个目录：
- ❑ 来自目录 5.2.1 SideModuleCallingJS\source\的新生成文件 validate.wasm；
- ❑ 来自目录 Chapter 4\4.2 side_module\frontend\的文件 editproduct.html 和 editproduct.js。

在 C++代码中，关键字 extern 和函数签名告诉 Emscripten 编译器这个模块将被导入函数 _UpdateHostAboutError（在生成的 WebAssembly 模块内，Emscripten 编译器会在函数名称前添加下划线）。由于没有 Emscripten plumbing 代码，因此当 JavaScript 实例化模块时，需要你向模块传递函数_UpdateHostAboutError。

1. 函数 `initializePage`

第一步是在编辑器中打开文件 editproduct.js，然后定位到函数 `initializePage`。修改 `importObject`，在结尾处添加一个名为_UpdateHostAboutError 的新属性，以及一个接受参数 `errorMessagePointer` 的函数。在这个函数的主体中，我们将调用函数 `getString-FromMemory` 从模块内存中读取字符串。然后将这个字符串传递给函数 `setErrorMessage`。

代码清单 5-3 展示了文件 editproduct.js 中的函数 `initializePage` 的 `importObject` 现在看起来应该是什么样子。

代码清单 5-3　向 `importObject` 添加的_UpdateHostAboutError

```
function initializePage() {
  ...

  moduleMemory = new WebAssembly.Memory({initial: 256});
```

```
const importObject = {
  env: {
    __memory_base: 0,
    memory: moduleMemory,
    _UpdateHostAboutError: function(errorMessagePointer) {
      setErrorMessage(getStringFromMemory(errorMessagePointer));
    },
  }
};

...
}
```

创建用来响应模块
调用的函数

从模块内存读取字符串
并将其展示给用户

对文件 editproduct.js 的其他修改与 5.1 节中的修改相同，从函数 onClickSave、validateName
和 validateCategory 中删除出错缓冲区变量。

2. 函数 onClickSave

定位到函数 onClickSave，并执行以下操作。

❑ 将 errorMessage 和 errorMessagePointer 代码行替换为对 setErrorMessage 的调
用，传入一个空字符串。如果验证没有问题，那么用空字符串调用函数 setErrorMessage
会清除上次点击保存按钮时可能显示的任何出错信息。

❑ 修改 if 语句为不再传入参数 errorMessagePointer。

❑ 去除函数调用 validateName 和 validateCategory 前面的不等检查（!）。将 or（||）
检查修改为 and（&&）检查。

❑ 从 if 语句体中删除 getStringFromMemory 这一行代码。如果验证没有任何问题，那
么 if 语句体就是放置代码的位置，你可以从这里向服务器端发送要保存的信息。

❑ 删除函数 onClickSave 中 if 语句之后的其余代码。

现在函数 onClickSave 看起来应该如下所示：

```
function onClickSave() {
  setErrorMessage("");

  const name = document.getElementById("name").value;
  const categoryId = getSelectedCategoryId();

  if (validateName(name) &&
      validateCategory(categoryId)) {

  }
}
```

清除所有之前的
出错信息

删除每个函数调
用的第二个参数

去除不等检查。
or 条件修改为
and 条件

没有问题。可以将数据
传递给服务器端代码

3. 函数 validateName 和 validateCategory

下一步是修改函数 validateName 和 validateCategory，令其不再接受参数 errorMessage-
Pointer，也不再将值传给模块函数。代码清单 5-4 展示了修改后的代码。

代码清单 5-4 对函数 validateName 和 validateCategory 的修改

```
function validateName(name) {                                          ◄─┐
  const namePointer = moduleExports._create_buffer((name.length + 1));  │
  copyStringToMemory(name, namePointer);                                │
                                                      作为函数第二个参数的  │
  const isValid = moduleExports._ValidateName(namePointer,   errorMessagePointer │
      MAXIMUM_NAME_LENGTH);                         ◄─┐    已被移除       │
                                                     │                   │
  moduleExports._free_buffer(namePointer);           │  不再将 errorMessagePointer
                                                     │  传给模块函数
  return (isValid === 1);
}

function validateCategory(categoryId) {                      ◄─┐
  const categoryIdPointer = moduleExports._create_buffer(      │
➡ (categoryId.length + 1));                                    │
  copyStringToMemory(categoryId, categoryIdPointer);           │
                                                作为函数第二个参数的
  const arrayLength = VALID_CATEGORY_IDS.length;   errorMessagePointer
  const bytesPerElement = Int32Array.BYTES_PER_ELEMENT;  已被移除
  const arrayPointer = moduleExports._create_buffer((arrayLength *
➡ bytesPerElement));

  const bytesForArray = new Int32Array(moduleMemory.buffer);
  bytesForArray.set(VALID_CATEGORY_IDS, (arrayPointer / bytesPerElement));

  const isValid = moduleExports._ValidateCategory(categoryIdPointer,
      arrayPointer, arrayLength);              ◄─┐
                                                │   不再将 errorMessagePointer
  moduleExports._free_buffer(arrayPointer);     │   传给模块函数
  moduleExports._free_buffer(categoryIdPointer);

  return (isValid === 1);
}
```

5.2.4 查看结果

现在一切已经修改完毕，可以在浏览器的地址栏中输入 http://localhost:8080/editproduct.html 来查看网页了。我们可以测试验证能否正常工作，具体做法是修改类别下拉框的选择为不选中任何项目，然后点击保存按钮。验证检查应该会导致网页上显示一条出错信息，如图 5-16 所示。

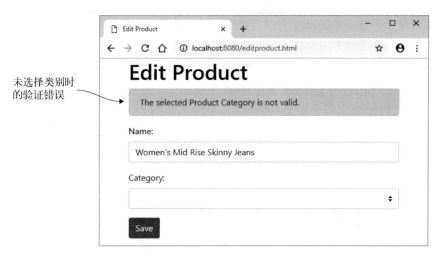

未选择类别时
的验证错误

图 5-16　未选择类别时 Edit Product 页面上出现的类别验证错误

如何将本章所学应用于现实世界呢?

5.3　现实用例

有了调用 JavaScript 的能力后,现在模块可以与网页和浏览器的 Web API 交互了,这提供了很多可能性。其中一些选择如下。

- 创建一个 WebAssembly 模块来为 3D 图形执行光线追踪计算。然后可以将这些图形用于交互式的网页或游戏。
- 创建一个文件转换器(比如,将一张图片转换为 PDF 后再包含到电子邮件中)。
- 获取一个开源 C++库(如 cryptography),并将其编译为 WebAssembly 供网站使用。

5.4　练习

练习答案参见附录 D。

(1) 在 C/C++代码中定义签名时,使用哪个关键字可以让编译器了解这个函数会在代码运行时可用?

(2) 假定你需要在 Emscripten 的 JavaScript 代码中包含一个函数,以便模块调用它来确定用户设备是否在线。如何包含一个名为 `IsOnline` 的函数,这个函数返回 `1` 表示 `true`,返回 `0` 表示 `false`?

5.5　小结

本章介绍了以下内容。

- 可以修改一个 WebAssembly 模块，令其能够直接与 JavaScript 代码交互。
- 可以在 C/C++ 代码中用关键字 `extern` 定义外部函数。
- 通过将自己的 JavaScript 代码添加到 `LibraryManager.library` 对象中，可以将前者添加到 Emscripten 生成的 JavaScript 文件中。
- 在不使用 Emscripten 的 plumbing 代码时，可以将一个函数放到传递给函数 `WebAssembly.instantiate` 或 `WebAssembly.instantiateStreaming` 的 JavaScript 对象内，供模块导入。

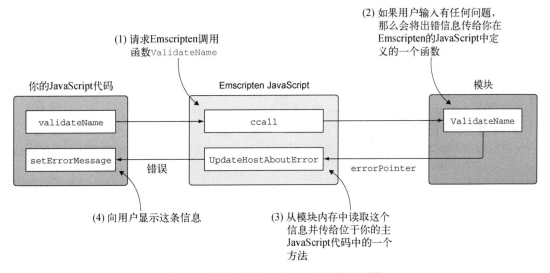

第6章

创建通过函数指针与 JavaScript 交流的 WebAssembly 模块

6

本章内容
- ❑ 调整 C/C++ 代码来使用函数指针
- ❑ 用 Emscripten 辅助函数将 JavaScript 函数传给 WebAssembly 模块
- ❑ 不使用 Emscripten plumbing 代码时在 WebAssembly 模块中调用函数指针

第 5 章对模块进行了修改，它可以不再通过参数向 JavaScript 传回验证出错信息。取而代之的是，修改后的模块可以直接调用 JavaScript 函数，如图 6-1 所示。

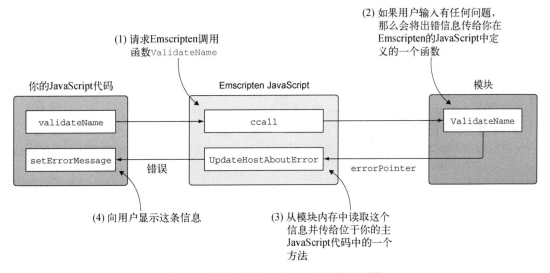

(1) 请求Emscripten调用
函数ValidateName

(2) 如果用户输入有任何问题，
那么会将出错信息传给你在
Emscripten的JavaScript中定
义的一个函数

你的JavaScript代码　　　　Emscripten JavaScript　　　　模块

validateName → ccall → ValidateName

setErrorMessage ← UpdateHostAboutError
错误　　　　　　　　　　　　　errorPointer

(4) 向用户显示这条信息

(3) 从模块内存中读取这个
信息并传给位于你的主
JavaScript代码中的一个
方法

图 6-1 模块调用 JavaScript 代码中的函数

想象一下能根据 JavaScript 代码的需求即时向模块传递 JavaScript 函数的情形。当模块处理完毕后，就可以调用指定的函数了，如图 6-2 所示。

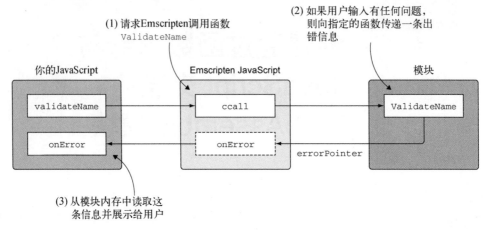

图 6-2　模块调用 JavaScript 函数指针

6.1　用 C/C++创建带 Emscripten plumbing 的模块

本节将为验证逻辑创建 C++代码。我们将包含 C 标准库和 Emscripten 辅助函数，在生产环境中创建模块时，这是比较推荐的方法。本章后面将介绍创建 WebAssembly 模块的其他方法，其中不包含 C 标准库或 Emscripten 辅助函数。

6.1.1　使用 JavaScript 传给模块的函数指针

如图 6-3 所示，调整模块为使用函数指针需要以下步骤。
(1) 修改 C++代码，以便导出函数接受成功和出错函数指针。
(2) 请求 Emscripten 生成 WebAssembly 文件和 JavaScript plumbing 文件。
(3) 复制生成的文件以供浏览器使用。
(4) 修改与 WebAssembly 模块交互的网站 JavaScript 代码，因为前者现在期望指定函数指针。

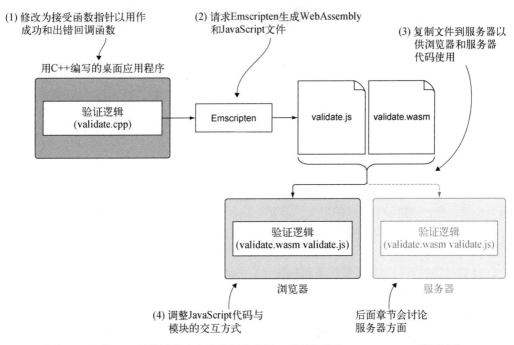

图 6-3 现有 C++逻辑被修改为接受函数指针,然后转换为 WebAssembly 供网站和
服务器端代码使用的步骤。后面章节会讨论服务器方面的 Node.js

6.1.2 调整 C++代码

如图 6-4 所示,第一步是修改 C++代码来接受函数指针。

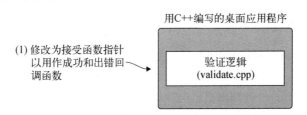

图 6-4 第一步是将代码修改为接受函数指针

创建以下目录来放置本节所需要的文件:WebAssembly\Chapter 6\6.1.2 EmFunctionPointers\
source\。将文件 validate.cpp 从目录 WebAssembly\Chapter 5\5.1.1 EmJsLibrary\source\复制到前面
创建的 source 目录下。然后用编辑器打开它,定义你的代码将用来调用 JavaScript 代码的函数签
名,以指示用户输入成功还是有问题。

1. 定义函数签名

在 C/C++中,函数可以接受一个函数指针签名作为参数。比如,以下参数可以用于一个函数

指针，后者既不接受任何参数，也不返回值。

```
void(*UpdateHostOnSuccess)(void)
```

你可能会遇到一些示例代码，其中会先解引用函数指针，再调用该指针。并不需要这么做，因为解引用后的函数指针会立即再次转换为指针，因此还是得到同一个指针。C 代码可以像调用普通函数那样调用函数指针，如下所示：

```
void Test(void(*UpdateHostOnSuccess)(void)) {
  UpdateHostOnSuccess();
}
```

虽然可以在每个函数中需要的位置指定函数签名为参数，但也可以创建签名的定义，然后将其作为参数。要想创建函数签名的定义，需要在签名前使用 typedef 关键字。

相较于为每个参数定义函数签名，使用预先定义的函数签名具有以下好处。

❏ 简化函数。

❏ 提高可维护性。如果需要调整函数签名，那么无须修改使用它的每个参数，只需要更新一个位置：定义处。

我们将在文件 validate.cpp 中使用 typedef 方法来定义代码需要的两个签名。

❏ 一个签名将用于成功回调函数，后者没有参数，也没有返回值。

❏ 另一个签名将用作验证出错回调函数。它接受一个 const char*参数，但没有返回值。

在文件 validate.cpp 中，将代码行 extern void UpdateHostAboutError 替换为以下两个签名片段。

```
typedef void(*OnSuccess)(void);
typedef void(*OnError)(const char*);
```

既然模块不再接受缓冲区参数来返回出错信息，那么需要从模块函数中移除这个参数，先从函数 ValidateValueProvided 开始。

2. 函数 ValidateValueProvided

修改函数 ValidateValueProvided 以去除参数 error_message。然后从 if 语句中去除对 UpdateHostAboutError 的调用。

修改后的函数 ValidateValueProvided 看起来应该如下所示：

```
int ValidateValueProvided(const char* value) {       ◄────
  if ((value == NULL) || (value[0] == '\0')) {    ◄──┐
    return 0;                                         │
  }                代码不再调用                        │
                   UpdateHostAboutError               │
  return 1;
}
```

已经去除参数
error_message

接下来，我们需要修改函数 ValidateName 和 ValidateCategory 来接受成功和出错函数指针，从而根据用户数据是否有问题调用适当的函数。

3. 函数 `ValidateName`

需要对函数 `ValidateName` 进行几处修改。先将函数的返回类型从 `int` 改为 `void`，然后添加两个函数指针参数。

- ❏ OnSuccess UpdateHostOnSuccess
- ❏ OnError UpdateHostOnError

因为从函数 `ValidateValueProvided` 中去除了第二个参数，不能向它传递字符串了，所以要从函数调用中去除第二个参数。将 `if` 语句中的 `return 0` 这一行代码替换为出错函数指针调用。

```
UpdateHostOnError("A Product Name must be provided.");
```

原来代码调用的 JavaScript 函数名为 `UpdateHostAboutError`。我们已经去除了这个函数，现在需要在字符串长度（`strlen`）`if` 语句中调用出错函数指针。将函数调用 `UpdateHostAboutError` 改为 `UpdateHostOnError`，然后去除 `return 0` 这一行代码。

由于现在函数 `ValidateName` 会返回 `void`，因此需要从函数结尾去除 `return 1` 这一行代码，并将其替换为 `if` 块结尾的一个 `else` 语句。在用户输入没有问题的情况下，这个 `else` 语句会被触发，因此需要告诉 JavaScript 代码一切正常。为了实现这一点，需要调用成功函数指针。

```
UpdateHostOnSuccess();
```

现在文件 validate.cpp 中的函数 `ValidateName` 看起来应该就像代码清单 6-1 中的代码。

代码清单 6-1 修改为使用函数指针的 `ValidateName`（validate.cpp）

```
...

#ifdef __EMSCRIPTEN__
  EMSCRIPTEN_KEEPALIVE                          ←── 现在这个函数返回 void。所有
#endif                                               return 语句都被移除了
void ValidateName(char* name, int maximum_length,
    OnSuccess UpdateHostOnSuccess, OnError UpdateHostOnError) {   ←── 添加了函数指
  if (ValidateValueProvided(name) == 0) {                            针 OnSuccess
    UpdateHostOnError("A Product Name must be provided.");           和 OnError
  }
  else if (strlen(name) > maximum_length) {
    UpdateHostOnError("The Product Name is too long.");
  }
  else {
    UpdateHostOnSuccess();
  }
}
...
```

无须修改函数 `IsCategoryIdInArray`。

需要对函数 `ValidateCategory` 进行与函数 `ValidateName` 相同的修改。然后需要修改代码来根据用户数据是否有问题调用适当的函数指针。

4. 函数 ValidateCategory

将函数 ValidateCategory 的返回类型修改为返回 void，然后添加用于用户输入成功和出错情况的函数指针参数。

❑ OnSuccess UpdateHostOnSuccess

❑ OnError UpdateHostOnError

去除调用函数 ValidateValueProvided 时的第二个参数，并将 if 语句中的 return 0 这一行代码替换为以下内容。

```
UpdateHostOnError("A Product Category must be selected.");
```

由于不再调用原来的 JavaScript 函数 UpdateHostAboutError，因此需要将对这个函数的调用修改为对出错函数指针的调用。将对 UpdateHostAboutError 的调用替换为 UpdateHost-OnError，并去除以下位置的 return 语句行。

❑ valid_category_ids == NULL if 语句中。

❑ IsCategoryIdInArray if 语句中。

最后，因为现在函数 ValidateCategory 会返回 void，所以要去除函数结尾的 return 1 这一行代码，并在 if 块结尾处添加 else 语句。在用户输入没有问题的情况下，这个 else 块会被触发。此时要告诉 JavaScript 代码用户选择的类别有效，因此需要调用成功函数指针。

```
UpdateHostOnSuccess();
```

现在文件 validate.cpp 中的函数 ValidateCategory 看起来应该就像代码清单 6-2 中的代码。

代码清单 6-2　修改为使用函数指针的 ValidateCategory（validate.cpp）

```
...

#ifdef __EMSCRIPTEN__                                            现在函数返回 void。
  EMSCRIPTEN_KEEPALIVE                                           所有 return 语句已
#endif                                                          被移除
void ValidateCategory(char* category_id, int* valid_category_ids, ◄─┐
    int array_length, OnSuccess UpdateHostOnSuccess,
    OnError UpdateHostOnError) {   ◄────────────────────────┐
  if (ValidateValueProvided(category_id) == 0) {
    UpdateHostOnError("A Product Category must be selected.");
  }
  else if ((valid_category_ids == NULL) || (array_length == 0)) {
    UpdateHostOnError("There are no Product Categories available.");
  }
  else if (IsCategoryIdInArray(category_id, valid_category_ids,
      array_length) == 0) {
    UpdateHostOnError("The selected Product Category is not valid.");
  }
  else {
    UpdateHostOnSuccess();                          添加了参数 OnSuccess
  }                                                 和 OnError
}
...
```

至此我们修改了 C++代码来使用函数指针，现在可以进行过程（参见图 6-5）的下一步了，让 Emscripten 将代码编译为 WebAssembly 模块。

(2) 请求Emscripten生成WebAssembly和JavaScript文件

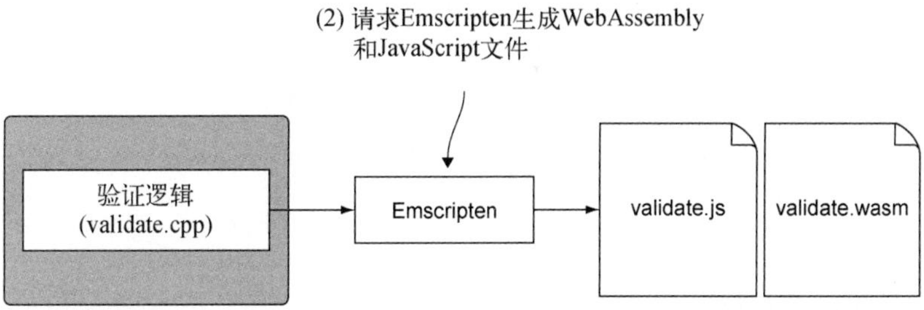

图 6-5　第二步是请求 Emscripten 生成 WebAssembly 和 JavaScript 文件

6.1.3　将代码编译为 WebAssembly 模块

当看到使用 C++函数指针时，Emscripten 编译器会期望具有这些签名的函数在模块进行实例化时被导入。一旦模块完成实例化，就只能添加从其他模块导出的 WebAssembly 函数。这意味着之后 JavaScript 代码不能指定未被导入的函数指针。

如果无法在模块完成实例化后导入 JavaScript 函数，那么如何动态指定 JavaScript 函数呢？答案是，Emscripten 在实例化时向模块提供了具有所需签名的函数，并在其 JavaScript 代码中维护了一个支撑数组（backing array）。当模块调用函数指针时，Emscripten 会查看这个支撑数组，以了解 JavaScript 代码是否向该数组提供了为签名而调用的函数。

对于函数指针，Emscripten 的支撑数组大小需要在编译时通过包含标记 RESERVED_FUNCTION_POINTERS 显式设定。函数 ValidateName 和 ValidateCategory 都期望有两个函数指针参数，我们还会修改 JavaScript 代码来同时调用两个函数，因此这个支撑数组需要同时容纳 4 个条目，需要将这个标记值指定为 4。

要想为 Emscripten 的支撑数组添加或移除函数指针，JavaScript 代码需要访问 Emscripten 辅助函数 addFunction 和 removeFunction。为了确保这些函数包含于生成的 JavaScript 文件中，需要在命令行数组 EXTRA_EXPORTED_RUNTIME_METHODS 中包含它们。

为了将代码编译为 WebAssembly 模块，需要打开一个命令行窗口，进入保存文件 validate.cpp 的目录，然后运行以下命令。

```
emcc validate.cpp -s RESERVED_FUNCTION_POINTERS=4
➥ -s EXTRA_EXPORTED_RUNTIME_METHODS=['ccall','UTF8ToString',
➥'addFunction','removeFunction'] -o validate.js
```

现在 WebAssembly 模块和 Emscripten JavaScript 文件已经生成，下一步（参见图 6-6）是将生成的文件复制到一个目录下，其中也复制了第 5 章中创建的 editproduct.html 和 editproduct.js。然后需要更新文件 editproduct.js 来向模块传递 JavaScript 函数。

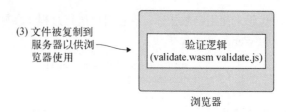

(3) 文件被复制到
服务器以供浏
览器使用

验证逻辑
(validate.wasm validate.js)

浏览器

图 6-6 第三步是将生成的文件复制到 HTML 和 JavaScript 文件所在位置。然后更新
JavaScript 代码以便将 JavaScript 函数传给模块

6.1.4 调整网页 JavaScript 代码

在目录 Chapter 6\6.1.2 EmFunctionPointers\下，创建目录 frontend 并将以下文件复制到这个目录。

❑ 来自目录 Chapter 6\6.1.2 EmFunctionPointers\source\的文件 validate.js 和 validate.wasm。

❑ 来自目录 Chapter 5\5.1.1 EmJsLibrary\frontend\的文件 editproduct.html 和 editproduct.js。

在编辑器中打开文件 editproduct.js，修改代码以便向模块传递函数指针。

1. 函数 onClickSave

在 C++代码中，我们已经修改了模块的验证函数为不再有返回值，而是在验证逻辑准备好调
回时，调用提供的 JavaScript 函数指针来指示成功或失败。因为不知道函数指针何时会被调用，
所以要将 JavaScript 函数 validateName 和 validateCategory 修改为返回 Promise 对象。

现在，函数 onClickSave 首先用一个 if 语句来调用函数 validateName。如果用户输入
的名称没有问题，那么这个 if 语句就会调用函数 validateCategory。由于两个函数都要被修
改为返回一个 promise，因此需要将 if 语句替换为使用 promise。

可以先调用函数 validateName，等待它成功之后再调用函数 validateCategory。虽然
这样做没问题，但是与一次调用一个函数相比，方法 Promise.all 可以同时调用两个验证函数，
从而简化代码。

方法 Promise.all 会被传入一个 promise 数组，并返回单个 Promise 对象。如果所有的
promise 都成功，那么 then 方法会被调用。如果任何一个 promise 被拒绝（出错了），则返回第
一个被拒绝的 promise 的拒绝原因。你也可以使用 then 方法的第二个参数来接收拒绝原因，但
这里将使用 promise 的 catch 语句，因为这是开发者用来处理 promise 错误的最常用方法。

将文件 editproduct.js 中的函数 onClickSave 修改为与代码清单 6-3 中的代码一致。

代码清单 6-3 修改 onClickSave 为使用 Promise.all（editproduct.js）

```
...

function onClickSave() {
  setErrorMessage("");

  const name = document.getElementById("name").value;
  const categoryId = getSelectedCategoryId();
```

```
Promise.all([                      ──── 调用两个
  validateName(name),                   验证函数
  validateCategory(categoryId)
])
.then(() => {                      ────── 两个验证函数
                                          都返回成功
})                                 ────── 验证没有问题。
                                          可以保存数据了
.catch((error) => {          ────
  setErrorMessage(error);   ──→         如果任何一个验证函
                                         数返回错误，那么这
});                                      个块会被触发
}
...
```
显示出错信息

在继续下一步修改函数 `validateName` 和 `validateCategory` 以便向 WebAssembly 模块传递 JavaScript 函数前，你需要学习如何向 Emscripten 的支撑数组传递函数。

2. 调用 Emscripten 辅助函数 `addFunction`

JavaScript 代码要向模块传递一个函数，为此需要使用 Emscripten 辅助函数 `addFunction`。调用 `addFunction` 会将 JavaScript 函数添加到一个支撑数组中，然后返回一个要传给函数 `ccall` 的索引值，如图 6-7 所示。（可以在附录 B 中找到关于 `ccall` 的更多信息。）

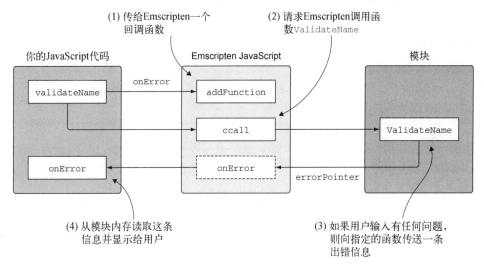

图 6-7 向 Emscripten 的支撑数组传递的一个 JavaScript 函数，以供模块之后调用

函数 `addFunction` 接受两个参数：

❑ 想要传给模块的 JavaScript 函数；

❑ 一个表示函数签名的字符串。

函数签名字符串中的第一个字符代表返回值类型，其余字符代表每个参数的值类型。以下是值类型可用的字符。

❑ v——Void
❑ i——32 位整型
❑ j——64 位整型
❑ f——32 位浮点型
❑ d——64 位浮点型

当代码用完函数指针后，需要将其从 Emscripten 的支撑数组中移除。为了实现这一点，需要将从 addFunction 接收到的索引值传给 removeFunction。

对于模块的每个验证函数来说，需要传入两个函数指针，一个用于成功回调，一个用于验证出错回调。为了更简单一点，我们将创建一个名为 createPointers 的 JavaScript 辅助函数，以帮助两个 JavaScript 验证函数创建函数指针。

3. 函数 createPointers

函数 createPointers 接受以下参数。

❑ resolve——函数 validateName 或 validateCategory 的 promise 的 resolve 方法。
❑ reject——函数 validateName 或 validateCategory 的 promise 的 reject 方法。
❑ returnPointers——一个将返回给调用方的对象，它会持有添加到 Emscripten 的支撑数组的每个函数的索引值。

我们将使用**匿名函数**（anonymous function），它主要用于将要添加到 Emscripten 的支撑数组的两个函数指针。

信息   在 JavaScript 中，匿名函数是定义时不包含名称的函数。如果想要了解更多信息，可以参考 MDN 在线文档页面。

模块期望的成功函数指针具有返回类型 void，并且没有参数，因此传递给 addFunction 作为第二个参数的值应该是 'v'。如果被调用，那么这个函数首先会调用辅助函数 freePointers，然后调用传入函数 createPointers 的 resolve 方法。

模块期望的出错函数指针具有返回类型 void，以及一个 const char*参数。在 WebAssembly 中，指针以 32 位整型表示。在这个示例中，addFunction 所需要的作为第二个参数的函数签名字符串为 'vi'。如果被调用，这个函数将首先调用辅助函数 freePointers，从模块内存中读取出错信息，然后调用传入函数 createPointers 中的 reject 方法。

在函数 createPointers 结尾处，添加到 Emscripten 的支撑数组的每个函数的索引值都会被放入对象 returnPointers 中。

在文件 editproduct.js 中的函数 onClickSave 后，添加代码清单 6-4 所示的函数 createPointers。

代码清单 6-4　editproduct.js 中的新函数 createPointers

创建用于模块成功
调用的函数

调用 promise 的 `resolve`
（成功）方法

```
resolve 和 reject 来自 promise。
returnPointers 持有函数索引
  ...
```

从 Emscripten 的支撑数组
中移除这两个函数

```
function createPointers(resolve, reject, returnPointers) {
    const onSuccess = Module.addFunction(function() {
        freePointers(onSuccess, onError);
        resolve();
    }, 'v');

    const onError = Module.addFunction(function(errorMessage) {
        freePointers(onSuccess, onError);
        reject(Module.UTF8ToString(errorMessage));
    }, 'vi');

    returnPointers.onSuccess = onSuccess;
    returnPointers.onError = onError;
}
  ...
```

函数签名：没有返
回值也没有参数

函数签名：没有返回值，
但有一个 32 位整型参数
（指针）

向返回对象添加
函数索引

从模块内存读取出错信
息，然后调用 promise 的
`reject` 方法

创建用于模块出错
调用的函数

用完函数指针后，为了将其从 Emscripten 的支撑数组中移除，还要创建另一个名为 `freePointers` 的辅助函数。

4. 函数 `freePointers`

在函数 `createPointers` 后，为函数 `freePointers` 添加以下代码片段，以处理从 Emscripten 的支撑数组中移除函数。

```
function freePointers(onSuccess, onError){
    Module.removeFunction(onSuccess);
    Module.removeFunction(onError);
}
```

从 Emscripten 的支撑
数组中移除函数

至此我们创建了用来帮助向 Emscripten 的支撑数组添加函数以及函数用完后将其从中移除的辅助函数，现在需要修改函数 `validateName` 和 `validateCategory`。我们会将这些函数修改为返回 `Promise` 对象，并且在新函数 `createPointers` 的帮助下，将 JavaScript 函数传递给模块。

5. 函数 `validateName`

我们将修改函数 `validateName` 以返回一个 `Promise` 对象，并在这个 `Promise` 对象内部使用一个匿名函数。在这个匿名函数中，需要做的第一件事就是调用函数 `createPointers` 来创建 `Success` 和 `Error` 函数。调用 `createPointers` 也会返回需要传给模块用作成功与失败函数指针的索引。这些索引会被放入对象 `pointers` 之中，这个对象是作为函数 `createPointers` 的第三个参数传入的。

去除 `Module.ccall` 之前的代码 `const isValid =`，然后对函数 `Module.ccall` 进行如下修改。

- ❑ 将第二个参数设为 `null`，以表明函数 `ValidateName` 的返回值是 `void`。
- ❑ 向第三个参数的数组添加两个额外的 `'number'` 类型，因为现在模块函数接受两个指针新参数。WebAssembly 中的指针用 32 位值表示，因此使用 `number` 类型。
- ❑ 由于模块函数增加了两个新参数，因此将函数 `Success` 和 `Error` 的索引传给函数 `ccall` 的第四个参数。索引值是从 `createPointers` 调用中的对象 `pointers` 中返回的。
- ❑ 去除函数的 `return` 语句。

现在文件 editproduct.js 中的函数 `validateName` 看起来应该如代码清单 6-5 所示。

代码清单 6-5   editproduct.js 中修改后的函数 `validateName`

```
...
function validateName(name) {
  return new Promise(function(resolve, reject) {          ◁———— 为调用方返回一个
    const pointers = { onSuccess: null, onError: null };        Promise 对象
    createPointers(resolve, reject, pointers);

    Module.ccall('ValidateName',
        null,          ◁———— 现在模块函数返回 void
        ['string', 'number', 'number', 'number'],          ◁———— 添加了两个 number
        [name, MAXIMUM_NAME_LENGTH, pointers.onSuccess,          类型用于两个新的
            pointers.onError]);          ◁———— 向数组添加了函数          函数指针
  });                                      Success 和 Error
}                                          的索引
...
```

去除了 `const isValid =`
为模块创建函数指针

现在需要对函数 `validateCategory` 进行同样修改，以实现返回一个 `Promise` 对象，并使用函数 `createPointers` 来创建可以传给模块的函数指针。

6. 函数 `validateCategory`

与对函数 `validateName` 所做的一样，我们要修改函数 `validateCategory` 以返回一个 `Promise` 对象。调用函数 `createPointers` 以创建函数 `Success` 和 `Error`。

去除函数 Module.ccall 之前的 const isValid = 这一部分代码，然后按照如下要求修改这个函数。

- □ 将第二个参数改为 null，因为现在模块函数返回 void。
- □ 向 ccall 的第三个参数的数组添加两个新的 'number' 类型，以用于这两个指针类型。
- □ 向 ccall 的第四个参数的数组添加函数 Success 和 Error 的索引。
- □ 最后，从函数结尾处去除 return 语句。

函数 validateCategory 看起来应该如代码清单 6-6 所示。

代码清单 6-6　editproduct.js 中修改后的函数 validateCategory

```
...
function validateCategory(categoryId) {                    为调用方返回一个
  return new Promise(function(resolve, reject) {            Promise 对象

    const pointers = { onSuccess: null, onError: null };   为模块创建函数
    createPointers(resolve, reject, pointers);             指针

    const arrayLength = VALID_CATEGORY_IDS.length;
    const bytesPerElement = Module.HEAP32.BYTES_PER_ELEMENT;
    const arrayPointer = Module._malloc((arrayLength * bytesPerElement));
    Module.HEAP32.set(VALID_CATEGORY_IDS,
        (arrayPointer / bytesPerElement));
                                                            去除了 const isValid =
    Module.ccall('ValidateCategory',
        null,
        ['string', 'number', 'number', 'number', 'number'],
        [categoryId, arrayPointer, arrayLength,
            pointers.onSuccess, pointers.onError]);
                                                            为两个新指针参数添加
    Module._free(arrayPointer);                             了两个 number 类型
                                   向数组添加了函数 Success
  });                              和 Error 的索引
}
...
```

现在模块函数返回 void

6.1.5　查看结果

至此 JavaScript 代码已经修改完毕，可以打开浏览器并在地址栏中输入 http://localhost:8080/editproduct.html 来查看网页了。可以向 Name 字段添加超过 50 个字符并点击保存按钮来测试验证过程。页面上应该会显示一条出错信息（参见图 6-8）。

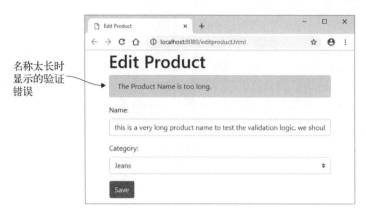

图 6-8　名称太长时 Edit Product 页面显示的出错信息

6.2　用 C/C++创建不带 Emscripten plumbing 的模块

假定你想让 Emscripten 编译 C++代码,但不包含任何 C 标准库函数,也不生成 JavaScript plumbing 文件。Emscripten 的 plumbing 代码很方便,也被推荐于生产环境中使用,但它隐藏了大量操作 WebAssembly 模块的细节。如果不使用 Emscripten 的 plumbing,你可以直接操作 WebAssembly 模块。

如图 6-9 所示,本节中的过程类似于 6.1 节中的过程,但这里要求 Emscripten 只生成 WebAssembly 文件,不生成 JavaScript plumbing 文件。

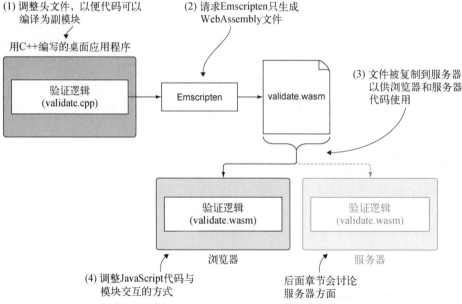

图 6-9　将 C++逻辑转换为 WebAssembly 供网站和服务器端代码使用,同时不生成
Emscripten JavaScript 代码的步骤。后面章节将介绍服务器方面的 Node.js

6.2.1 使用 JavaScript 传给模块的函数指针

在 6.1 节中操作函数指针时，我们使用的是 Emscripten plumbing 代码，它隐藏了模块与 JavaScript 之间的交互。实际上它就像是 JavaScript 代码向模块传递了一个函数指针。

当涉及 WebAssembly 中的函数指针时，C 或 C++代码被编写的就像是在直接调用函数指针。但是，被编译为 WebAssembly 模块后，代码实际上是指定了一个函数在模块 Table 节中的索引，并请求 WebAssembly 框架来代表它调用这个函数。

信息　模块的 Table 段是可选的，但如果存在，它会持有一个带类型的引用数组，比如函数指针，这种引用不能作为裸字节存储在模块内存中。模块不能直接访问 Table 段中的条目，而是代码请求 WebAssembly 框架根据条目的索引值来访问。然后框架访问内存并代表代码执行这个条目。第 2 章详细介绍过模块的各个段。

函数指针可以是模块内的函数，也可以是导入的函数。如图 6-10 所示，我们的示例会为 OnSuccess 和 OnError 调用指定函数，以便可以将消息传回 JavaScript。与 Emscripten 的支撑数组类似，这里的 JavaScript 代码需要维护一个对象，后者持有一些引用，以指向模块调用函数 OnSuccess 和 OnError 时需要被调用的回调函数。

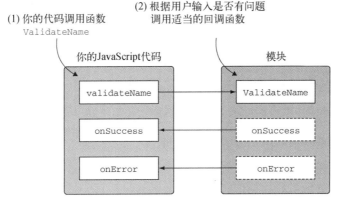

图 6-10　一个已经在实例化中导入 JavaScript 函数 onSuccess 和 onError 的模块。当调用其中任何一个时，模块函数 ValidateName 就是在调入 JavaScript 代码

6.2.2 修改 C++代码

这个过程（参见图 6-11）的第一步是修改 6.1 节中创建的 C++代码，以便其使用文件 side_module_system_functions.h 和.cpp。

在目录 Chapter 6\下，为本节文件创建目录 6.2.2 SideModuleFunctionPointers\source\。将以下文件复制到新的 source 目录。

❑ 来自目录 6.1.2 EmFunctionPointers\source\的文件 validate.cpp。

❑ 来自目录 Chapter 4\4.2 side_module\source\的文件 side_module_system_functions.h 和.cpp。

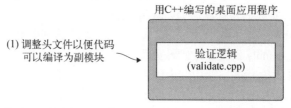

图 6-11　修改 6.1 节中的 C++代码，以便可以生成不带 Emscripten plumbing
代码的 WebAssembly 模块

用编辑器打开文件 validate.cpp。

因为 WebAssembly 模块将构建为副模块，Emscripten 不会包含 C 标准库，所以需要去除对 cstdlib 和 cstring 头文件的包含。为了添加自己版本的 C 标准库函数供代码使用，需要在 `extern "C"` 块中添加对 side_module_system_functions.h 文件的包含。

现在文件 validate.cpp 的起始部分看起来应该如以下代码片段所示：

```
#ifdef __EMSCRIPTEN__
  #include <emscripten.h>
#endif

#ifdef __cplusplus
extern "C" {
#endif                                      要点：将头文件放入
                                            extern "C"块
#include "side_module_system_functions.h"
```

这是文件 validate.cpp 所需要的全部修改。代码的其余部分可以保持不变。

6.2.3　将代码编译为 WebAssembly 模块

至此 C++代码修改完毕，下一步就是让 Emscripten 将其编译为不带 JavaScript plumbing 代码的 WebAssembly 模块，如图 6-12 所示。

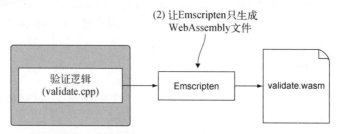

图 6-12　第二步是让 Emscripten 只生成 WebAssembly 文件。这种情况下，
Emscripten 不会生成 JavaScript plumbing 文件

为了将 C++代码编译为 WebAssembly 模块，需要打开一个命令行窗口，进入保存 C++文件的目录，并运行以下命令。

```
emcc side_module_system_functions.cpp validate.cpp
➥ -s SIDE_MODULE=2 -O1 -o validate.wasm
```

6.2.4　调整与模块交互的 JavaScript

图 6-13 展示了过程的下一步，其中要将生成的 Wasm 文件复制到 HTML 文件所在的位置。然后修改 JavaScript 代码与模块交互的方式，因为现在已经不能访问 Emscripten 的 plumbing 代码了。

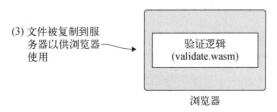

图 6-13　第三步是将生成的 Wasm 文件复制到 HTML 文件所在位置，并修改
JavaScript 代码与模块交互的方式

在目录 Chapter 6\6.2.2 SideModuleFunctionPointers\下，创建一个目录 frontend\。将以下文件复制到新目录。

❑ 来自目录 6.2.2 SideModuleFunctionPointers\source\的文件 validate.wasm。

❑ 来自目录 Chapter 5\5.2.1 SideModuleCallingJS\frontend\的文件 editproduct.html 和 editproduct.js。

在编辑器中打开文件 editproduct.js，并调整代码为使用 WebAssembly 模块的函数指针。

1. 新全局变量

我们需要创建一些变量来持有成功和失败函数指针在模块 Table 段中的索引位置。将以下代码片段放到文件 editproduct.js 中 const VALID_CATEGORY_IDS = [100, 101];与 let moduleMemory = null;两行代码之间。

```
let validateOnSuccessNameIndex = -1;
let validateOnSuccessCategoryIndex = -1;
let validateOnErrorNameIndex = -1;
let validateOnErrorCategoryIndex = -1;
```

在等待模块完成处理过程时，还需要用一些方法追踪来自函数 validateName 和 validate-Category 的 promise 的 resolve 和 reject 函数。为了实现这一点，我们会为每个函数创建一个对象，如以下代码片段所示，该对象可以放在刚才在文件 editproduct.js 中添加的变量之后。

```
let validateNameCallbacks = { resolve: null, reject: null };
let validateCategoryCallbacks = { resolve: null, reject: null };
```

虽然我们的 C++代码看起来像是直接调用函数指针，但实际上并不是这样。在底层，函数指针引用位于模块的 Table 段中。代码使用 `call_indirect` 调用位于指定索引值处的想要的函数，WebAssembly 代表代码调用位于这个索引值处的函数。在 JavaScript 中，Table 段用 `WebAssembly.Table` 对象表示。

还需要用一个全局变量来持有模块的 `WebAssembly.Table` 实例，你将把这个实例传给模块来持有其函数指针引用。将以下代码片段放入文件 editproduct.js 中的 `let moduleExports = null;`一行之后。

```
let moduleTable = null;
```

现在全局变量已经创建完毕，下一步是修改函数 `initializePage`，以便可以向模块传递其期望的对象和函数。

2. 函数 `initializePage`

我们需要做的第一件事情是，创建一个 `WebAssembly.Table` 对象的新实例以用于模块的函数指针。`WebAssembly.Table` 对象的构造器期待一个 JavaScript 对象。

这个 JavaScript 对象的第一个属性名为 `initial`，用于指示这个表的初始大小应该是多少。第二个属性名为 `element`，此时可以使用的唯一值是字符串 `funcref`。还有第三个名为 `maximum` 的可选属性。如果被指定，`maximum` 属性表明了表可以增长的最大尺寸。

这个表的初始条目数量依赖于 Emscripten 编译器。为了确定这个值，可以在创建 WebAssembly 模块时于命令行中包含-g 标记。这个标记会告诉 Emscripten 也创建一个 WebAssembly 文本格式文件。

如果打开生成的文本格式文件（.wast），你可以搜索 import s-表达式来找到 table 对象，其看起来与以下代码片段类似。

```
(import "env" "table" (table $table 1 funcref))
```

在这个例子中，你看到的值是 1。

信息　WebAssembly 规范已经修改为使用单词 `funcref`（而不是 `anyfunc`）用作表的元素类型。当输出.wast 文件时，Emscripten 会使用新名称，而现在 WebAssembly 二进制工具包可以接受使用其中任何一个名称的文本格式。本书撰写时，查看模块，浏览器的开发者工具仍然使用单词 `anyfunc`。在 JavaScript 代码中创建 `WebAssembly.Table` 对象时，Firefox 允许使用其中任何一个，但此时其他浏览器还只允许使用旧名称，因此本书中使用的 JavaScrpt 代码会继续使用 `anyfunc`。

在函数 initializePage 中，在 `moduleMemory` 一行代码之后，创建 `importObject` 之前，添加以下代码片段。

```
moduleTable = new WebAssembly.Table({initial: 1, element: "anyfunc"});
```

接下来需要向 `importObject` 添加一些属性。

❏ 在 `memory` 属性之后，添加一个值为 `0` 的属性 `__table_base`。Emscripten 添加这个导入的原因是，这个模块会有一个 Table 段，而副模块常用于动态链接，因此可能需要合并多个 Table 段。因为这里并没有采用动态链接，所以可以简单地传入 `0`。

❏ 在属性 `__table_base` 之后，需要包含一个 `table` 对象，因为这个模块在使用函数指针，而函数指针引用保存在模块的 Table 段中。

❏ 不再需要函数 `_UpdateHostAboutError`，因此可以将其删除。

❏ Emscripten 为 `abort` 添加了一个导入，如果出现问题导致模块无法加载，那么这个函数就会通知你。需要为它提供一个函数，后者会抛出一个错误来指明 `abort` 被调用。

在函数 `instantiateStreaming` 的 `then` 函数中，需要添加对函数 `addToTable`（很快会创建这个函数）的调用，并传入用于成功和失败情况的匿名函数指针，模块函数 `ValidateName` 和 `ValidateCategory` 会调用它们。函数 `addToTable` 的第二个参数是一个字符串，用于表示要添加的函数的签名。这个字符串的第一个字符是函数的返回值类型，每个额外的字符都表示一个参数的类型。Emscripten 使用的字符如下：

❏ v——Void

❏ i——32 位整型

❏ j——64 位整型

❏ f——32 位浮点型

❏ d——64 位浮点型

将函数 `initializePage` 修改为类似于代码清单 6-7 中的代码。

代码清单 6-7 对函数 `initializePage` 的修改（editproduct.js）

```
...
let moduleMemory = null;
let moduleExports = null;
let moduleTable = null;

function initializePage() {
  ...

  moduleMemory = new WebAssembly.Memory({initial: 256});
  moduleTable = new WebAssembly.Table({initial: 1,      ◁── 旧浏览器使用
      element: "anyfunc"});                                  anyfunc 而不是
                                                             funcref
  const importObject = {
    env: {
      __memory_base: 0,
      memory: moduleMemory,
      __table_base: 0,
      table: moduleTable,
      abort: function(i) { throw new Error('abort'); },
    }
```

```
  };

  WebAssembly.instantiateStreaming(fetch("validate.wasm"),
      importObject).then(result => {
    moduleExports = result.instance.exports;

    validateOnSuccessNameIndex = addToTable(() => {      ◁──┐ 向 Table 添加匿名函数以用作
      onSuccessCallback(validateNameCallbacks);              │ 成功和失败情况的函数指针
    }, 'v');

    validateOnSuccessCategoryIndex = addToTable(() => {
      onSuccessCallback(validateCategoryCallbacks);
    }, 'v');

    validateOnErrorNameIndex = addToTable((errorMessagePointer) => {
      onErrorCallback(validateNameCallbacks, errorMessagePointer);
    }, 'vi');

    validateOnErrorCategoryIndex = addToTable((errorMessagePointer) => {
      onErrorCallback(validateCategoryCallbacks, errorMessagePointer);
    }, 'vi');
  });
}
...
```

现在需要创建函数 `addToTable`,它会向模块的 Table 段添加指定的 JavaScript 函数。

3. 函数 `addToTable`

函数 `addToTable` 首先要确定 Table 段的大小,因为那就是要插入 JavaScript 函数的位置的索引值。可以使用 `WebAssembly.Table` 对象的 `grow` 方法将 Table 段的大小增加指定的元素个数。这里只需要增加一个函数,因此告诉 Table 增长 1。

接下来需要调用 `WebAssembly.Table` 对象的 `set` 方法来插入函数。因为不能向 `WebAssembly.Table` 对象传入 JavaScript 函数,但可以传入其他 WebAssembly 模块的导出,所以会将 JavaScript 函数传入一个专门的辅助函数(`convertJsFunctionToWasm`),后者会将这个函数转化为一个 WebAssembly 函数。

在文件 editproduct.js 中的函数 `initializePage` 之后添加以下代码片段。

```
function addToTable(jsFunction, signature) {   当前大小将是新函数
  const index = moduleTable.length;    ◁────┘  的索引值
┌─▷ moduleTable.grow(1);
│   moduleTable.set(index,
│       convertJsFunctionToWasm(jsFunction, signature));  ◁─┐
│                                                            │
│   return index;  ◁──┐                                      │
}                      │ 向调用方返回函数在      将 JavaScript 函数转
增加 Table 大小以允许      Table 中的索引值       换为 Wasm 函数,并
添加新函数                                        将其添加到 Table 中
```

这里并不创建函数 `convertJsFunctionToWasm`，而是要将 Emscripten 生成的 JavaScript 文件中的那一个复制过来。这个函数会创建一个非常小的 WebAssembly 模块，并导入指定的这个 JavaScript 函数。模块再将同一个函数导出，但它现在是一个 WebAssembly 封装的函数，可以插入 `WebAssembly.Table` 对象中。

打开目录 Chapter 6\6.1.2 EmFunctionPointers\frontend\下的 validate.js 文件，搜索函数 `convertJsFunctionToWasm`。复制这个函数，并将其粘贴到文件 editproduct.js 中的函数 `addFunctionToTable` 之后。

下一个任务是创建一个辅助函数，以便在模块指示验证成功时使用。如果用户数据的验证没有问题，那么这个函数会被模块函数 `ValidateName` 和 `ValidateCategory` 调用。

4. 函数 `onSuccessCallback`

在文件 editproduct.js 中的函数 `initializePage` 之后，定义一个函数 `onSuccessCallback`，它接受对象 `validateCallbacks` 作为参数。根据是由函数 `validateName` 还是 `validateCategory` 调用，这个 `validateCallbacks` 参数将是一个指向全局对象 `validateNameCallbacks` 或 `validateCategoryCallbacks` 的引用。在这个函数中，我们将调用这个回调对象的 `resolve` 方法，然后从对象中去除这些函数。

在文件 editproduct.js 中的函数 `initializePage` 之后添加以下代码片段。

```
function onSuccessCallback(validateCallbacks) {          调用这个 promise 的
  validateCallbacks.resolve();          ◄─────────┘      resolve 方法
  validateCallbacks.resolve = null;     ◄───┐ 从对象中去除
  validateCallbacks.reject = null;          │ 这些函数
}
```

与刚才创建函数 `onSuccessCallback` 类似，还需要创建一个辅助函数，以便在模块指示用户的输入条目有验证错误时使用。这个函数会被模块函数 `ValidateName` 和 `ValidateCategory` 调用。

5. 函数 `onErrorCallback`

在文件 editproduct.js 中的函数 `onSuccessCallback` 之后，创建函数 `onErrorCallback`，它接受两个参数。

- `validateCallbacks`，根据是被函数 `validateName` 还是 `validateCategory` 调用，这个参数是一个指向全局对象 `validateNameCallbacks` 或 `validateCategoryCallbacks` 的引用。
- `errorMessagePointer`，它是一个指针，指向验证错误信息在模块内存中的位置。

这个函数要做的第一件事是，调用辅助函数 `getStringFromMemory` 从模块内存中读取字符串。然后调用回调对象的 `reject` 方法，接着从对象中移除函数。

在文件 editproduct.js 中的函数 `onSuccessCallback` 之后添加以下代码片段。

调用 promise 的
reject 方法

```
function onErrorCallback(validateCallbacks, errorMessagePointer) {
  const errorMessage = getStringFromMemory(errorMessagePointer);
  validateCallbacks.reject(errorMessage);


  validateCallbacks.resolve = null;
  validateCallbacks.reject = null;
}
```

从模块内存中读
入出错消息

从对象中移除这
些函数

因为不知道模块何时会调用函数 Success 和 Error，所以要马上修改 JavaScript 函数 validateName 和 validateCategory，以返回一个 Promise 对象。因为这些函数返回一个 Promise 对象，所以还要将函数 onClickSave 修改为使用 promise。

6. 函数 onClickSave

修改函数 onClickSave，将 if 语句替换为 6.1 节中看到的 Promise.all 代码。修改文件 editproduct.js 中函数 onClickSave 的代码，使其与代码清单 6-8 一致。

代码清单 6-8　修改后的函数 onClickSave（editproduct.js）

```
...

function onClickSave() {
  setErrorMessage("");

  const name = document.getElementById("name").value;
  const categoryId = getSelectedCategoryId();

  Promise.all([                        调用两个验证函数
    validateName(name),
    validateCategory(categoryId)
  ])                                   两个验证函数
  .then(() => {                        都返回成功

  })                                   验证没有问题。
  .catch((error) => {                  可以保存数据
    setErrorMessage(error);            如果任何一个验证
  });                                  函数出现错误……
}
...                                    ……向用户展示
                                       验证错误
```

因为函数 validateName 和 validateCategory 都需要将其 Promise 的方法 resolve 和 reject 放入全局变量，所以需要创建一个辅助函数 createPointers，这样两个函数便都可以调用。

7. 函数 createPointers

在函数 onClickSave 之后，添加一个函数 createPointers，它接受以下参数。

❑ isForName——一个标记，用来指示是 validateName 还是 validateCategory 函数调用。

❑ resolve——调用函数的 promise 的 resolve 方法。

❑ reject——调用函数的 promise 的 reject 方法。

❑ returnPointers——一个对象，用于返回模块函数应该调用的函数_OnSuccess 和 _OnError 的索引值。

根据 isForName 的值，需要将 resolve 和 reject 方法放入适当的回调对象中。

模块的函数要了解需要为函数指针_OnSuccess 和_OnError 调用 Table 段中的哪个索引值。这里将合适的索引值放入对象 returnPointers。

将代码清单 6-9 中的代码放入文件 editproduct.js 中的函数 onClickSave 之后。

代码清单 6-9 函数 createPointers（editproduct.js）

将 promise 方法放入 **validateName** 的回调对象中

调用方是函数 **validateName**

返回 **validateName** 的函数指针的索引值

```
...

function createPointers(isForName, resolve, reject, returnPointers) {
  if (isForName) {
    validateNameCallbacks.resolve = resolve;
    validateNameCallbacks.reject = reject;

    returnPointers.onSuccess = validateOnSuccessNameIndex;
    returnPointers.onError = validateOnErrorNameIndex;
  } else {
    validateCategoryCallbacks.resolve = resolve;
    validateCategoryCallbacks.reject = reject;

    returnPointers.onSuccess = validateOnSuccessCategoryIndex;
    returnPointers.onError = validateOnErrorCategoryIndex;
  }
}
...
```

调用方是函数 **validate-Category**

将 promise 方法放入 **validateCategory** 的回调对象中

返回 **validateCategory** 的函数指针的索引值

现在需要修改函数 validateName 和 validateCategory 来返回一个 Promise 对象，并且在新函数 createPointers 的帮助下，让模块的函数调用适当的函数指针。

8. 函数 validateName

修改函数 validateName，它现在返回了一个 Promise 对象。promise 的内容会封装到一个匿名函数中。

需要添加一个对函数 createPointers 的调用，以便将 promise 的 resolve 和 reject 方法放入全局对象 validateNameCallbacks 中。对 createPointers 对象的调用还会返回适当的索引值以传给模块函数_ValidateName，以便其将调用函数指针_OnSuccessName 或_OnErrorName。

模块函数_ValidateName 不再返回值，因此需要去除代码的 const isValid =这一部分，以及函数结尾的 return 语句。还需要修改对函数_ValidateName 的调用，以接受两个函数指针索引值。

将文件 editproduct.js 中的函数 validateName 修改为与代码清单 6-10 中的代码保持一致。

代码清单 6-10 对函数 validateName 的修改（editproduct.js）

```
...

function validateName(name) {
  return new Promise(function(resolve, reject) {     ← 向调用方返回一个 Promise 对象

    const pointers = { onSuccess: null, onError: null };
    createPointers(true, resolve, reject, pointers);     ← 将 resolve 和 reject 方法放入全局对象并得到函数指针索引

    const namePointer = moduleExports._create_buffer((name.length + 1));
    copyStringToMemory(name, namePointer);

    moduleExports._ValidateName(namePointer, MAXIMUM_NAME_LENGTH,
        pointers.onSuccess, pointers.onError);     ← 传入函数指针_OnSuccessName 和_OnErrorName 的索引值

    moduleExports._free_buffer(namePointer);
  });
}
...
```

需要对函数 validateCategory 进行与函数 validateName 相同的修改。

9. 函数 validateCategory

修改的唯一区别是，需要将函数 createPointers 的第一个参数指定为 false，这样它就会知道调用方是函数 validateCategory，而不是函数 validateName。

将文件 editproduct.js 中的函数 validateCategory 修改为与代码清单 6-11 中的代码保持一致。

代码清单 6-11 对函数 validateCategory 的修改（editproduct.js）

```
...

function validateCategory(categoryId) {
  return new Promise(function(resolve, reject) {     ← 向调用方返回一个 Promise 对象

    const pointers = { onSuccess: null, onError: null };
    createPointers(false, resolve, reject, pointers);     ← 将 resolve 和 reject 方法放入全局对象并得到函数指针索引值

    const categoryIdPointer =
➥ moduleExports._create_buffer((categoryId.length + 1));
    copyStringToMemory(categoryId, categoryIdPointer);

    const arrayLength = VALID_CATEGORY_IDS.length;
    const bytesPerElement = Int32Array.BYTES_PER_ELEMENT;
    const arrayPointer = moduleExports._create_buffer((arrayLength *
➥ bytesPerElement));

    const bytesForArray = new Int32Array(moduleMemory.buffer);
    bytesForArray.set(VALID_CATEGORY_IDS,
        (arrayPointer / bytesPerElement));
```

```
moduleExports._ValidateCategory(categoryIdPointer, arrayPointer,
    arrayLength, pointers.onSuccess, pointers.onError);

moduleExports._free_buffer(arrayPointer);
moduleExports._free_buffer(categoryIdPointer);
});
}
```

传入函数指针
_OnSuccessCategory
和_OnErrorCategory
的索引值

6.2.5 查看结果

现在代码已经调整完毕，可以打开 Web 浏览器并在地址栏中输入 http://localhost:8080/editproduct.html 来查看网页了。可以修改类别下拉框选择，不选中任何条目并点击保存按钮来测试验证过程。验证结果应该会在网页上显示一条出错信息，如图 6-14 所示。

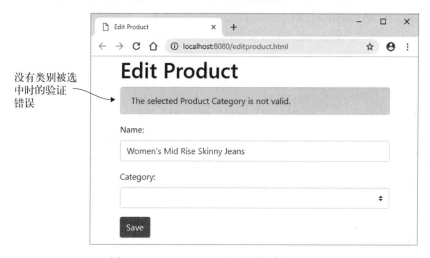

没有类别被选
中时的验证
错误

图 6-14　Edit Product 页面的类别验证错误

如何将本章所学应用于现实呢？

6.3　现实用例

以下是本章所学内容的一些可能用例。

❑ 可以用函数指针创建返回 promise 的 JavaScript 函数，这支持你的模块像其他 JavaScript 方法（如 fetch）那样工作。通过返回 Promise 对象，你的函数甚至可以与其他 promise 链接在一起。

❑ 只要与 WebAssembly 模块所期待的函数签名相同，指定的函数指针就可以被调用。举例来说，这允许模块代码在每个函数中为 onSuccess 使用一个签名。JavaScript 代码可以指定两个或更多与这个签名匹配的函数，并且根据是哪块 JavaScript 代码在调用，让模块调用与当前动作匹配的 onSuccess。

6.4　练习

练习答案参见附录 D。

(1) 使用哪两个函数从 Emscripten 的支撑数组中添加和移除函数指针？

(2) WebAssembly 使用哪个指令来调用定义在 Table 段中的函数？

6.5　小结

本章介绍了以下内容。

❏ 在 C/C++中，可以直接在函数参数中定义一个函数指针的签名。

❏ 可以用关键字 `typedef` 定义签名，然后在函数参数中使用定义好的签名名称。

❏ 在底层，WebAssembly 代码并不是直接调用函数指针。而是将函数引用放在模块的 Table 段中，代码请求 WebAssembly 框架调用指定索引值处的所需函数。

Part 3

第三部分

高级主题

　　至此你已经了解了创建并使用 WebAssembly 模块的基础内容，这一部分将关注一些更高级的主题，其中包括如何减小下载的文件大小、提高复用性、利用并行处理优势，甚至在 Web 浏览器之外使用 WebAssembly 模块。

　　第 7 章将介绍动态链接的基础知识，其中两个或更多的 WebAssembly 模块可以在运行时被链接到一起，以使用彼此的功能。

　　第 8 章将扩展第 7 章中所学内容，介绍如何为同一个 WebAssembly 模块创建多个实例，并按照需要将每个实例动态链接到另一个 WebAssembly 模块。

　　第 9 章将介绍如何使用 Web worker 按需预取 WebAssembly 模块，以及如何在 WebAssembly 模块中使用 pthread 来执行并行处理。

　　第 10 章将展示 WebAssembly 不只局限于 Web 浏览器，还将介绍如何在 Node.js 中使用这几个 WebAssembly 模块。

动态链接：基础

7

对于 WebAssembly 模块来说，**动态链接**是将两个或多个模块在运行时合并到一起的过程，其中一个模块的未解析符号（如函数）会解析到另一个模块的符号中。WebAssembly 模块的个数没有变，但是现在它们链接到一起可以访问彼此的功能，如图 7-1 所示。

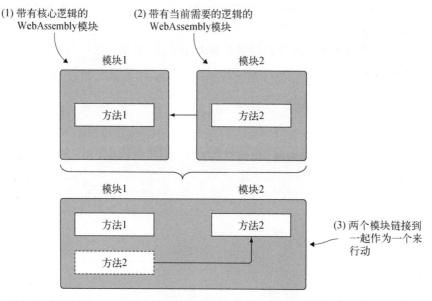

图 7-1　在运行时，一个模块（这个示例中是模块 2）的逻辑被链接到另一个模块（模块 1），这支持两个模块像一个那样交互和行动

为 WebAssembly 模块实现动态链接的方式有很多种，这是一个很大的主题。第 8 章将介绍如何创建使用动态链接的网站，但你首先需要学习选项有哪些。

7.1 动态链接：优点与缺点

为什么想要使用动态链接，而不是只用本书目前使用的单个 WebAssembly 模块方法呢？使用动态链接的原因有以下几种。

- 为了加速开发过程。无须编译庞大的模块，只需要编译修改过的模块。
- 可以将应用程序的核心分离出来，以便更容易共享。相较于让几个 WebAssembly 模块中存在相同逻辑，可以拥有一个核心模块，以及链接到它的几个小模块。这种方法的示例之一就是游戏引擎，其中引擎与游戏可以分别下载。多个游戏可以共享同一个引擎。
- 东西越小，下载速度就越快，因此只下载一开始需要的东西可以加速加载过程。随着网页需要更多的逻辑，可以下载专门为此设计的带有这个逻辑的小一点的模块。
- 如果逻辑的某一部分从未使用过，那么它就永远不会被下载，因为逻辑是按需下载的。因此就不会浪费时间提前下载并处理不需要的东西。
- 浏览器会缓存模块，就像它缓存图像或 JavaScript 文件那样。只有改变过的模块会被再次下载，这使得后续的页面浏览可以更快，因为只需要重新下载整个逻辑的一部分。

虽然具有一些优点，但动态链接并不是所有情况下的最优选择，因此最好测试看看它是否符合需求。

动态链接可能会带来一些性能影响。Emscripten 文档表明，根据代码的组织方式不同，性能下降可能达到 5%~10%或更高。性能可能会受到影响的一些方面如下。

- 在开发过程中，构建配置变得更加复杂，因为现在需要创建两个或更多 WebAssembly 模块，而不是一个。
- 不只需要下载一个 WebAssembly 模块，一开始就至少要下载两个模块，这意味着将需要更多网络请求。
- 需要将模块链接到一起，因此实例化过程中需要更多处理。
- 浏览器厂商正致力于针对各种类型的调用提高性能，但根据 Emscripten 文档，链接的模块之间的函数调用可能比模块内部的调用慢一些。如果有大量的链接模块间的调用，那么可能会导致性能问题。

现在你已经了解了动态链接的优点和缺点，我们来看一下 WebAssembly 模块动态链接的各种实现方法。

7.2 动态链接选项

用 Emscripten 实现动态链接有 3 种可用的选择。

- 可以用函数 dlopen 将 C/C++代码手动链接到一个模块。
- 可以指示 Emscripten 要链接到一些 WebAssembly 模块，方法是将它们指定在 Emscripten

的生成 JavaScript 文件的 dynamicLibraries 数组中。当实例化 WebAssembly 模块时，Emscripten 会自动下载并链接这个数组中指定的模块。

❑ 在 JavaScript 代码中，你可以手动取得一个模块的导出，并用 WebAssembly JavaScript API 将它们作为导入传给另一个模块。

信息 有关 WebAssembly JavaScript API 的简要论述，参见第 3 章。

在学习如何使用动态链接技术前，先来了解一下副模块和主模块的区别。

7.2.1 副模块与主模块

本书前面章节中创建了作为副模块的 WebAssembly 模块，这样就不会生成 Emscripten JavaScript 文件了。这要求你用 WebAssembly JavaScript API 手动下载并实例化 WebAssembly 模块。虽然创建副模块允许手动使用这些 API，以学习底层如何工作，但这只是副效应，实际上副模块的作用在于动态链接。

通过使用副模块，Emscripten 会去除 C 标准库函数和 JavaScript 文件，因为副模块会在运行时被链接到一个主模块（参见图 7-2）。主模块会有 Emscripten 生成的 JavaScript 文件和 C 标准库函数。完成链接后，副模块就可以访问主模块的功能了。

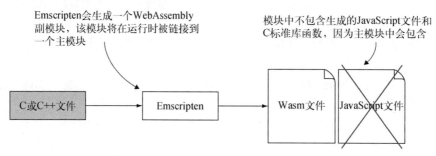

图 7-2 用 Emscripten 来生成作为副模块的 WebAssembly 模块。这种情况下，模块中不包含 C 标准库函数，也不生成 Emsripten JavaScript 文件

在命令行中包含 SIDE_MODULE 标记可以指示 Emscripten 不生成 JavaScript 文件，也不在模块中包含任何 C 标准库函数。

主模块的创建方式与副模块类似，但要在命令行中使用 MAIN_MODULE 标记。这个标记会告诉 Emscripten 编译器要包含动态链接所需的系统库和逻辑。如图 7-3 所示，主模块中会有 Emscripten 生成的 JavaScript 文件，以及 C 标准库函数。

注意 关于动态链接需要了解的一点是，多个副模块可以链接到一个主模块，但只能有一个主模块。而且，成为主模块和 main() 函数没有任何关系，实际上后者可以位于这些模块中的任何一个之中，包括副模块。

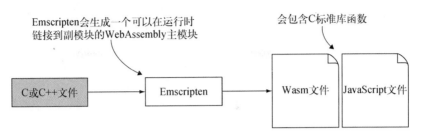

图 7-3　使用 Emscripten 生成一个作为主模块的 WebAssembly 模块。这种情况下模块中包含了 C 标准库函数，也生成了 Emscripten JavaScript 文件

你要学习的第一种动态链接方法是 `dlopen` 方法。

7.2.2　动态链接：`dlopen`

假设老板要求你创建一个 WebAssembly 模块，其工作内容之一是确定某些数字范围之内的素数个数。回想一下，之前你已经在第 3 章中将这个逻辑构建为一个普通的 WebAssembly 模块（calculate_primes.c）。你不愿意只是将这段逻辑复制粘贴到这个新 WebAssembly 模块中，因为你不想维护两段完全相同的代码。如果在代码中发现问题，那么需要在两个位置修改同样的逻辑，如果开发者不知道第二个位置，则可能会导致遗漏一个位置，也可能出现其中一处被错误修改的情况。

你不想复制代码，而是想修改现有的 calculate_primes 代码，令其既可以用作普通的 WebAssembly 模块，也可以从新的 WebAssembly 模块中调用。如图 7-4 所示，这个场景的步骤如下。

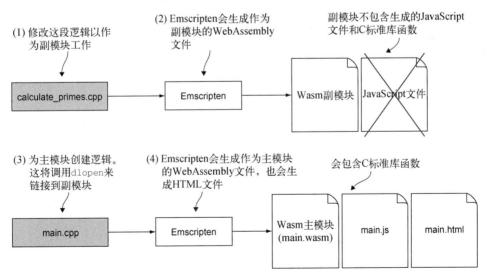

图 7-4　修改 calculate_primes.cpp，令其可以编译为 WebAssembly 副模块的步骤，以及通过调用函数 `dlopen`，创建 WebAssembly 主模块来链接到副模块的步骤

(1) 修改第 3 章中创建的文件 calculate_primes.c，以便其可以被主模块调用。将这个文件重命名为 calculate_primes.cpp。

(2) 使用 Emscripten 从 calculate_primes.cpp 中生成的作为副模块的 WebAssembly 文件。

(3) 通过调用函数 dlopen，创建链接到副模块的逻辑（main.cpp）。

(4) 使用 Emscripten 从 main.cpp 生成作为主模块的 WebAssembly 文件，同时生成 HTML 模板文件。

针对这个场景，需要从 C++ 代码调用函数 dlopen 来链接到副模块 calculate_primes。然而，为了打开副模块，dlopen 需要这个 WebAssembly 文件存在于 Emscripten 的文件系统中。

但文件系统的复杂之处是，WebAssembly 模块在 VM 中运行，不能访问设备的实际文件系统。为了绕过这一点，根据模块运行的位置（比如，在浏览器还是 Node.js 中），以及存储需要的持久性，Emscripten 向 WebAssembly 提供了几种不同类型的文件系统。默认情况下，Emscripten 的文件系统在内存中，刷新网页后，任何写入的数据都会丢失。

可以通过 Emscripten 生成的 JavaScript 文件中的 FS 对象访问 Emscripten 的文件系统，但只有 WebAssembly 模块的代码访问文件才会包含这个对象。本章只介绍如何使用函数 emscripten_async_wget，它可以将 WebAssembly 模块下载到 Emscripten 文件系统中，这样你就可以用函数 dlopen 打开它。

在使用 dlopen 方法实现动态链接时，即使模块中也有一个 main 函数，它还是可以调用模块 calculate_primes 的 main 函数。如果模块来自第三方并包含初始化逻辑，这一点可能会很有用。之所以有可能调用其他模块的 main 函数，是因为 dlopen 会返回一个指向副模块的句柄，你可以从这个句柄得到想要调用的函数的引用。

提示　与下一节将要介绍的 dynamicLibraries 方法相比，这是 dlopen 动态链接方法的优点。使用前一种方法时，无法调用另一个模块中与你的模块函数同名的函数。结果只会是调用你的模块中的函数，这可能会导致递归函数调用。

实现动态链接的过程（参见图 7-5）的第一步是修改文件 calculate_primes.cpp，以便其可以编译为副模块。

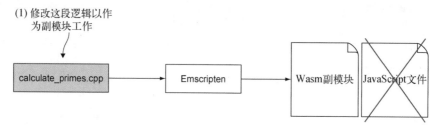

图 7-5　用 dlopen 实现动态链接的第一步是修改文件 calculate_primes.cpp，以便其可以编译为副模块

1. 修改文件 calculate_primes.cpp

在目录 WebAssembly\下，创建一个名为 Chapter 7\7.2.2 dlopen\source\的目录来放置本节使用的文件。将文件 calculate_primes.c 从目录 Chapter 3\3.5 js_plumbing\source\中复制到刚创建的目录 source\下，然后将文件扩展名修改为.cpp。用编辑器打开文件 calculate_primes.cpp。

将头文件 stdlib.h 替换为 cstdlib，头文件 stdio.h 替换为 cstdio，然后在头文件 emscripten.h 和函数 IsPrime 前之间添加 extern "C"左大括号。现在文件 calculate_primes.cpp 的开头部分看起来应该就像以下代码片段。

```
#include <cstdlib>        ◄──── 替换头文件 stdlib.h
#include <cstdio>         ◄──── 替换头文件 stdio.h
#include <emscripten.h>

#ifdef __cplusplus        ◄──── 添加 extern "C"块左大括号
extern "C" {
#endif
```

在文件 calculate_primes.cpp 中，于函数 IsPrime 之后，main 函数之前，创建一个名为 FindPrimes 的函数，它返回 void 并接受两个整型参数（start 和 end）作为要搜索素数的范围起始点和结束点。

从 main 函数中删除起始和结束变量声明代码行，然后将其余代码从 main 函数移动到函数 FindPrimes 中，return 0 这一行除外。

在函数 FindPrime 上面添加 EMSCRIPTEN_KEEPALIVE 声明，以便编译时这个函数会自动添加到导出函数列表。这么做可以简化用 Emscripten 生成 WebAssembly 模块的过程，因为不需要在命令行显式指定这个函数。

修改 main 函数来调用新函数 FindPrimes 并传入原来的范围 3~100 000。最后，在 main 函数之后添加 extern "C"块的右大括号。

新函数 FindPrimes、修改后的 main 函数，以及 extern "C"块的右大括号，现在看起来应该如代码清单 7-1 所示。

代码清单 7-1　新函数 FindPrimes 和修改后的 main 函数

```
...

EMSCRIPTEN_KEEPALIVE                                新函数现在是导出的，
void FindPrimes(int start, int end) {   ◄──────     可以被其他模块调用
  printf("Prime numbers between %d and %d:\n", start, end);

  for (int i = start; i <= end; i += 2) {
    if (IsPrime(i)) {
      printf("%d ", i);
    }
  }
  printf("\n");
}

int main() {                             显示原来范围中
  FindPrimes(3, 100000);   ◄──────       的素数
```

```
    return 0;
}
#ifdef __cplusplus          为 extern "C"块
}                           添加右大括号
#endif
```

至此我们将代码修改为了其他模块可以调用，现在是时候执行第二步（参见图 7-6），并将代码编译为 WebAssembly 副模块了。

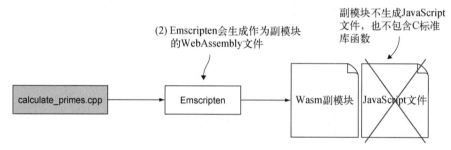

图 7-6   用 Emscripten 生成作为副模块的 WebAssembly 文件

2. 用 Emscripten 从 calculate_primes.cpp 生成作为副模块的 WebAssembly 文件

在前面的章节中创建 WebAssembly 副模块时，我们用第 4 章中创建的一些替代代码来代替 C 标准库函数。在不能使用 C 标准库函数的情况下，这样使得副模块仍然可以工作。本示例中不需要替代代码，因为副模块会在运行时链接到主模块，而主模块有 C 标准库函数。

要想将修改后的文件 calculate_primes.cpp 编译为 WebAssembly 副模块，需要打开命令行窗口，进入目录 Chapter 7\7.2.2 dlopen\source\，并运行以下命令。

```
emcc calculate_primes.cpp -s SIDE_MODULE=2 -O1
➥ -o calculate_primes.wasm
```

至此我们创建了副模块，下一步（参见图 7-7）是创建主模块。

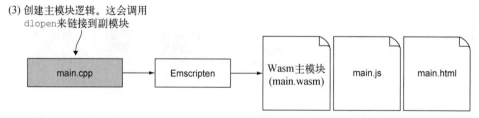

图 7-7   用 dlopen 实现动态链接的第三步是创建用 dlopen 链接到副模块的逻辑

3. 创建将要链接到副模块的逻辑

在目录 Chapter 7\7.2.2 dlopen\source\下，创建一个名为 main.cpp 的文件，然后用编辑器打开它。首先需要向文件 main.cpp 中添加头文件包含。在这个示例中，需要包含头文件 dlfcn.h（以

及 cstdlib 和 emscripten.h），因为它有与使用 dlopen 时的动态链接相关的声明。然后需要添加
extern "C"块。

文件 main.cpp 中的代码现在看起来应该如代码清单 7-2 所示。

代码清单 7-2 带头文件的 main.cpp 中包含一个 extern "C"块

```
#include <cstdlib>

#ifdef __EMSCRIPTEN__        ◁──┐ dlopen 相关逻辑
  #include <dlfcn.h>    ◁──────┤ 所需要的头文件
  #include <emscripten.h>
#endif

#ifdef __cplusplus
extern "C" {
#endif
                      ┌ 模块代码将
          ◁───────────┤ 放在这里
#ifdef __cplusplus
}
#endif
```

在将要编写的代码中，我们会用函数 dlopen 获得一个 WebAssembly 副模块的句柄。获得
这个句柄后，就用函数 dlsym 取得指向这个模块中所需函数的函数指针。为了简化调用函数
dlsym 的代码，需要做的下一件事是为副模块中将要调用的函数 FindPrimes 定义一个函数
签名。

函数 FindPrimes 会返回 void 并且具有两个整型参数。函数 FindPrimes 的函数指针签
名展示在以下代码片段中，我们需要将它包含到文件 main.cpp 中的 extern "C"块内部。

```
typedef void(*FindPrimes)(int,int);
```

现在要向文件添加一个 main 函数，这样 Emscripten 编译器会将这个函数添加到 WebAssembly
模块的 Start 段。一旦模块完成实例化，就会导致 main 函数自动运行。

在 main 函数中，我们将添加一个对函数 emscripten_async_wget 的调用，以便将副模
块下载到 Emscripten 的文件系统中。这个调用是异步的，而且会调用一个指定的回调函数，但前
提是下载完成。以下是要传递给函数 emscripten_async_wget 的参数及其顺序。

(1) 要下载的文件："calculate_primes.wasm"。

(2) 将这个文件添加到 Emscripten 的文件系统时使用的名称。在这个示例中，使用名称与它
的现有名称相同。

(3) 下载成功情况下的一个回调函数：CalculatePrimes。

(4) 这个示例中的第四个参数留作 NULL，因为这里不指定回调函数。如果想要，可以指定一
个回调函数，以防出现下载文件出错的情况。

于文件 main.cpp 中的 FindPrimes 函数指针签名之后，在 extern "C"块内，添加以下代
码片段。

```
int main() {
  emscripten_async_wget("calculate_primes.wasm",        ←————————  要下载的文件
    "calculate_primes.wasm",        ←————————
    CalculatePrimes,        ←————
    NULL);        ←——
                                                                     这个文件在 Emscripten 文件
                                                                     系统中要使用的名称
  return 0;                          成功回调函数
}                  出错回调函数
```

需要对文件 main.cpp 做的最后一件事是添加一个函数，这个函数的逻辑是打开副模块，取得指向函数 FindPrimes 的引用，然后调用这个函数。

完成 calculate_primes WebAssembly 模块的下载后，函数 emscripten_async_wget 会调用你指定的函数 CalculatePrimes 并传入一个参数来指示被加载文件的名称。我们将用函数 dlopen 打开副模块，传入两个参数值：

❑ 要打开的文件名，来自函数 CalculatePrimes 接收的文件名参数；

❑ 一个表明**模式**（mode）的整型值：RTLD_NOW。

定义 将一个可执行文件放入一个进程地址空间后，它可能有一些符号引用是文件被加载后才能确定的。需要重定位这些引用，然后才能访问这些符号。这个模式值用于告知 dlopen 应该在什么时候重定位。值 RTLD_NOW 用于请求 dlopen 让重定位发生在文件完成加载后。有关 dlopen 和模式标记的更多信息，参见开发组基本规范。

---

dlopen 函数调用会返回一个文件句柄，如以下代码片段所示：

```
void* handle = dlopen(file_name, RTLD_NOW);
```

一旦具有指向副模块的句柄，就可以调用函数 dlsym，并传入以下参数值以取得想要调用的函数的引用。

❑ 副模块的句柄。

❑ 想要获得引用的函数名称："FindPrimes"。

函数 dlsym 会返回一个指向所请求函数的函数指针。

```
FindPrimes find_primes = (FindPrimes)dlsym(handle, "FindPrimes");
```

一旦具有函数指针，就可以像调用普通函数那样调用它。链接模块使用完毕之后，可以向函数 dlclose 传入文件句柄来释放它。

将这些组合到一起后，函数 CalculatePrimes 看起来应该如代码清单 7-3 所示。将此清单中的代码添加到 main.cpp 中，放在 FindPrimes 函数指针签名和 main 函数之间。

代码清单 7-3 调用副模块中一个函数的 CalculatePrimes 函数

```
...

void CalculatePrimes(const char* file_name) {
  void* handle = dlopen(file_name, RTLD_NOW);    ←————————  打开副模块
  if (handle == NULL) { return; }
```

```
FindPrimes find_primes =
    (FindPrimes)dlsym(handle, "FindPrimes");
if (find_primes == NULL) { return; }

find_primes(3, 100000);

dlclose(handle);
}
...
```

取得函数 **FindPrimes** 的引用

调用副模块中的函数

关闭副模块

至此我们已经为主模块逻辑创建了代码，可以进行最后一步（参见图 7-8）了，将它编译为 WebAssembly 模块。需要让 Emscripten 生成 HTML 模板文件。

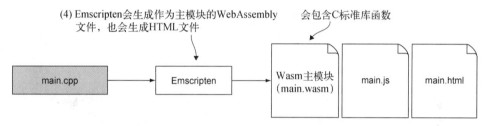

(4) Emscripten会生成作为主模块的WebAssembly 文件，也会生成HTML文件

会包含C标准库函数

图 7-8　用 `dlopen` 实现动态链接的第四步是让 Emscripten 从 main.cpp 文件生成作为主模块的 WebAssembly 模块。这个示例还会让 Emscripten 生成 HTML 文件

4. 用 Emscripten 从 main.cpp 生成作为主模块的 WebAssembly 文件

无须创建 HTML 页面来查看结果，通过指定带有.html 扩展名的输出文件，就可以使用 Emscripten 的 HTML 模板。要想将 main.cpp 文件编译为主模块，需要包含-sMAIN_MODULE=1 标记。问题是，如果只用以下命令行来查看生成的 HTML 页面，那么会看到如图 7-9 的出错信息。

```
emcc main.cpp -s MAIN_MODULE=1 -o main.html
```

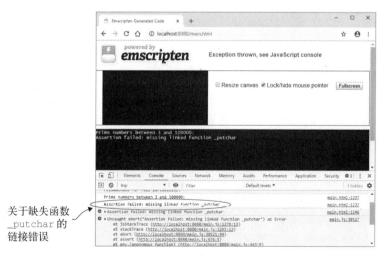

关于缺失函数 _putchar 的链接错误

图 7-9　查看网页时，抛出一个缺失函数_putchar 的链接错误

可以看到，WebAssembly 模块加载和 `dlopen` 链接到副模块都没有问题，因为文本`"Prime numbers between 3 and 100000"`是副模块中的函数 `FindPrimes` 写出的。如果动态链接有问题，那么代码不会走到这一步。屏幕没有显示任何素数，这表明问题出在副模块的函数 `FindPrimes` 中，但在指示范围的 `printf` 调用之后。

事实证明，问题出在文件 calculate_primes.cpp 只传递单个字符时使用了函数 `printf`。在这个示例中，函数 `FindPrimes` 结尾处的换行符（`\n`）导致了出错。在底层，函数 `printf` 使用了函数 `putchar`，但默认情况下并没有包含这个函数。

修正这个错误的选项有 3 种。

❏ 生成 WebAssembly 模块时，在命令行的 `EXPORTED_FUNCTIONS` 数组中包含函数 `_putchar`。将这一点作为可能的修正进行测试时，只包含这个函数会导致错误消失，但问题是，网页上不会显示任何东西。如果使用这种方法，则需要将模块的 `_main` 函数也包含进这个数组。

❏ 可以修改文件 calculate_primes.cpp 中的 `printf` 调用，令其输出至少两个字符，以防止 `printf` 调用在内部使用函数 `putchar`。使用这种方法的问题是，如果其他地方用 `printf` 输出一个字符，那么这个错误还是会出现。因此，并不推荐这种方法。

❏ 可以包含`-s EXPORT_ALL=1` 标记来强迫 Emscripten 在生成 WebAssembly 模块和 JavaScript 文件时包含所有符号。这么做虽然有效，但是也不推荐使用，除非没有别的方法可用，因为在这个示例中只为了导出一个函数，会导致生成的 JavaScript 文件尺寸加倍。

令人头痛的是，这 3 种方法都像是一种 hack。第一种方法看起来是最好的选择，因此，为了消除这个错误，将使用 `EXPORTED_FUNCTIONS` 命令行数组让模块导出函数`_putchar` 和`_main`。

为了将文件 main.cpp 编译为 WebAssembly 主模块，需要打开一个命令行窗口，进入目录 Chapter 7\7.2.2 dlopen\source\，并运行以下命令。

```
emcc main.cpp -s MAIN_MODULE=1
➥ -s EXPORTED_FUNCTIONS=['_putchar','_main'] -o main.html
```

一旦创建好 WebAssembly 模块，就可以查看结果了。

5. 查看结果

打开浏览器并在地址栏中输入 http://localhost:8080/main.html 来查看生成的网页。如图 7-10 所示，这个网页应该在文本框和浏览器开发者工具的控制台窗口展示素数列表。这些素数由副模块确定，后者调用了作为主模块一部分的函数 `printf`。

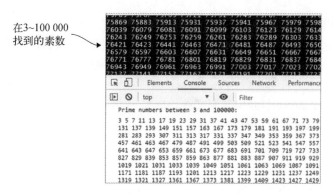

在3~100 000 找到的素数

图 7-10　通过使用作为主模块一部分的函数 `printf`，副模块确定并展示到网页上的素数

现在你已经学习了如何用 `dlopen` 实现动态链接，接下来将介绍如何使用 `dynamicLibraries` 方法。

7.2.3　动态链接：`dynamicLibraries`

想象一下，老板和同事有机会看到你正在开发的新 WebAssembly 模块，对于你用 `dlopen` 所做的工作印象深刻，但老板在你创建模块时了解了一下动态链接，并发现也可以用 Emscripten 的 `dynamicLibraries` 数组实现。老板很好奇地想要了解，与 `dlopen` 方法相比，`dynamicLibraries` 方法怎么样，因此要求你保持 calculate_primes 副模块不变，但创建一个用 `dynamicLibraries` 链接到该副模块的主模块。

如图 7-11 所示，这个场景的步骤如下。

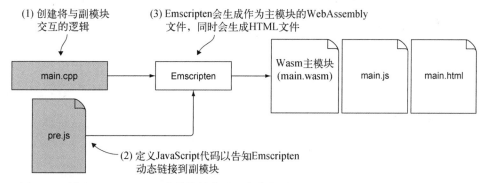

(1) 创建将与副模块交互的逻辑
(3) Emscripten会生成作为主模块的WebAssembly文件，同时会生成HTML文件

main.cpp
Emscripten
Wasm主模块（main.wasm）
main.js
main.html

pre.js
(2) 定义JavaScript代码以告知Emscripten动态链接到副模块

图 7-11　创建 WebAssembly 主模块的步骤，它将指明 Emscripten 的 `dynamicLibraries` 数组想要动态链接到哪个副模块

(1) 创建将与副模块交互的逻辑（main.cpp）。

(2) 创建一个 JavaScript 文件，它将被包含到 Emscripten 生成的 JavaScript 文件中，以便向 Emscripten 指示想要链接到的副模块。

(3) 用 Emscripten 从 main.cpp 生成作为主模块的 WebAssembly 文件，同时生成 HTML 模板文件。

1. 创建将与副模块交互的逻辑

对于这个场景来说，过程（参见图 7-12）的第一步是创建文件 main.cpp，它将持有与副模块交互的逻辑。在 Chapter 7\目录下，创建目录 7.2.3 dynamicLibraries\source\。在这个目录中进行以下操作：

❑ 从 7.2.2 dlopen\source\目录中复制文件 calculate_primes.wasm；
❑ 创建文件 main.cpp 并用编辑器打开。

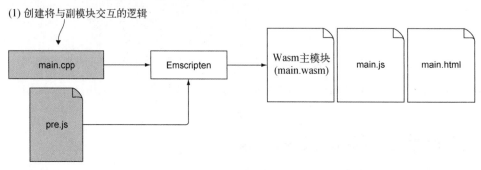

图 7-12   用 dynamicLibraries 实现动态链接的第一步是创建文件 main.cpp

为 C 标准库函数和 Emscripten 添加头文件。然后添加 extern "C"块。现在文件 main.cpp 中的代码看起来应该如代码清单 7-4 所示。

代码清单 7-4   带有包含 extern "C"块的头文件的 main.cpp 文件

```
#include <cstdlib>

#ifdef __EMSCRIPTEN__
  #include <emscripten.h>
#endif

#ifdef __cplusplus
extern "C" {
#endif
                      模块代码将
                      放在这里
#ifdef __cplusplus
}
#endif
```

接下来，我们将编写一个调用副模块 calculate_primes 中函数 FindPrimes 的 main 函数。因为 FindPrimes 是另一个模块的一部分，所以需要包含它的函数签名，前面要带关键字 extern，这样编译器才知道这个函数将在代码运行时可用。

在文件 main.cpp 中的 extern "C"块内添加以下函数签名。

```
extern void FindPrimes(int start, int end);
```

在文件 main.cpp 中要做的最后一件事是添加 main 函数，这样代码会在这个 WebAssembly

模块完成实例化后自动运行。在 main 函数中，只需要调用函数 FindPrimes，并传入数字范围 3~99。

向文件 main.cpp 中的 extern "C"块内添加以下代码片段，并放在 FindPrimes 函数签名之后。

```
int main() {
  FindPrimes(3, 99);

  return 0;
}
```

现在可以将 C++代码转化为 WebAssembly 模块了。在用 Emscripten 实现这一点前，需要创建 JavaScript 代码来指示 Emscripten 链接到副模块（参见图 7-13）。

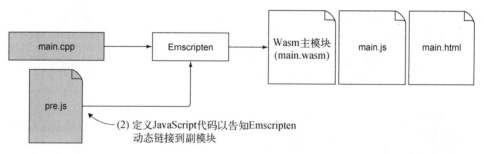

图 7-13　用 dynamicLibraries 实现动态链接的第二步是创建 JavaScript 代码来指示 Emscripten 链接到副模块

2. 创建 JavaScript 代码来指明 Emscripten 要链接的副模块

因为你的老板只想了解 dlopen 方法和 dynamicLibraries 方法之间的区别何在，所以只需要创建 WebAssembly 模块并让 Emscripten 生成 HTML 模板来运行它，而不需要自己创建一个 HTML 网页。

要想用 dynamicLibraries 方法将一个副模块链接到主模块，需要编写一些 JavaScript 代码来指定 Emscripten 需要链接到的副模块。为了实现这一点，要在 Emscripten 实例化模块之前在 Emscripten 的 dynamicLibraries 数组中指定副模块文件名。

使用 Emscripten 的 HTML 模板时，通过在创建 WebAssembly 模块时于命令行用--pre-js 标记指定一个 JavaScript 文件，可以将 JavaScript 代码放入 Emscripten 生成的 JavaScript 文件近起始处。如果自己创建网页，那么可以在 HTML 页面 script 标签前的一个 Module 对象中为 Emscripten 生成的 JavaScript 文件指定一些设置，比如 dynamicLibraries 数组。当 Emscripten 的 JavaScript 文件加载时，它会创建自己的 Module 对象。但如果已有一个 Module 对象存在，那么 JavaScript 文件会将其值复制到新的 Module 对象中。

更多信息　可以调整一些设置来控制 Emscripten 生成的 JavaScript 代码的执行。

　　如果是使用 Emscripten 生成的 HTML 模板，那么它会指定一个 Module 对象，以便可以处理一些事情。比如，它会处理 printf 调用，以便内容可以显示在网页的文本框以及浏览器的控制台窗口中，而不是只在控制台窗口中。

　　使用 HTML 模板时不要指定自己的 Module 对象，这一点很重要，因为如果你这样做，则会清除所有的模板设置。使用 HTML 模板时，任何你想要设置的值都需要直接在这个 Module 对象上设置，而不是创建一个新对象。

　　在目录 Chapter 7\7.2.3 dynamicLibraries\source\下，创建一个名为 pre.js 的文件，然后用编辑器打开。需要向 Module 对象的 dynamicLibraries 属性添加一个数组，其中包含想要链接的副模块的名称。向文件 pre.js 中添加以下代码片段。

```
Module['dynamicLibraries'] = ['calculate_primes.wasm'];
```

　　至此我们编写了 JavaScript 代码，接下来可以进行过程的最后一步（参见图 7-14）了，让 Emscripten 生成 WebAssembly。

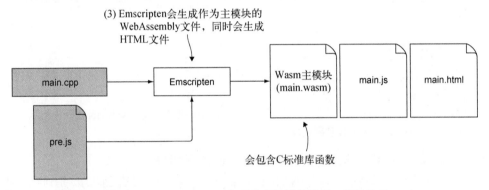

图 7-14　用 dynamicLibraries 实现动态链接的最后一步是让 Emscripten
生成 WebAssembly 模块

3. 用 Emscripten 从 main.cpp 生成作为主模块的 WebAssembly 文件

　　用 Emscripten 生成 WebAssembly 模块时，你会想要它在生成的 JavaScript 文件中包含文件 pre.js 的内容。为了让 Emscripten 包含这个文件，需要用命令行标记--pre-js 指定它。

提示　这里文件名 pre.js 是一种命名习惯，因为会通过标记--pre-js 将其传给 Emscripten 编译器。不是必须遵循这个命名惯例，但这会使得在文件系统中看到这个文件时更容易理解其意图。

　　为了生成作为主模块的 WebAssembly 模块，需要打开一个命令行窗口，进入目录 Chapter 7\7.2.3 dynamicLibraries\source\，并运行以下命令。

```
emcc main.cpp -s MAIN_MODULE=1 --pre-js pre.js
➥ -s EXPORTED_FUNCTIONS=['_putchar','_main'] -o main.html
```

创建好 WebAssembly 主模块后，就可以查看结果了。

4. 查看结果

要想查看写好的这个新 WebAssembly 模块，可以打开浏览器并在地址栏中输入 http://localhost:8080/main.html 来查看生成的网页，如图 7-15 所示。

图 7-15　当 Emscripten 的 `dynamicLibraries` 数组将两个模块链接到一起时，副模块确定素数

至此你就完成了使用 `dynamicLibraries` 方法的 WebAssembly 模块，不禁要开始考虑你的老板是不是也可能想要知道手动动态链接如何工作。

7.2.4　动态链接：WebAssembly JavaScript API

使用 `dlopen` 时，需要下载副模块，但在此之后，函数 `dlopen` 会处理到它的链接。使用 `dynamicLibraries` 时，Emscripten 会处理模块的下载和实例化。使用这种方法时，需要用 WebAssembly JavaScript API 编写 JavaScript 代码来下载并实例化模块。

针对这种情况，我们决定从第 3 章获取文件 calculate_primes.c，并将其一分为二，其中一个 WebAssembly 模块持有函数 `IsPrime`，另一个持有函数 `FindPrimes`。因为想要使用 WebAssembly JavaScript API，所以两个 WebAssembly 模块都需要编译为副模块，这意味着其中任何一个都不能访问 C 标准库函数。在没有 C 标准库函数的情况下，需要将 `printf` 调用替换为自己的 JavaScript 函数，以向浏览器的控制台窗口记录素数。

如图 7-16 所示，这种情况的步骤如下。

(1) 将 calculate_primes.c 中的逻辑分割为两个文件：is_prime.c 和 find_primes.c。

(2) 用 Emscripten 从文件 is_prime.c 和 find_prime.c 生成 WebAssembly 副模块。

(3) 将生成的 WebAssembly 文件复制到服务器以供浏览器使用。

(4) 用 WebAssembly JavaScript API 创建所需的 HTML 和 JavaScript 文件来下载、链接两个 WebAssembly 模块，并与之交互。

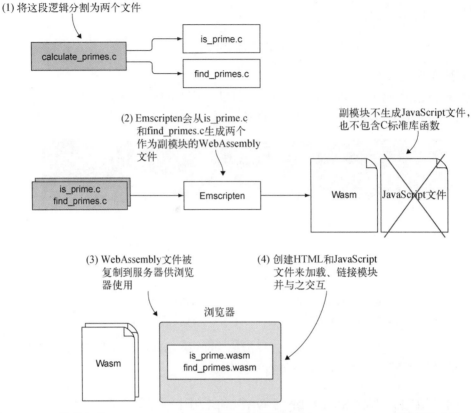

图 7-16   修改文件 calculate_primes.c 以便其可以编译为两个 WebAssembly 副模块的步骤。
          生成的 WebAssembly 文件会被复制到服务器，然后创建 HTML 和 JavaScript 文件
          来加载、链接两个 WebAssembly 模块，并与之交互

1. 将文件 calculate_primes.c 中的逻辑分割为两个文件

如图 7-17 所示，需要做的第一件事是复制一份 calculate_primes.c 文件，以调整逻辑并将文件一分为二。在目录 Chapter 7\下，创建一个目录 7.2.4 ManualLinking\source\。

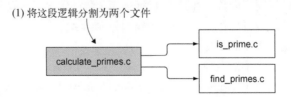

图 7-17   用 WebAssembly JavaScript API 实现手动动态链接的第一步是修改文件
          calculate_primes.c，令其逻辑现在分割为两个文件

- 将文件 calculate_primes.cpp 从目录 Chapter 7\7.2.2 dlopen\source\下复制到新目录 source\下。将刚复制的文件 calculate_primes.cpp 重命名为 is_prime.c。
- 复制一份文件 is_prime.c，将其命名为 find_primes.c。

用编辑器打开文件 is_prime.c，然后删除以下项目：

- 头文件 cstdlib 和 cstdio；
- extern "C"块的左大括号和文件结尾处的右大括号；
- 函数 FindPrimes 和 main，这样文件中剩下的唯一函数就是 IsPrime 了。

在函数 IsPrime 上面添加 EMSCRIPTEN_KEEPALIVE 声明，以便函数 IsPrime 被包含进模块的导出函数。

用编辑器打开文件 find_primes.c，并删除以下项目：

- 头文件 cstdlib 和 cstdio；
- extern "C"块的左大括号和文件结尾处的右大括号；
- 函数 IsPrimes 和 main，这样文件中剩下的唯一函数就是 FindPrimes 了。

函数 FindPrimes 会调用位于模块 is_prime 中的函数 IsPrime。因为这个函数在其他模块中，所以需要为函数 IsPrime 包含函数签名，前面加上关键字 extern，这样 Emscripten 编译器便可以了解这个函数将在代码运行时可用。

在文件 find_primes.c 中的函数 FindPrimes 之前添加以下代码片段。

```
extern int IsPrime(int value);
```

我们很快将修改函数 FindPrimes 来调用 JavaScript 代码中名为 LogPrime 的函数，而不再调用函数 printf。由于这个函数对于模块来说也是一个外部函数，因此还需要为它包含一个函数签名。在文件 find_primes.c 中的 IsPrime 函数签名之前添加以下代码片段。

```
extern void LogPrime(int prime);
```

在文件 find_primes.c 中，最后要修改的是函数 FindPrimes，以便其不再调用函数 printf。从函数起始和结尾处删除 printf 调用。将 IsPrime if 语句内的 printf 调用替换为对函数 LogPrime 的调用，但不要包含字符串。只向函数 LogPrime 传入变量 i。

文件 find_primes.c 中修改后的函数 FindPrimes 看起来应该如以下代码片段所示：

```
EMSCRIPTEN_KEEPALIVE
void FindPrimes(int start, int end) {
  for (int i = start; i <= end; i += 2) {
    if (IsPrime(i)) {
      LogPrime(i);    <--- printf 被替换为对 LogPrime 的调用
    }
  }
}
```

至此我们创建了 C 代码，现在可以进行第二步（参见图 7-18）了，即使用 Emscripten 将代码编译为 WebAssembly 副模块。

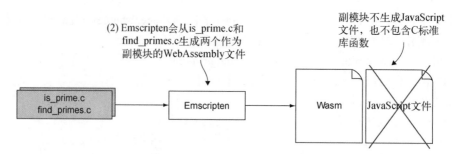

图 7-18   第二步是用 Emscripten 从这两个文件中生成 WebAssembly 副模块

2. 用 Emscripten 生成 WebAssembly 副模块

为了从文件 is_prime.c 中生成 WebAssembly 模块，需要打开命令行窗口，进入目录 7.2.4 ManualLinking\source\，并运行以下命令。

```
emcc is_prime.c -s SIDE_MODULE=2 -O1 -o is_prime.wasm
```

要想从文件 find_primes.c 中生成 WebAssembly 模块，需要运行以下命令。

```
emcc find_primes.c -s SIDE_MODULE=2 -O1 -o find_primes.wasm
```

创建好两个 WebAssembly 模块之后，接下来的步骤是创建网页和 JavaScript 文件来加载、链接模块，并与之交互（参见图 7-19）。

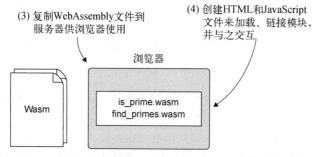

图 7-19   最后一步是创建 HTML 和 JavaScript 文件来加载、链接 WebAssembly 模块，并与之交互

3. 创建 HTML 与 JavaScript 文件

在目录 Chapter 7\7.2.4 ManualLinking\下，创建目录 frontend\：

❑ 将文件 is_prime.wasm 和 find_primes.wasm 从目录 7.2.4 ManualLinking\source\下复制到新目录 frontend\；

❑ 在目录 frontend\下创建一个文件 main.html，并用编辑器打开。

这个 HTML 文件是一个非常简单的网页。它会有一些文本，以便你可以了解页面已被加载，然后是一个 script 标签来加载 JavaScript 文件（main.js），后者会处理两个模块的加载并将它们链接到一起。

将代码清单 7-5 中的内容添加到文件 main.html 中。

代码清单 7-5　文件 main.html 的内容

```
<!DOCTYPE html>
<html>
  <head>
    <meta charset="utf-8"/>
  </head>
  <body>
    HTML page I created for my WebAssembly module.

    <script src="main.js"></script>
  </body>
</html>
```

下一步是创建 JavaScript 文件来下载这两个 WebAssembly 模块并将它们链接到一起。在目录 7.2.4 ManualLinking\frontend\下新建一个文件 main.js，然后用编辑器打开。

WebAssembly 模块 find_primes 需要调用一个函数向 JavaScript 代码传递素数。我们将创建函数 logPrime，这个函数会在实例化过程中被传给模块，它会记录从模块接收到的值并写在浏览器开发者工具的控制台窗口中。

将以下代码片段添加到文件 main.js 中。

```
function logPrime(prime) {
  console.log(prime.toString());
}
```

因为 find_primes WebAssembly 模块依赖于模块 is_prime 中的函数 IsPrime，所以需要先下载并实例化模块 is_prime。在针对模块 is_prime 的 instantiateStreaming 调用的 then 方法中，执行以下操作。

❑ 为 WebAssembly 模块 find_primes 创建一个 importObject。向这个 importObject 传递 is_prime 模块的导出函数_IsPrime 和 JavaScript 函数 logPrime。

❑ 为 WebAssembly 模块 find_primes 调用函数 instantiateStreaming 并返回 Promise。

接下来的 then 方法会用于成功下载并实例化 WebAssembly 模块 find_primes 的情况。在这一块中，我们将调用函数_FindPrimes，传入要将其中素数记录在浏览器控制台窗口的范围值。

向文件 main.js 中添加代码清单 7-6 的代码，放于函数 logPrime 之后。

代码清单 7-6　下载并链接两个 WebAssembly 模块

```
...

const isPrimeImportObject = {       ← 针对is_prime模块的
  env: {                              importObject
    __memory_base: 0,
  }
};
```

```
WebAssembly.instantiateStreaming(fetch("is_prime.wasm"),      ←   下载并实例化
    isPrimeImportObject)                                           模块 is_prime
.then(module => {      ←      模块 is_prime 已准备好

  const findPrimesImportObject = {      ←      针对 find_primes 模块
    env: {                                     的 importObject
      __memory_base: 0,
      _IsPrime: module.instance.exports._IsPrime,      ←
      _LogPrime: logPrime,      ←      这个 JavaScript 函数被传     导出函数传给模
    }                                 给模块 find_primes            块 find_primes
  };

  return WebAssembly.instantiateStreaming(fetch("find_primes.wasm"),      ←
      findPrimesImportObject);
                                       下载并实例化模块 find_primes。
                                       返回实例化后的模块
.then(module => {
  module.instance.exports._FindPrimes(3, 100);      ←
});                                                        在控制台窗口显示
                                                           3~100 的素数
```

模块 find_primes 已准备好

4. 查看结果

创建好 HTML 和 JavaScript 代码之后，就可以打开 Web 浏览器并在地址栏中输入 http://localhost:8080/main.html 来查看网页了。按 F12 键可查看浏览器开发者工具的控制台窗口。你应该可以看到 3~100 的素数显示出来了，类似于图 7-20 所示。

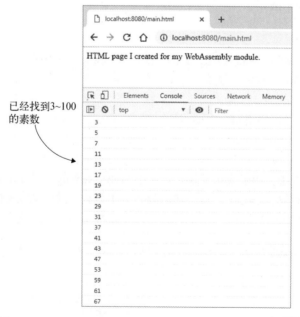

图 7-20   WebAssembly 模块 find_primes 记录了 3~100 的素数

至此你学习了 3 种实现动态链接的方法，可以将这些方法对比一下。

7.3 动态链接回顾

你在本章中学习了 3 种动态链接方法。

- ❏ `dlopen`
  - 副模块需要先被下载到 Emscripten 的文件系统中。
  - 调用 `dlopen` 会返回一个副模块文件的句柄。
  - 向 `dlsym` 传入这个句柄以及想要调用的函数的名称，这会返回一个指向副模块中这个函数的函数指针。
  - 此时，调用函数指针与调用模块中的普通函数是一样的。
  - 因为是基于副模块句柄请求函数名称，所以主模块中有同名函数不会引起任何问题。
  - 链接到副模块是按需执行的。
- ❏ `dynamicLibraries`
  - 通过使用 `Module` 对象的 `dynamicLibraries` 数组属性，向 Emscripten 提供一个想要链接的副模块列表。需要在 Emscripten 的 JavaScript 代码初始化前指定这个列表。
  - Emscripten 会处理副模块的下载并将其链接到主模块。
  - 你的模块代码用调用自身函数的方式来调用副模块函数。
  - 不能调用另一个模块中与当前模块中的函数同名的函数。
  - Emscripten 的 JavaScript 代码完成初始化后，指定的所有副模块就会链接完毕。
- ❏ WebAssembly JavaScript API
  - 你负责用 `fetch` 方法下载 WebAssembly 模块，并用 WebAssembly JavaScript API 来实例化模块。
  - 然后下载下一个 WebAssembly 模块，并将来自第一个模块的所需导出作为导入传给当前模块。
  - 你的模块用调用自身函数的方式来调用副模块函数。
  - 与 `dynamicLibraries` 方法一样，不能调用另一个模块中与当前模块中的函数重名的函数。

总的来说，使用哪种动态链接方法确实取决于想要对过程有何种程度的控制，以及需要这种控制在模块中还是在 JavaScript 代码中。

- ❏ dlopen 将动态链接控制交给后端代码。如果需要调用副模块中与主模块中重名的函数，这也是唯一可用的方法。
- ❏ dynamicLibraries 将动态链接控制交给工具链，Emscripten 会执行这些工作。
- ❏ WebAssembly JavaScript API 将动态链接控制交给前端代码，JavaScript 代码负责处理链接。

如何将本章所学应用于现实呢？

7.4　现实用例

以下是本章所学内容的一些可能用例。

❑ 游戏引擎可能会从动态链接中受益。下载第一个游戏时，引擎可能也需要第一次下载并缓存。下一次你想玩某个游戏时，框架会检查这个引擎是否已在系统中，如果在，就只下载请求的游戏。这可以节省时间和带宽。

❑ 可以创建一个图像编辑模块，一开始只下载核心逻辑，而可能没有那么频繁使用的部分（如某些滤镜）可以按需下载。

❑ 可以构建一个有多个订阅层的 Web 应用程序。免费服务层的功能最少，因此只下载基本模块。高级服务层可能包含更多逻辑，比如，这个 Web 应用程序的高级层可能添加了消费跟踪的功能。新增模块可能用于解析 Excel 文件并以服务器期望的方式格式化该文件。

7.5　练习

练习答案参见附录 D。

(1) 使用本章介绍的动态链接方法之一来完成以下任务。

　　a. 创建一个包含 Add 函数的副模块，该函数会接受两个整型参数并以整型返回其和。

　　b. 创建一个带有 main() 函数的主模块，该函数会调用副模块的 Add 函数，并在浏览器开发者工具的控制台窗口中展示结果。

(2) 如果需要调用副模块中的一个函数，但是这个函数与主模块中的一个函数同名，那么应该使用哪种动态链接方法呢？

7.6　小结

本章介绍了以下内容。

❑ 和绝大多数事物一样，使用动态链接也有其优点和缺点。采用这种方法前，应该确定对于你的应用程序来说，其优点大于缺点。

❑ WebAssembly 代码可以用函数 dlopen 按需执行动态链接。

❑ 可以告诉 Emscripten 生成的 JavaScript 将某些副模块链接到主模块上。在实例化过程中，Emscripten 会自动将这些模块链接到一起。

❑ 通过使用 WebAssembly JavaScript API，可以手动下载、实例化多个副模块，并将它们链接到一起。

❑ 在 Emscripten 的 JavaScript 文件被包含前创建一个 Module 对象，可以控制 Emscripten 生成的 JavaScript 代码的执行。在编译 WebAssembly 模块时，还可以用命令行标记 --pre-js 在 Emscritpen 生成的 JavaScript 文件中包含你自己的 JavaScript 代码，以便调整 Module 对象。

第 8 章

动态链接：实现

本章内容

❑ 在单页应用程序中使用动态链接

❑ 创建 Emscripten 的 JavaScript `Module` 对象的多个实例，每个实例动态链接到不同的 WebAssembly 副模块

❑ 通过打开死代码消除功能，减小 WebAssembly 主模块

第 7 章介绍了动态链接 WebAssembly 模块时可用的不同方法。

❑ dlopen，其中的 C/C++ 代码手动链接到一个模块，并在需要时获取具体函数的函数指针。

❑ dynamicLibraries，使用这种方法时，JavaScript 代码向 Emscripten 提供一个需要链接的模块列表，Emscripten 会在初始化过程中自动链接到这些模块。

❑ 手动链接，在这种方法中，JavaScript 代码会用 WebAssembly JavaScript API 取得一个模块的导出并将它们作为导入传递给另一个模块。

本章将使用 dynamicLibraries 方法，其中 Emscripten 会根据指定的模块列表来处理动态链接过程。

假定创建在线版销售应用程序的 Edit Product 页面的公司现在想要创建一个 Place Order（下单）表，如图 8-1 所示。与 Edit Product 页面一样，Place Order 表也会使用一个 WebAssembly 模块来验证用户输入。

在规划新网页的工作方式时，公司注意到需要类似于已有 Edit Product 页面的验证过程。

❑ 两个页面都需要从下拉列表中选中一个有效条目。

❑ 两个页面都需要提供一个值。

相较于为每个页面在 WebAssembly 模块复制一份以上列出的逻辑，公司更想将共同逻辑拿出来，其中共同逻辑包括检查是否提供了值，以及选中 ID 是否在有效 ID 数组中，并将其放入单独的模块。然后每个页面的验证模块会在运行时动态链接到共同逻辑模块，以获得对所需核心功能的访问权限，如图 8-2 所示。尽管两个模块仍然是独立的，只在需要时调用彼此，但从代码的角度看，这就像是只用了一个模块。

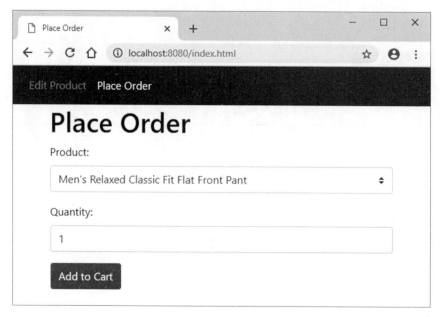

图 8-1   新的 Place Order 表

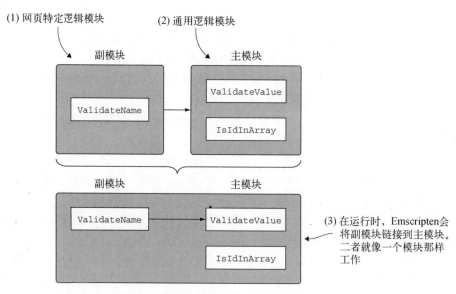

图 8-2   在运行时，网页特定逻辑（副模块）会链接到通用逻辑（主模块）。从代码的
　　　　 角度看，这两个模块就像一个模块那样工作

　　对于这个场景，公司想要调整网站，以便其可以作为单页应用程序（single-page application，
SPA）工作。

定义 什么是单页应用程序？在传统网站中，每个网页有一个 HTML 文件。但对于单页应用程序来说，只有一个 HTML 页面，浏览器中运行的代码会根据用户的交互来修改这个页面的内容。

用 dynamicLibraries 方法进行动态链接时，将网页调整为单页应用程序形式来工作会增加一些有趣的扭曲，你需要在 Emscripten 的 JavaScript 进行初始化前指定想要 Emscripten 链接的所有副模块。一般情况下，Emscripten 生成的 JavaScript 代码会以名为 Module 的全局对象的形式存在，并在浏览器加载 JavaScript 文件时进行初始化。Emscripten 的 JavaScript 完成初始化后，你指定的所有副模块就会成功链接到主模块。

动态链接的一个优点是，为了减少网页第一次加载时的下载和处理时间，动态链接只在需要时加载并链接模块。当使用单页应用程序时，你会想要只指定页面首次展示时需要的副模块。当用户进入下一个页面时，如何在单页应用程序中为页面指定副模块呢？此时 Emscripten 的 Module 对象已经完成初始化了。

解决方法是，在编译主模块时指定一个标记（-s MODULARIZE=1），它会告诉 Emscripten 编译器将 Emscripten 生成的 JavaScript 文件的 Module 对象封装进一个函数。这解决了以下两个问题。

❑ 因为现在需要创建这个对象的一个实例来使用它，所以可以控制何时初始化 Module 对象。
❑ 因为可以创建 Module 对象的实例，所以不再局限于单个实例。这允许你创建 WebAssembly 主模块的第二个实例，并让这个实例链接到专门用于第二个页面的副模块。

8.1　创建 WebAssembly 模块

在第 3~5 章中，我们创建了作为副模块的模块，这样就可以不生成 Emscripten JavaScript 文件，从而允许你使用 WebAssembly JavaScript API 来手动下载模块并进行实例化。但这只是一个有用的副作用，实际上副模块主要用于动态链接，这也是本章使用副模块的目的。

副模块没有 Emscripten 生成的 JavaScript 文件或 C 标准库函数，因为它们会在运行时链接到主模块。主模块具有这些功能，副模块完成链接后就可以访问这些功能了。

提醒 使用动态链接时，多个副模块可以链接到一个主模块，但主模块只能有一个。

图 8-3 展示了修改 C++代码并生成 WebAssembly 模块的步骤。

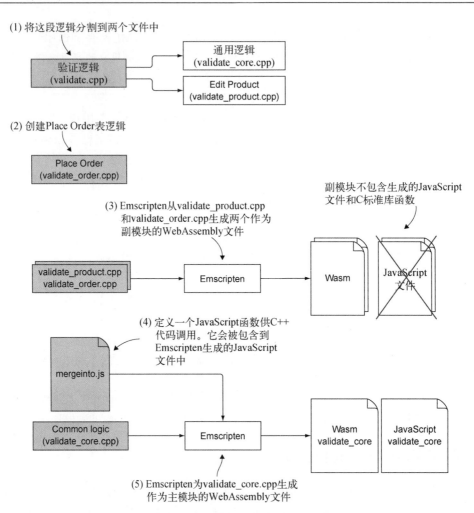

图 8-3　修改 C++逻辑并生成 WebAssembly 模块的步骤

(1) 将文件 validate.cpp 的逻辑分割为两个文件：一个文件用于共享的通用逻辑（validate_core.cpp），一个文件用于 Edit Product 页面的专用逻辑（validate_product.cpp）。

(2) 创建一个新的 C++文件用于新 Place Order 表的专用逻辑（validate_order.cpp）。

(3) 使用 Emscripten 从 validate_product.cpp 和 validate_order.cpp 生成 WebAssembly 副模块。

(4) 定义一个 JavaScript 函数，用于验证出问题时供 C++代码调用。这个函数会被放入文件 mergeinto.js，并在主模块的编译过程中被包含到 Emscripten 生成的 JavaScript 文件中。

(5) 用 Emscripten 从 validate_core.cpp 中生成作为主模块的 WebAssembly 文件。

创建完 WebAssembly 模块之后，还需要进行以下步骤来修改网站（参见图 8-4）。

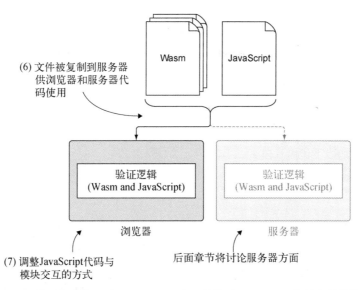

图 8-4　修改 HTML 代码来添加一个 Place Order 表，并修改 JavaScript 代码在浏览器以及服务器
端 WebAssembly 模块实现动态链接。后面章节将讨论服务器方面的 Node.js

(6) 调整网页，添加一个导航栏和 Place Order 表的控件。然后修改 JavaScript 文件，以便根据被点击的导航链接来展示适当的控件组。

(7) 调整网页的 JavaScript 代码，将适当的副模块链接到通用共享逻辑模块。还需要添加用于验证 Place Order 表的 JavaScript 代码。

8.1.1　将文件 validate.cpp 中的逻辑分割为两个文件

如图 8-5 所示，第一步是修改第 5 章中编写的 C++代码，将这段逻辑放在单独的文件中，由 Edit Product 表和 Place Order 表共享。将专用于 Edit Product 表的逻辑移动到新文件中。

图 8-5　过程的第一步是将 Edit Product 页面的专用逻辑移到单独文件中

在目录 WebAssembly 下，创建目录 Chapter 8\8.1 EmDynamicLibraries\source\来放置本节使用的文件，然后完成以下步骤。

❑ 将文件 validate.cpp 从目录 Chapter 5\5.1.1 EmJsLibrary\source\复制到新创建的目录 source 中。
❑ 复制一份文件 validate.cpp，并将其重命名为 validate_product.cpp。
❑ 将文件 validate.cpp 的另一副本重命名为 validate_core.cpp。

现在要做的第一件事是，从文件 valiate_core.cpp 中去除 Edit Product 专用的逻辑，因为这个文件将用于生成通用 WebAssembly 模块，供 Edit Product 和 Place Order 表共同使用。

1. 调整文件 validate_core.cpp

用编辑器打开文件 validate_core.cpp，然后去除函数 ValidateName 和 ValidateCategory。去除 cstring 的包含语句，因为这个文件不再需要它。

因为函数 ValidateValueProvided 和 IsCategoryIdInArray 将被其他模块调用，所以它们需要被导出。在文件 validate_core.cpp 中的函数 ValidateValueProvided 和 IsCategory-IdInArray 前添加以下代码片段。

```
#ifdef __EMSCRIPTEN__
  EMSCRIPTEN_KEEPALIVE
#endif
```

可以用函数 IsCategoryIdInArray 查看一个 ID 是否在指定的数组中，但是函数使用的名称表示它只能用于类别 ID。因为现在两个副模块都会使用这个函数，所以需要将它的函数名修改得更通用一些。

修改文件 validate_core.cpp 中的函数 IsCategoryIdInArray，以便其不再使用单词 category。现在这个函数看起来应该类似于代码清单 8-1。

代码清单 8-1　现在函数 `IsCategoryIdInArray` 改名为 `IsIdInArray`

```
...

#ifdef __EMSCRIPTEN__          ┌─ 自动将函数 IsIdInArray
  EMSCRIPTEN_KEEPALIVE    ◄───┤  添加到模块的导出函数列
#endif                         └─ 表中

int IsIdInArray(char* selected_id, int* valid_ids, int array_length) {
  int id = atoi(selected_id);
  for (int index = 0; index < array_length; index++) {
    if (valid_ids[index] == id) {
      return 1;
    }
  }

  return 0;
}
...
```

至此我们从文件 validate_core.cpp 中去除了 Edit Product 页面的逻辑，也将函数 IsCategory-IdInArray 修改得更为通用，接下来需要修改 Edit Product 页面的逻辑。

2. 调整文件 validate_product.cpp

在编辑器中打开文件 validate_product.cpp，去除函数 ValidateValueProvided 和 IsCategory-IdInArray，因为它们现在已经属于模块 validate_core 了。由于函数 ValidateValueProvided 和 IsIdInArray 现在属于另一个模块，因此需要包含它们的函数签名并在前面加上关键字 extern，这样编译器才能知道这两个函数会在代码运行时可用。

在文件 validate_product.cpp 中的 extern "C"块内，extern UpdateHostAboutError 函数签名之前，添加如下函数签名。

```
extern int ValidateValueProvided(const char* value,
    const char* error_message);

extern int IsIdInArray(char* selected_id, int* valid_ids,
    int array_length);
```

因为已经在核心模块中将 IsCategoryIdInArray 重命名为 IsIdInArray，所以需要将函数调用 ValidateCategory 改为调用 IsIdInArray。文件 validate_product.cpp 中的函数 ValidateCategory 现在看起来应该如代码清单 8-2 所示。

代码清单 8-2 修改后的函数 ValidateCategory（validate_product.cpp）

```
...

int ValidateCategory(char* category_id, int* valid_category_ids,
    int array_length) {
  if (ValidateValueProvided(category_id,
      "A Product Category must be selected.") == 0) {
    return 0;
  }

  if ((valid_category_ids == NULL) || (array_length == 0)) {
    UpdateHostAboutError("There are no Product Categories available.");
    return 0;
  }

  if (IsIdInArray(category_id, valid_category_ids,          ← 函数已重命名为
      array_length) == 0) {                                    IsIdInArray
    UpdateHostAboutError("The selected Product Category is not valid.");
    return 0;
  }

  return 1;
}
...
```

将 Edit Product 页面的逻辑从通用逻辑中分离出去后，下一步就是创建 Place Order 表的逻辑（参见图 8-6）。

(2) 创建Place Order
表的逻辑

Place Order
(validate_order.cpp)

图 8-6 过程的第二步是为 Place Order 表创建逻辑

8.1.2 为 Place Order 表逻辑创建新的 C++文件

在目录 Chapter 8\8.1 EmDynamicLibraries\source\下，创建文件 validate_order.cpp 并用编辑器

打开。在前面章节中创建副模块时没有包含 C 标准库头文件，因为这些文件在运行时不可用。在这个示例中，因为副模块会链接到主模块（validate_core），而主模块可以访问 C 标准库，所以副模块也能够访问这些函数。

向文件 validate_order.cpp 中添加对 C 标准库和 Emscripten 头文件的包含，以及 extern "C" 块，如代码清单 8-3 所示。

代码清单 8-3　向文件 validate_order.cpp 中添加头文件和 extern "C" 块

```
#include <cstdlib>

#ifdef __EMSCRIPTEN__
  #include <emscripten.h>
#endif

#ifdef __cplusplus
extern "C" {
#endif
                    ┌── WebAssembly 函数
              ←─────┤   将放在这里

#ifdef __cplusplus
}
#endif
```

需要为 validate_core 模块中的函数 ValidateValueProvided 和 IsIdInArray 添加函数签名。还需要为模块将从 JavaScript 代码中导入的函数 UpdateHostAboutError 添加函数签名。

在文件 validate_order.cpp 的 extern "C" 块中添加函数签名，如以下代码片段所示：

```
extern int ValidateValueProvided(const char* value,
    const char* error_message);

extern int IsIdInArray(char* selected_id, int* valid_ids,
    int array_length);

extern void UpdateHostAboutError(const char* error_message);
```

将要构造的 Place Order 表会有一个产品下拉列表和一个需要验证的数量字段。两个字段值都会作为字符串传给模块，但是产品 ID 会持有一个数字值。

为了验证用户选择的产品 ID 和输入的数量，需要创建两个函数：ValidateProduct 和 ValidateQuantity，其中要创建的第一个函数是 ValidateProduct，以确保选中了有效的产品 ID。

1. 函数 ValidateProduct

函数 ValidateProduct 会接受以下参数：

❏ 用户选中的产品 ID；
❏ 一个指向有效产品 ID 整型数组的指针；
❏ 有效产品 ID 数组中的条目个数。

这个函数验证以下 3 点：

❏ 是否提供了一个产品 ID？

❏ 是否提供了指向有效产品 ID 数组的指针？

❏ 用户选中的产品 ID 是否在有效 ID 数组中？

如果其中任何一点验证失败，那么就会调用函数 UpdateHostAboutError 向 JavaScript 代码传递出错信息。然后返回 0 来退出函数 ValidateProduct，以指示出错。如果代码运行到函数结尾，即没有验证问题，那么就会返回消息 1（成功）。

在文件 validate_order.cpp 中的 extern "C" 块内，函数签名 UpdateHostAboutError 之后，添加代码清单 8-4 所示的函数 ValidateProduct。

代码清单 8-4　函数 ValidateProduct

```
#ifdef __EMSCRIPTEN__
EMSCRIPTEN_KEEPALIVE
#endif
int ValidateProduct(char* product_id, int* valid_product_ids,
    int array_length) {
  if (ValidateValueProvided(product_id,                      如果没有收到值，
      "A Product must be selected.") == 0) {        ◄───     则返回错误
    return 0;
  }

  if ((valid_product_ids == NULL) || (array_length == 0)) {       ◄──
    UpdateHostAboutError("There are no Products available.");
    return 0;
  }                                                          如果没有指定数组，
                                                             则返回错误
  if (IsIdInArray(product_id, valid_product_ids,
      array_length) == 0) {                  ◄──────────────────────
    UpdateHostAboutError("The selected Product is not valid.");
    return 0;                                          如果未在数组中找
  }                                                    到选中的产品 ID，
                                                       则返回错误
  return 1;      ◄──── 告诉调用方一切顺利
}
```

需要创建的第二个函数是 ValidateQuantity，以用于验证用户输入的数量是有效值。

2. 函数 ValidateQuantity

函数 ValidateQuantity 接受单个参数，即用户输入的数量，它会验证以下两点：

❏ 是否指定数量？

❏ 这个数量值是否大于等于 1？

如果任何一点验证失败，则调用函数 UpdateHostAboutError 向 JavaScript 代码传递出错信息，然后返回 0 来退出函数，以指示出错。如果代码运行到函数结尾，那么就没有验证问题，因此返回消息 1（成功）。

在文件 validate_order.cpp 中的 extern "C" 块内，函数 ValidateProduct 之后，添加代码

清单 8-5 所示的函数 `ValidateQuantity`。

代码清单 8-5 函数 `ValidateQuantity`

```
#ifdef __EMSCRIPTEN__
  EMSCRIPTEN_KEEPALIVE
#endif
int ValidateQuantity(char* quantity) {
  if (ValidateValueProvided(quantity,
      "A quantity must be provided.") == 0) {     ◁── 如果没有收到值，
    return 0;                                          则返回错误
  }

  if (atoi(quantity) <= 0) {          ◁── 如果值小于 1，
    UpdateHostAboutError("Please enter a valid quantity.");   则返回错误
    return 0;
  }
                        告诉调用方
  return 1;        ◁── 一切顺利
}
```

至此我们完成了 C++ 代码修改，过程的下一部分是让 Emscripten 将 C++ 文件编译为
WebAssembly 模块（参见图 8-7）。

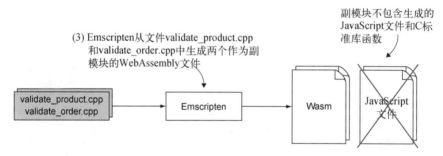

图 8-7 第三步是用 Emscripten 将 C++ 文件编译为 WebAssembly 模块

8.1.3 用 Emscripten 生成 WebAssembly 副模块

用 Emscripten 进行动态链接时，最多只能有一个主模块。主模块包含 C 标准库函数和
Emscripten 生成的 JavaScript 文件。副模块不包含这两个特性，但链接到主模块后，它们就可以
获得对这些功能的访问权。文件 validate_core.cpp 会被构建为主模块，其他两个 C++ 文件
（validate_product.cpp 和 validate_order.cpp）会被构建为副模块。

默认情况下，在创建主模块时，Emscripten 会在 WebAssembly 模块中包含所有 C 标准库函数，
因为它不知道副模块会需要哪些。这使得模块比所需的要大很多，特别是你只需要几个 C 标准库
函数时。

为了优化主模块，可以用一种方法告知 Emscripten 只包含指定的 C 标准库函数。这里将使用

这种方法，但在可以这么做之前，要了解需要包含哪些函数。为了确定这一点，当然可以逐行阅读代码，但使用这种方法可能会有所遗漏。另一种方法是注释掉 C 标准库头文件，然后运行命令行以生成 WebAssembly 模块。Emscripten 编译器会看到一些使用的 C 标准库函数没有定义函数签名，并显示相关出错信息。

这里会使用第二种方法，因此需要在编译主模块前编译副模块。如图 8-8 所示，生成的第一个 WebAssembly 模块是 Edit Product 页面使用的副模块（validate_product.cpp）。

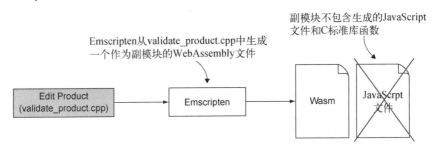

图 8-8　用 Emscripten 为 Edit Product 页面的验证生成 WebAssembly 模块

1. 生成 Edit Product 副模块：validate_product.cpp

在前面章节中创建 WebAssembly 副模块时，我们将 C 标准库头文件替换为了第 4 章中编写的替代代码的头文件。这里不需要替代代码，因为这个副模块会在运行时链接到主模块，而主模块会包含 C 标准库函数。

在 8.1.5 节中编译主模块时，我们将向 Emscripten 提供一个副模块使用的 C 标准库函数的列表。为了确定代码使用了哪些函数，需要将 C 标准库头文件注释掉，然后试图编译模块。如果使用了任何 C 标准库函数，那么 Emscripten 编译器会抛出关于函数定义缺失的错误。

但在试图确定使用了哪些 C 标准库函数之前，需要正常编译模块以确定没有任何问题。在注释掉头文件之后，你会想要确保看到的错误都是与缺失函数定义相关的。为了正常编译模块，需要打开命令行窗口，进入目录 Chapter 8\8.1 EmDynamicLibraries\source\，并运行以下命令。

```
emcc validate_product.cpp -s SIDE_MODULE=2 -O1
➡ -o validate_product.wasm
```

控制台窗口不应该出现任何错误，而且 source 目录下应该有一个新文件 validate_product.wasm。

接下来需要确定你的代码使用了哪些 C 标准库函数。在目录 Chapter 8\8.1 EmDynamicLibraries\source\下，打开文件 validate_product.cpp，然后注释掉文件 cstdlib 和 cstring 的 include 语句。保存文件，但不要关闭，因为等会还要恢复注释掉的这些行。

在命令行提示符下运行以下命令，这和刚才运行的是同一个命令。

```
emcc validate_product.cpp -s SIDE_MODULE=2 -O1
➡ -o validate_product.wasm
```

这一次你应该可以看到控制台窗口显示了一条类似于图 8-9 中的出错信息，这表明函数 strlen 没有被定义。这个出错信息还指示了 NULL 没有被定义，但是这一点可以忽略，因为不需要做任何事情来包含它。记住函数 strlen，因为用 Emscripten 生成主模块时需要包含它。

代码使用的一个C
标准库函数

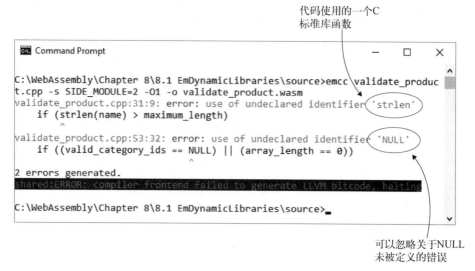

可以忽略关于NULL
未被定义的错误

图 8-9　Emscripten 抛出一个关于函数 strlen 和 NULL 未被定义的错误

在文件 validate_product.cpp 中，从 cstdlib 和 cstring 头文件前移除注释，然后保存文件。

现在我们有了 Edit Product 页面的 WebAssembly 模块，接下来需要创建 Place Order 表的模块。如图 8-10 所示，按照之前所做的流程来实现就可以了。

副模块不包含生成的JavaScript
文件和C标准库函数

Emscripten会从validate_order.cpp生成
一个作为副模块的WebAssembly文件

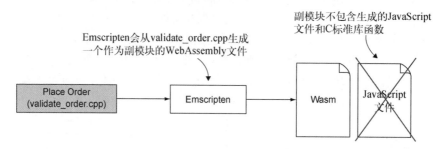

图 8-10　用 Emscripten 生成用于 Place Order 表验证的 WebAssembly 模块

2. 生成 Place Order 副模块：validate_order.cpp

与处理 Edit Product 页面的模块一样，在试图确定这个模块使用了哪些 C 标准库函数前，需要确保代码可以通过编译，不会出错。打开命令行窗口，进入目录 Chapter 8\8.1 EmDynamicLibraries\source\，然后运行以下命令。

```
emcc validate_order.cpp -s SIDE_MODULE=2 -O1
➥ -o validate_order.wasm
```

控制台窗口不应该出现任何错误，并且 source 目录下应该有一个新文件 validate_order.wasm。

为了确定你的代码是否使用了任何 C 标准库函数，需要打开文件 validate_order.cpp，注释掉 cstdlib 头文件的 include 语句。保存文件，但不要关闭，因为等会还要恢复注释掉的这些行。

在命令行提示符下运行与刚才相同的命令。

```
emcc validate_order.cpp -s SIDE_MODULE=2 -O1
➥ -o validate_order.wasm
```

应该可以在控制台窗口看见一条类似于图 8-11 的出错信息，这表明函数 atoi 未被定义。记住这个函数，因为用 Emscripten 生成主模块时需要包含它。再次强调，可以安全地忽略有关未声明标识符 NULL 的错误。

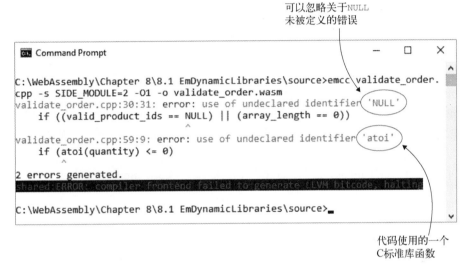

图 8-11　Emscripten 会抛出一个有关函数 atoi 和 NULL 未被定义的错误

在文件 validate_order.cpp 中，从 cstdlib 头文件前移除注释。然后保存文件。

至此两个副模块就建好了，是时候创建主模块使用的 JavaScript 代码了（参见图 8-12）。

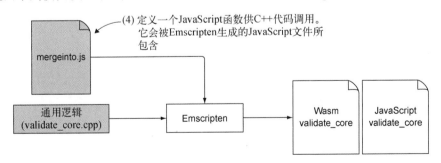

图 8-12　当验证出错时，定义 C++ 代码将调用的 JavaScript 函数。这个文件中的代码会被 Emscripten 生成的 JavaScript 文件所包含

8.1.4   定义一个 JavaScript 函数来处理验证问题

第 5 章中创建了持有 JavaScript 函数 `UpdateHostAboutError` 的文件 mergeinto.js，如果验证出错，C++函数就会调用这个函数。函数 `UpdateHostAboutError` 会从模块内存读取消息，然后将这个字符串传给网页的主 JavaScript。

如以下代码片段所示，函数 `UpdateHostAboutError` 是一个 JavaScript 对象的一部分，前者是作为函数 `mergeInto` 的第二个参数传入的。函数 `mergeInto` 会将你的函数添加到 Emscripten 的 `LibraryManager.library` 对象中，从而令其包含到 Emscripten 生成的 JavaScript 文件中。

```
mergeInto(LibraryManager.library, {
  UpdateHostAboutError: function(errorMessagePointer) {
    setErrorMessage(Module.UTF8ToString(errorMessagePointer));
  }
});
```

将文件 mergeinto.js 从目录 Chapter 5\5.1.1 EmJsLibrary\source\复制到目录 Chapter 8\8.1 EmDynamicLibraries\source\。在下一步用 Emscripten 生成 WebAssembly 模块时，还需要指示它将文件 mergeinto.js 中的 JavaScript 代码添加到生成的 JavaScript 文件中。要想实现这一点，需要通过命令行选项`--js-library` 指定文件 mergeinto.js。

一旦有了文件 mergeinfo.js，就可以继续下一步来生成 WebAssembly 主模块了（参见图 8-13）。

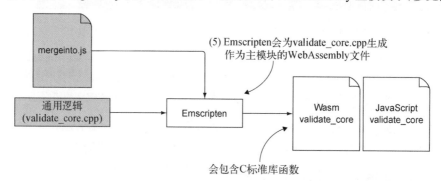

图 8-13　用 Emscripten 从 validate_core.cpp 生成 WebAssembly 主模块。让 Emscripten
在生成的 JavaScript 文件中包含文件 mergeinto.js 的内容

8.1.5   用 Emscripten 生成 WebAssembly 主模块

为了让 Emscripten 生成主模块，需要包含标记 `MAIN_MODULE`。如果为这个标记指定值 `1`（`-s MAIN_MODULE=1`），那么 Emscripten 会禁止**死代码消除**。

信息　死代码消除可以防止生成的 WebAssembly 模块包含代码不使用的函数。

主模块通常需要禁止死代码消除，因为它不知道副模块将需要什么。因此，它会保留代码中定义的所有函数和所有 C 标准库函数。大型应用程序需要使用这种方法，因为代码很可能使用了大量 C 标准库函数。

如果你的代码只使用少量 C 标准库函数，就像这里的情况一样，那么所有额外包含的函数只会增加模块规模并降低下载与实例化速度。这种情况下，需要为主模块打开死代码消除功能。要想实现这一点，可以将 MAIN_MODULE 值指定为 2。

```
-s MAIN_MODULE=2
```

> **警告** 为主模块打开死代码消除意味着你需要确保副模块所需要的函数可用。

在创建 WebAssembly 模块 validate_product 和 validate_order 时，已经确定它们需要以下 C 标准库函数：strlen 和 atoi。为了告诉 Emscripten 在生成的模块中包含这些函数，需要在命令行数组 EXPORTED_FUNCTIONS 中包含这些函数。

JavaScript 代码会使用 Emscripten 辅助函数 ccall、stringToUTF8 和 UTF8ToString，因此需要在生成的 JavaScript 文件中包含它们。为了实现这一点，在运行 Emscripten 编译器时，需要在命令行数组 EXTRA_EXPORTED_RUNTIME_METHODS 中包含它们。

通常来说，在创建一个 WebAssembly 模块时，Emscripten 生成的 JavaScript 代码会作为名为 Module 的全局对象存在。当每个网页只有一个 WebAssembly 模块时，这样确实有效，但对本章的情况来说，我们需要创建第二个 WebAssembly 模块实例：

❑ 一个实例用于 Edit Product 表；
❑ 一个实例用于 Place Order 表。

通过指定命令行标记-s MODULARIZE=1，允许这样工作，但这会导致 Emscripten 生成的 JavaScript 代码中的 Module 对象被封装到函数中。

> **信息** 不使用 MODULARIZE 标记时，只在网页中包含一个到 Emscripten 的 JavaScript 文件的链接会导致网页加载这个文件时 WebAssembly 模块被下载和实例化。而使用 MODULARIZE 标志时，你将自己负责在 JavaScript 代码中创建一个 Module 对象实例来触发这个 WebAssembly 模块的下载和实例化。

打开一个命令行窗口，进入目录 Chapter 8\8.1 EmDynamicLibraries\source\，运行以下命令来创建 WebAssembly 模块 validate_core。

```
emcc validate_core.cpp --js-library mergeinto.js -s MAIN_MODULE=2
➥ -s MODULARIZE=1
➥ -s EXPORTED_FUNCTIONS=['_strlen','_atoi']
➥ -s EXTRA_EXPORTED_RUNTIME_METHODS=['ccall','stringToUTF8',
➥'UTF8ToString'] -o validate_core.js
```

至此 WebAssembly 模块就创建好了，可以进行下面的步骤了（参见图 8-14），即将 WebAssembly 文件和 Emscripten 生成的 JavaScript 文件复制到网站使用的位置。我们还会修改网页的 HTML 代码来增加 Place Order 表部分。然后会更新 JavaScript 代码来实现模块的动态链接。

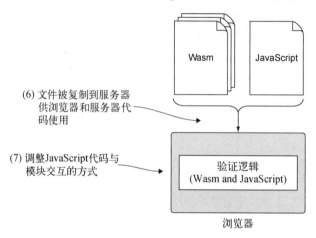

图 8-14　调整 HTML 代码来添加 Place Order 表，然后修改 JavaScript 代码来实现在
浏览器中动态链接 WebAssembly 模块

8.2　调整网页

在目录 Chapter 8\8.1 EmDynamicLibraries\下，创建目录 frontend\，然后将以下文件复制进去。

❑ 从目录 Chapter 8\8.1 EmDynamicLibraries\source\复制 validate_core.js、validate_core.wasm、validate_product.wasm 和 validate_order.wasm。

❑ 从目录 Chapter 5\5.1.1 EmJsLibrary\frontend\复制 editproduct.html 和 editproduct.js。

因为会将 Place Order 表添加到和 Entry Product 表相同的网页中，所以需要将文件重命名得更通用。将 editproduct.html 重命名为 index.html，将 editproduct.js 重命名为 index.js。

用编辑器打开文件 index.html，为 Place Order 表添加新的导航栏和控件，如图 8-15 所示。为了在网页上创建导航部分（如菜单），我们将使用 Nav 标签。

在创建菜单系统时，常用的实践方法是用标签 UL 和 LI 定义菜单项，然后用 CSS 为它们确定风格。标签 UL 的意思是无序列表（unordered list），它使用项目符号（bullet）。标签 OL 代表有序列表（ordered list，数字列表），也可以使用，但不那么常见。在 UL 标签内，可以指定一个或多个 LI（list item，列表项）标签。

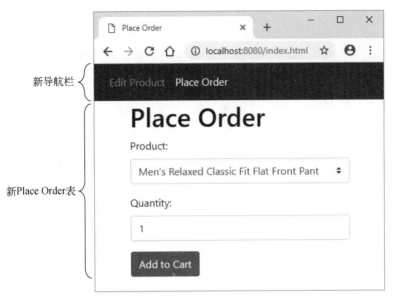

图 8-15　将添加到网页上的新导航栏和新 Place Order 表控件

在文件 index.html 中的标签 `<body onload="initializePage()">` 和第一个左 div 标签（`<div class="container">`）之间，为新导航栏添加代码清单 8-6 中的 HTML 代码。

代码清单 8-6　新导航栏的 HTML 代码

```
...
<nav class="navbar navbar-expand-sm bg-dark navbar-dark">          新导航栏
  <ul class="navbar-nav">
    <li class="nav-item">
      <a id="navEditProduct" class="nav-link" href="#Edit Product"
         onclick="switchForm(true)">Edit Product</a>        点击这个链接会显
    </li>                                                    示 Edit Product 表
    <li class="nav-item">
      <a id="navPlaceOrder" class="nav-link" href="#PlaceOrder"
         onclick="switchForm(false)">Place Order</a>        点击这个链接会显
    </li>                                                    示 Place Order 表
  </ul>
</nav>
...
```

向标签 H1 添加名为 formTitle 的 id 属性，这样 JavaScript 代码就能够修改向用户展示的值，该值用于表明正在显示的是哪个表。删除这个标签中的文本。这个标签看起来应该如下所示：

`<h1 id="formTitle"></h1>`

因为显示 Place Order 表时需要隐藏 Edit Product 表的控件，所以将用 div 标签来封装它们，这样 JavaScript 代码便可以显示或隐藏它们。在包裹 Name 字段的 div 标签之前添加一个左 div 标签，id 值为 productForm。由于网页第一次加载时显示的可能是 Place Order 表而不是 Edit

Product 表，因此还需要在 `productForm div` 上添加一个风格属性，让它在默认情况下隐藏。在 save 按钮标签之后添加右 div 标签。

将保存按钮的 `onclick` 值从 `onClickSave` 修改为 `onClickSaveProduct`，以便明确表示 save 函数用于 Edit Product 表。index.html 中的 Edit Product 表控件的 HTML 代码应该类似于代码清单 8-7 中的 HTML 代码。

代码清单 8-7　index.html 中用于 Edit Product 表部分的修改后的 HTML 代码

```
...

<div id="productForm" style="display:none;">        ◄┐ 包裹 Edit Product 表控件
  <div class="form-group">                              └─ 的新的左 div 标签
    <label for="name">Name:</label>
    <input type="text" class="form-control" id="name">
  </div>
  <div class="form-group">
    <label for="category">Category:</label>
    <select class="custom-select" id="category">
      <option value="0"></option>
      <option value="100">Jeans</option>
      <option value="101">Dress Pants</option>
    </select>
  </div>

  <button type="button" class="btn btn-primary"      ◄┐ onclick 值修改为
      onclick="onClickSaveProduct()">Save</button>    └─ onClickSaveProduct
</div>   ◄┐ 前面添加的 productForm
...       └─ 标签的右 div 标签
```

现在要向 HTML 添加 Place Order 表控件。与处理 Edit Product 表控件一样，需要用一个 id 值为 orderForm 的 div 来包裹 Place Order 表控件。

Place Order 表会有 3 个控件：

- ❏ 一个产品下拉列表；
- ❏ 一个数量文本框；
- ❏ 一个添加到购物车的按钮。

将代码清单 8-8 中的 HTML 代码添加到文件 index.html 中为 `productForm div` 添加的右 div 标签之后。

代码清单 8-8　Place Order 表的新 HTML 代码

```
...

<div id="orderForm" style="display:none;">
  <div class="form-group">
    <label for="product">Product:</label>
    <select class="custom-select" id="product">
      <option value="0"></option>
      <option value="200">Women's Mid Rise Skinny Jeans</option>
      <option value="301">
```

```
        Men's Relaxed Classic Fit Flat Front Pant
      </option>
    </select>
  </div>
  <div class="form-group">
    <label for="quantity">Quantity:</label>
    <input type="text" class="form-control" id="quantity" value="0">
  </div>

  <button type="button" class="btn btn-primary"
      onclick="onClickAddToCart()">Add to Cart</button>
</div>
...
```

最后要修改的是文件 index.html 结尾处到 JavaScript 文件的链接。

❑ 由于已经将文件 editproduct.js 重命名为 index.js，因此将第一个 `script` 标签的 `src` 属性值修改为 `index.js`。

❑ 用 Emscripten 创建主模块时，将其命名为 validate_core.js，因此需要将第二个 `script` 标签的 `src` 属性值修改为 `validate_core.js`。

这两个 `script` 标签应该如下所示：

```
<script src="index.js"></script>
<script src="validate_core.js"></script>
```

至此 HTML 代码被修改为包含一个新的导航栏和新的 Place Order 表控件，是时候修改 JavaScript 代码，以便其与新的 WebAssembly 模块协作了。

8.2.1 调整网页的 JavaScript 代码

在编辑器中打开文件 index.js。现在这个文件要处理两个表单的逻辑：Edit Product 表和 Place Order 表。因此，需要做的第一件事是修改对象 `initialData` 的名称，以便其清楚表明这个对象用于 Edit Product 表。将其名称从 `initialData` 修改为 `initialProductData`，现在它看起来如以下代码片段所示：

```
const initialProductData = {
  name: "Women's Mid Rise Skinny Jeans",
  categoryId: "100",
};
```

Place Order 表的产品下拉列表需要验证，以确保用户选择的是有效 ID。为了实现这一点，我们将向 Place Order 表的 WebAssembly 模块传递一个数组来指明有效 ID 有哪些。向文件 index.js 中的数组 `VALID_CATEGORY_IDS` 之后添加如下有效 ID 的全局数组。

```
const VALID_PRODUCT_IDS = [200, 301];
```

在编译主模块（validate_core.wasm）时，指示 Emscripten 将其 `Module` 对象封装在一个函数中，这样便可以创建这个对象的多个实例。这么做是因为将为这个网页创建两个 WebAssembly

模块实例。

Edit Product 表会有一个 WebAssembly 实例，其中主模块被链接到 Edit Product 副模块：validate_product.wasm。Place Order 表也会有一个 WebAssembly 实例，其中主模块被链接到 Place Order 表副模块：validate_order.wasm。

为了持有这两个 Emscripten `Module` 实例，需要在文件 index.js 中的数组 `VALID_PRODUCT_IDS` 之后添加以下代码片段中的全局变量。

```
let productModule = null;    ◁──┐ 将持有链接的模块 validate_core 和
                                 │ validate_product
let orderModule = null;      ◁──┘
                                   将持有链接的模块 validate_core 和
                                   validate_order
```

至此对全局对象的修改就完成了。现在需要对函数 `initializePage` 执行几处修改。

1. 函数 `initializePage`

需要对函数 `initializePage` 进行的第一处修改是用于填充名称字段和类别下拉列表的对象的名称。需要将对象的名称从 `initialData` 修改为 `initialProductData`。

这个网页被构建为一个单页应用程序，因此点击导航栏中的链接不会进入新页面，而是会在浏览器地址栏中的地址结尾增加一个**片段标识符**（fragment identifier），网页的内容会改变，以展示需要的视图。如果向某人发送这个网页的地址，其中包含片段标识符的话，那么网页应该就会显示这一部分内容，就像用户点击导航链接进入这部分一样。

信息 片段标识符是 URL 结尾可选的一部分，以井号（#）开始，如图 8-16 所示。通常它用于标识网页的某个部分。当点击指向一个片段标识符的超链接时，网页会跳到这个位置，这在导航长文档时很有用。

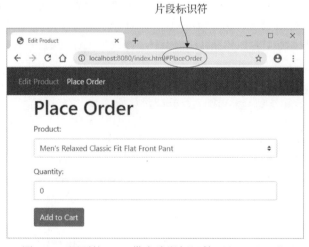

图 8-16　网页的 URL 带有片段标识符"PlaceOrder"

因为这个页面要根据页面地址是否指定了片段标识符来展示适当的视图，所以要在函数 initializePage 结尾添加一些代码来检查是否包含了片段标识符。默认情况下，网页会展示 Edit Product 表。但如果地址包含了标识符#PlaceOrder，那么就会展示 Place Order 表。在片段标识符检查代码之后，还需要添加一个函数调用来展示正确的表单。

修改文件 index.js 中的函数 initializePage，以便其与代码清单 8-9 中的代码保持一致。

代码清单 8-9 修改后的函数 initializePage

```
...

function initializePage() {
  document.getElementById("name").value = initialProductData.name;   ← initialData 修改为 initialProductData

  const category = document.getElementById("category");
  const count = category.length;
  for (let index = 0; index < count; index++) {
    if (category[index].value === initialProductData.categoryId) {   ← initialData 修改为 initialProductData
      category.selectedIndex = index;
      break;
    }
  }

  let showEditProduct = true;   ← 默认显示 Edit Product 视图
  if ((window.location.hash) &&
      (window.location.hash.toLowerCase() === "#placeorder")) {   ← 如果网站地址包含片段标识符，并且为#placeorder……
    showEditProduct = false;
  }

  switchForm(showEditProduct);   ← 显示正确的表单        ……要显示 Place Order 表
}
...
```

需要创建函数 switchForm 来调整网页，以便后者显示所请求的表单：Edit Product 表或 Place Order 表。

2. 函数 switchForm

函数 switchForm 会执行以下步骤：

❑ 清除可能显示的任何出错信息；
❑ 高亮显示导航栏中与要显示的表单匹配的项目；
❑ 修改网页上标签 H1 的标题以反映显示的部分；
❑ 显示所请求的表单，并隐藏另一个。

因为主模块是用标记 MODULARIZE 编译的，所以 Emscripten 不会自动下载并实例化 WebAssembly 模块。你需要自己创建 Emscripten Module 对象的一个实例。

如果还没有为所请求表单创建这个对象的实例，函数 switchForm 就会创建一个。Emscripten Module 对象可以接收一个 JavaScript 对象来控制代码执行，因此代码将用它来传入副模块名称，它需要通过 dynamicLibraries 数组属性来链接。

在文件 index.js 中的函数 initializePage 之后添加代码清单 8-10 中的代码。

代码清单 8-10   函数 switchForm

```
...
function switchForm(showEditProduct) {                          为视图高亮显
  setErrorMessage("");                                           示导航栏条目
  setActiveNavLink(showEditProduct);     ←
  setFormTitle(showEditProduct);                                将显示 Edit Product
                                                                视图
  if (showEditProduct) {          ←                             如果还未创建实例，那么就
    if (productModule === null) {      ←                        创建一个
      productModule = new Module({
        dynamicLibraries: ['validate_product.wasm']   ←         创建主模块的一个新
      });                                                       WebAssembly 实例
    }
                                                                告知 Emscripten 需要
    showElement("productForm", true);     ←                     链接到产品副模块
    showElement("orderForm", false);
  } else {                                                      显示 Edit Product 表并
    if (orderModule === null) {                                 隐藏 Place Order 表
      orderModule = new Module({
        dynamicLibraries: ['validate_order.wasm']   ←
      });                                                       创建主模块的一个新
    }                                                           WebAssembly 实例

    showElement("productForm", false);    ←                     告知 Emscripten 需要
    showElement("orderForm", true);                             链接到下单副模块
  }
}
...                                                             隐藏 Edit Product 表并
                                                                显示 Place Order 表
```

修改视图标题（左侧标注）
将显示 Place Order 表（左侧标注）

需要创建的下一个函数是 setActiveNavLink，它会高亮展示表的导航栏。

3. 函数 **setActiveNavLink**
因为导航栏条目可能指定了多个 CSS 类名称，所以我们将使用 DOM 元素的 classList 对象，它支持插入和删除单个类名称。这个函数将确保两个导航栏条目"active"类名称被移除，然后只对正在显示的视图的导航栏条目应用"active"类名称。

在文件 index.js 中的函数 switchForm 之后添加代码清单 8-11 所示的函数 setActive-NavLink。

代码清单 8-11   函数 setActiveNavLink

```
...
function setActiveNavLink(Editproduct) {
  const navEditProduct = document.getElementById("navEditProduct");
  const navPlaceOrder = document.getElementById("navPlaceOrder");
  navEditProduct.classList.remove("active");    ←    确保两个元素的 "active"
  navPlaceOrder.classList.remove("active");          类名称都被移除
```

```
    if (editProduct) { navEditProduct.classList.add("active"); }
    else { navPlaceOrder.classList.add("active"); }
}
...
```

只对正在显示的表单的条目
应用"active"类名称

需要创建的下一个函数是 setFormTitle,它会调整网页上的文本以表明显示的是哪个表单。

4. 函数 setFormTitle

在文件 index.j 中的函数 setActiveNavLink 之后,添加函数 setFormTitle 以显示网页
上 H1 标签中显示的表单标题。

```
function setFormTitle(editProduct) {
    const title = (editProduct ? "Edit Product" : "Place Order");
    document.getElementById("formTitle").innerText = title;
}
```

最初,只有网页的出错信息部分需要显示或隐藏,因此显示或隐藏元素的代码是函数
setErrorMessage 的一部分。现在网页还有更多元素需要显示或隐藏,因此将这段逻辑移到它
自己的函数中。

5. 函数 showElement

在文件 index.js 中的函数 setFormTitle 之后添加函数 showElement,如以下代码片段所示:

```
function showElement(elementId, show) {
    const element = document.getElementById(elementId);
    element.style.display = (show ? "" : "none");
}
```

下单表的验证需要从产品下拉列表中取得用户选择的产品 ID。函数 getSelectedCategoryId
总是从下拉列表中取得用户选择的 ID,但这是专用于 Edit Product 表的类别下拉列表。现在需要
修改这个函数以便其更为通用,这样就可以用于 Place Order 表了。

6. 函数 getSelectedCategoryId

将函数 getSelectedCategoryId 改名为 getSelectedDropdownId,并添加一个参数
elementId。在该函数内,将变量 category 改名为 dropdown,并将字符串"category"替换
为以 elementID 来调用 getElementById。

函数 getSelectedDropdownId 看起来应该如以下代码片段所示:

```
function getSelectedDropdownId(elementId) {
    const dropdown = document.getElementById(elementId);
    const index = dropdown.selectedIndex;
    if (index !== -1) { return dropdown[index].value; }
    return "0";
}
```

函数名改变并且增加
了参数 elementId

变量名改变,并且向 getElementById
中传入了 elementId

至此我们创建了函数 showElement 来显示或隐藏网页元素,现在可以修改函数 setErrorMessage

来调用新函数了，而不是直接调整元素可见性。

7. 函数 setErrorMessage

修改文件 index.js 中的函数 `setErrorMessage` 来调用函数 `showElement`，而不是直接设定元素风格。函数看起来应该如下所示：

```
function setErrorMessage(error) {
  const errorMessage = document.getElementById("errorMessage");
  errorMessage.innerText = error;
  showElement("errorMessage", (error !== ""));    ←── 如果出错就显示 errorMessage
}                                                        元素，否则隐藏它
```

因为网页上现在有两套控件，函数 `onClickSave` 会令人迷惑，所以需要重命名这个函数，以指明它是用于 Edit Product 表。

8. 函数 onClickSave

现在将函数 `onClickSave` 重命名为 `onClickSaveProduct`。因为已经将函数 `getSelectedCategoryId` 重命名为 `getSelectedDropdownId`，所以需要将函数调用也重新命名。还需要向函数 `getSelectedDropdownId` 传入下拉列表 ID（`"category"`）作为参数。

函数 `onClickSaveProduct` 看起来应该如代码清单 8-12 所示。

代码清单 8-12 将函数 `onClickSave` 重命名为 `onClickSaveProduct`

```
...
                                  从 onClickSave
function onClickSaveProduct() {   ←── 修改了名称
  setErrorMessage("");
                                                            修改函数名并指定
  const name = document.getElementById("name").value;      下拉列表 ID
  const categoryId = getSelectedDropdownId("category");   ←──

  if (validateName(name) && validateCategory(categoryId)) {
    ←── 没有问题。可以将数据
  }       传递给服务器端代码
}
...
```

因为主模块是用标记 `MODULARIZE` 编译的，所以需要创建一个 Emscripten `Module` 对象的实例。需要修改函数 `validateName` 和 `validateCategory` 来调用创建好的 `Module` 实例 `productModule`，而不再调用 Emscripten 的 `Module` 对象。

9. 函数 validateName 和 validateCategory

需要修改函数 `validateName` 和 `validateCategory` 中每一处调用 Emscripten `Module` 对象的地方，将其修改为使用 `Module` 实例：`productModule`。index.js 中的函数 `validateName` 和 `validateCategory` 现在看起来应该如代码清单 8-13 所示。

代码清单 8-13 修改后的函数 `validateName` 和 `validateCategory`

```
...

function validateName(name) {
  const isValid = productModule.ccall('ValidateName',          ← Module 被替换为
      'number',                                                   productModule
      ['string', 'number'],
      [name, MAXIMUM_NAME_LENGTH]);

  return (isValid === 1);
}

function validateCategory(categoryId) {
  const arrayLength = VALID_CATEGORY_IDS.length;
  const bytesPerElement = productModule.HEAP32.BYTES_PER_ELEMENT;    ←
  const arrayPointer = productModule._malloc((arrayLength *         ←
      bytesPerElement));
  productModule.HEAP32.set(VALID_CATEGORY_IDS,                     ←
      (arrayPointer / bytesPerElement));

  const isValid = productModule.ccall('ValidateCategory',          ←
      'number',
      ['string', 'number', 'number'],
      [categoryId, arrayPointer, arrayLength]);
                                                          Module 被替换为
                                                          productModule
  productModule._free(arrayPointer);                              ←

  return (isValid === 1);
}
```

至此就完成了对现有 Edit Product 部分代码的修改，是时候添加 Place Order 部分代码了。第一步是创建函数 `onClickAddToCart`。

10. 函数 `onClickAddToCart`

用于 Place Order 表的函数 `onClickAddToCart` 非常类似于 Edit Product 表的函数 `onClick-SaveProduct`。这里会从产品下拉列表取得选中的 ID，还会取得用户输入的数量值。然后调用 JavaScript 函数 `validateProduct` 和 `validateQuantity` 来调入 WebAssembly 模块并验证用户输入的值。如果没有验证问题，则保存数据。

在文件 index.js 中的函数 `validateCategory` 之后添加代码清单 8-14 中的代码。

代码清单 8-14 index.js 中的函数 `onClickAddToCart`

```
...

function onClickAddToCart() {                        从产品下拉列表取得
  setErrorMessage("");                               用户选择的 ID

  const productId = getSelectedDropdownId("product");          ←
  const quantity = document.getElementById("quantity").value;  ← 取得用户输入
                                                                 的数量
```

```
if (validateProduct(productId) &&
    validateQuantity(quantity)) {
                                          验证产品 ID

}                        用户输入的数据
                         没有问题。可以        验证数量
}                        保存数据
```

现在需要创建函数 validateProduct，它会调入 WebAssembly 模块来验证用户选择的产品 ID 有效。

11. 函数 validateProduct

函数 validateProduct 会调用模块的函数 ValidateProduct。函数 ValidateProduct 的 C++函数签名如下所示：

```
int ValidateProduct(char* product_id,
  int* valid_product_ids,
  int array_length);
```

JavaScript 函数 validateProduct 会向模块函数传入以下参数：
- □ 用户选择的产品 ID
- □ 有效 ID 数组
- □ 数组长度

我们将以字符串形式向模块传入用户选择的产品 ID，通过将参数类型指定为'string'，可以让 Emscripten 的 ccall 函数处理字符串的内存管理。

有效 ID 数组是整型（32 位），但只有处理 8 位整型时，Emscripten 的 ccall 函数才能处理数组的内存管理。因此，需要手动分配一些模块内存来放置数组的值，并将值复制进这块内存。然后向函数 ValidateProduct 传递有效 ID 的内存地址指针。在 WebAssembly 中，指针用 32 位整型表示，因此需要将参数指定为'number'类型。

在文件 index.js 的结尾添加代码清单 8-15 所示的函数 validateProduct。

代码清单 8-15　index.js 中的函数 validateProduct

```
...

function validateProduct(productId) {              为数组所有条目分配
  const arrayLength = VALID_PRODUCT_IDS.length;     足够内存
  const bytesPerElement = orderModule.HEAP32.BYTES_PER_ELEMENT;
  const arrayPointer = orderModule._malloc((arrayLength *
      bytesPerElement));
  orderModule.HEAP32.set(VALID_PRODUCT_IDS,
      (arrayPointer / bytesPerElement));              将数组元素复制进模
                                                      块内存
  const isValid = orderModule.ccall('ValidateProduct',
      'number',
      ['string', 'number', 'number'],
      [productId, arrayPointer, arrayLength]);         调用模块中的函数
                                                       ValidateProduct
  orderModule._free(arrayPointer);        释放为数组分配的
                                          内存
```

```
    return (isValid === 1);
}
```

需要创建的最后一个 JavaScript 函数是 validateQuantity,它会调入模块来验证用户输入的数量。

12. 函数 validateQuantity

函数 validateQuantity 会调用模块的函数 ValidateQuantity,后者的 C++ 函数签名如下所示:

```
int ValidateQuantity(char* quantity);
```

我们会将用户输入的数量值作为字符串传给模块,通过指定参数类型为 'string',可以让 Emscripten 的 ccall 函数处理字符串的内存管理。

在文件 index.js 的结尾处添加以下代码片段中的函数 validateQuantity。

```
function validateQuantity(quantity) {
  const isValid = orderModule.ccall('ValidateQuantity',
      'number',
      ['string'],
      [quantity]);

  return (isValid === 1);
}
```

8.2.2 查看结果

至此 JavaScript 代码的修改就完成了,可以打开浏览器并在地址栏中输入 http://localhost:8080/index.html 来查看网页。可以点击导航栏的链接来测试导航。如图 8-17 所示,显示的视图应该在 Edit Product 表和 Place Order 表之间切换,并且地址栏应该有与最后一次被点击的链接匹配的片段标识符。

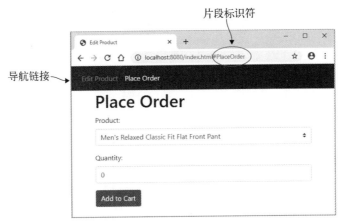

图 8-17　点击 Place Order 导航链接之后,显示 Place Order 表控件,浏览器地址栏中的地址增加了片段标识符

可以通过选中产品下拉列表中的一个条目，同时保持数量为 0，然后点击添加到购物车按钮来测试验证。网页上应该会显示一条出错信息，如图 8-18 所示。

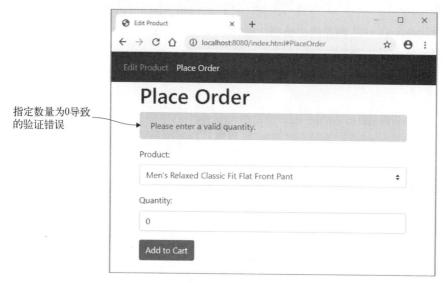

指定数量为 0 导致的验证错误

图 8-18   新 Place Order 表在指定数量为 0 时展示的验证出错信息

如何将本章所学应用于现实呢？

8.3   现实用例

以下是本章所学内容的一些可能用例。

- 如果 WebAssembly 模块需要在网页被加载后的某一时刻进行下载和实例化，可以在编译模块时包含标记-s MODULARIZE=1。这允许你控制模块何时被下载并实例化，有助于加速网站的初始加载过程。
- 标记-s MODULARIZE=1 的另一个使用场景是，它允许你创建 WebAssembly 模块的多个实例。一个单页应用程序可能会长时间运行，你可能会想要按需创建模块实例并在实例不被需要（比如，用户导航到应用程序的另一部分后）后销毁它来降低内存使用。

8.4   练习

练习答案参见附录 D。

(1) 假定你有一个名为 process_fulfillment.wasm 的副模块。如何创建 Emscripten Module 对象的一个新实例并告诉它动态链接到这个副模块？

(2) 为了将 Module 对象封装进 Emscripten 生成的 JavaScript 文件中的一个函数，编译 WebAssembly 主模块时需要向 Emscripten 传入哪种标记？

8.5 小结

本章介绍了如何创建一个简单的单页应用程序,其中 URL 使用片段标识符来指明显示哪个表单。

我们还介绍了以下内容。

- 如果编译主模块时指定标记 `-s MODULARIZE=1`,那么可以创建 Emscripten 的 JavaScript `Module` 对象的多个实例。
- 用标记 `MODULARIZE` 编译主模块时,`Module` 对象的定制内容会作为一个 JavaScript 对象传入 `Module` 的构造器。
- 可以用标记 `-s MAIN_MODULE=2` 为主模块打开死代码消除。但是,如果这样做,就需要你来显式指示副模块可用的函数有哪些,具体做法是使用命令行数组:`EXPORTED_FUNCTIONS`。
- 通过注释掉头文件并试图编译,可以查看一个副模块使用了哪些 C 标准库函数。Emscripten 会在命令行抛出错误以指示哪些函数未被定义。

8

第 9 章

线程：Web worker 与 pthread

本章内容
- ☐ 使用 Web worker 取得并编译 WebAssembly 模块
- ☐ 代表 Emscripten 的 JavaScript 代码实例化 WebAssembly 模块
- ☐ 创建使用 pthread 的 WebAssembly 模块

本章将介绍在浏览器中使用有关 WebAssembly 模块的各种不同线程的选项。

定义 线程是进程内的一条执行路径，一个进程可以有多个线程。pthread（也称为 POSIX 线程，POSIX thread）是 POSIX.1c 标准定义的一套独立于编程语言执行模型的 API。

默认情况下，一个网页的 UI 和 JavaScript 都在单个线程中运行。如果你的代码执行太多处理，但没有周期性地暂停让 UI 先行，那么 UI 可能会失去响应性。动画会停滞，网页上的控件会不响应用户的输入，这会让用户非常恼火。

如果网页长时间失去响应性（通常是 10 秒左右），那么浏览器甚至会询问用户是否想要停止页面，如图 9-1 所示。如果用户停止网页上的脚本，那么页面可能在用户刷新前都无法按照预期工作。

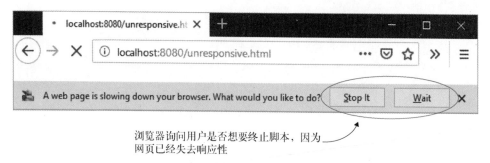

浏览器询问用户是否想要终止脚本，因为
网页已经失去响应性

图 9-1　长时间运行的进程导致 Firefox 失去响应性。浏览器询问用户
是否想要终止脚本

提示　为了保持网页尽可能快速响应，每当与既有同步函数也有异步函数的 Web API 交互时，最佳实践是使用异步函数。

能够执行一些繁重处理又不影响 UI 是非常理想的，因此浏览器厂商创造了 Web worker。

9.1 Web worker 的好处

Web worker 是做什么的？为什么需要使用它们？Web worker 使得在浏览器中创建后台线程成为可能。如图 9-2 所示，它们支持在一个独立于 UI 线程的线程中运行 JavaScript。这两个线程之间通过传递消息来完成交流。

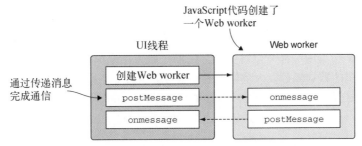

图 9-2　JavaScript 代码创建了一个 Web worker 并通过传递消息与之通信

与使用 UI 线程不同，如果需要，可以在 Web worker 中使用同步函数，因为这么做不会阻塞 UI 线程。在一个 Web worker 内，可以生成更多的 worker，而且可以访问在 UI 线程中能够访问的很多项目，比如 fetch、WebSocket 和 IndexedDB。要想知道 Web worker 可用的 API 的完整列表，可以访问 MDN 在线文档页面。

Web worker 的另一个优点是，目前大多数设备有多个核。如果能够将处理过程分配到多个线程，那么完成处理过程需要的时间会缩短。绝大多数 Web 浏览器支持 Web worker，包括移动浏览器。

WebAssembly 可以通过以下几种方式使用 Web worker。

❑ 正如 9.3 节将要介绍的，可以用 Web worker 来预取 WebAssembly 模块。Web worker 可以下载并编译模块，然后将编译后的模块传给主线程，接着主线程便可以实例化这个编译后的模块并像平常那样使用它。

❑ Emscripten 支持生成两个 WebAssembly 模块，其中一个在主线程中运行，另一个在 Web worker 中运行。这两个模块使用 Emscripten 的 Worker API 定义的 Emscripten 辅助函数来交流。本章不会介绍这种方法，但你将看到许多 Emscripten 函数的 JavaScript 版本。

信息　需要创建两个 C/C++ 文件，这样才能编译为一个在主线程中运行，另一个在 Web worker 中运行。需要用标记 -s BUILD_AS_WORKER=1 来编译 Web worker 文件。

❑ 一个后 MVP 功能正在开发中，它会创建一种专门支持 WebAssembly 模块使用 pthread 的 Web worker。撰写本书时，这种方案仍然是实验性质的，在某些浏览器中需要打开一些标记才能允许代码运行。9.4 节会介绍这种方法，到时也会深入介绍 pthread。

9.2 使用 Web worker 的考量

你将很快学习如何使用 Web worker，但在此之前，应该了解以下几点。

❑ Web worker 的启动成本和内存成本都很高，因此不应该大量使用，而且它们应该有很长的预计存活时间。

❑ 因为 Web worker 在后台线程中运行，所以不能直接访问网页 UI 特性或 DOM。

❑ 与 Web worker 的唯一交流方式是发送 postMessage 调用，以及通过 onmessage 事件处理函数来响应消息。

❑ 虽然后台线程的处理过程不会阻塞 UI 线程，但仍然需要小心不必要的处理和内存使用，因为这还是会占用一部分设备资源。比如，如果用户正在使用手机，大量网络请求可能会用尽手机的数据流量，大量处理过程也可能会耗尽电量。

❑ Web worker 目前只在浏览器中可用。如果 WebAssembly 模块还需要支持 Node.js，则需要知道这一点。Node.js 10.5 版本有一些对 **worker 线程**的试验性支持，但还未被 Emscripten 所支持。

9.3 用 Web worker 预取 WebAssembly 模块

假定你有一个网页，页面加载完成后的某个时刻需要一个 WebAssembly 模块。相较于在页面加载时下载并实例化这个模块，为了尽快加载页面，你决定延迟模块下载。为了让页面尽可能保持响应性，你还决定使用 Web worker 在后台线程中处理 WebAssembly 模块的下载和编译。

如图 9-3 所示，本节将介绍以下内容：

❑ 创建一个 Web worker；

❑ 在 Web worker 中下载并编译 WebAssembly 模块；

❑ 在主 UI 线程和 worker 之间传递接收消息；

❑ 覆盖 Emscripten 的默认行为方式，即 Emscripten 通常会处理 WebAssembly 模块的下载和实例化，并使用已经编译好的模块。

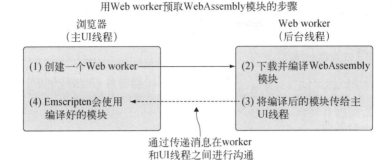

图 9-3　JavaScript 代码会创建一个 Web worker。这个 worker 会下载并编译
　　　　WebAssembly 模块，然后将编译后的模块传给主 UI 线程。接着
　　　　Emscripten 会使用编译后的模块，而不是亲自下载模块

以下是这个场景（参见图 9-4）的解决方案的步骤。

(1) 调整第 7 章中构建的 calculate_primes 逻辑，以确定需要多长时间完成计算。

(2) 用 Emscripten 从 calculate_primes 逻辑生成 WebAssembly 文件。

(3) 将生成的 WebAssembly 文件复制到服务器以供浏览器使用。

(4) 创建网页的 HTML 和 JavaScript 代码，然后创建一个 Web worker，并且让 Emscripten 的 JavaScript 代码使用从 worker 接收到的编译好的 WebAssembly 模块。

(5) 创建 Web worker 的 JavaScript 文件，后者会下载并编译 WebAssembly 模块。

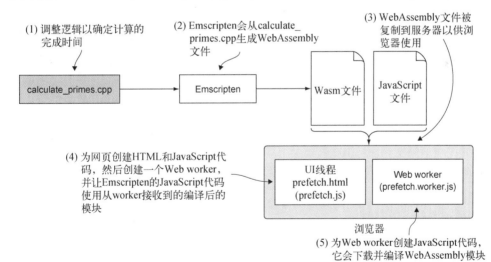

图 9-4　实现预取场景的步骤。修改 calculate_primes.cpp 来确定计算时间。指示 Emscripten
　　　　生成 WebAssembly 文件并创建 HTML 和 JavaScript 文件。JavaScript 代码会创建一个
　　　　Web worker 来下载并编译 WebAssembly 模块。最后，编译后的模块会传回网页，并
　　　　在其中被你的代码而不是 Emscripten 的 JavaScript 代码实例化

第一步是调整 calculate_primes 逻辑来确定计算的执行时间，如图 9-5 所示。

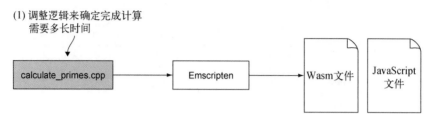

(1) 调整逻辑来确定完成计算
需要多长时间

图 9-5 修改 calculate_primes 逻辑以确定计算耗时

9.3.1 调整 calculate_primes 逻辑

我们开始吧。在目录 WebAssembly\下创建目录 Chapter 9\9.3 pre-fetch\source\。

将文件 calculate_primes.cpp 从目录 Chapter 7\7.2.2 dlopen\source\复制到新创建的目录 source\中。然后用编辑器打开文件 calculate_primes.cpp。

针对这个场景，我们将使用定义在头文件 vector 中的 vector 类来持有在指定范围内找到的素数列表。我们还会使用定义在头文件 chrono 中的 high_resolution_clock 类，以统计代码确定素数的时间。

在文件 calculate_primes.cpp 中的头文件 cstdio 之后添加头文件 vector 和 chrono 的包含语句，如以下代码片段所示：

```
#include <vector>
#include <chrono>
```

现在，去除函数 FindPrimes 上面的 EMSCRIPTEN_KEEPALIVE 声明，这个函数不会被模块之外调用了。

每次找到一个素数后不再调用 printf，而是修改函数 FindPrimes 的逻辑，从而将这个素数添加到一个 vector 对象中。这么做可以确定计算本身的运行时间，不包含在每个循环上调用 JavaScript 代码的延迟。然后修改 main 函数，以便将素数信息发送到浏览器的控制台窗口。

定义 vector 对象是一个动态的大小数组的序列容器，其存储可以自动按需增减。

对函数 FindPrimes 进行如下修改：
❑ 为函数增加一个参数来接受 std::vector<int>引用；
❑ 去除所有的 printf 调用；
❑ 在 IsPrime if 语句内，将 i 中的值添加到 vector 引用中。
在文件 calculate_primes.cpp 中，将函数 FindPrimes 修改为和以下片段中的代码一致：

```
void FindPrimes(int start, int end,
    std::vector<int>& primes_found) {        增加了一个 vector
  for (int i = start; i <= end; i += 2) {    引用参数
    if (IsPrime(i)) {
      primes_found.push_back(i);             向列表添加
    }                                        这个素数
  }
}
```

下一步是修改 main 函数以实现以下目标。

❑ 使用要在其中寻找素数的数字范围来更新浏览器的控制台窗口。

❑ 确定函数 FindPrimes 的运行时长，方法是在调用函数 FindPrimes 之前和之后分别取得时钟值并相减。

❑ 创建一个 vector 对象来持有找到的素数，并将其传给函数 FindPrimes。

❑ 更新浏览器控制台，以指明函数 FindPrimes 的运行时长。

❑ 在 vector 对象的值上循环来输出找到的素数。

文件 calculate_primes.cpp 中的 main 函数现在看起来应该如代码清单 9-1 所示。

代码清单 9-1　calculate_primes.cpp 中的 main 函数

```
...

int main() {                                        取得当前时间来标记 FindPrimes
  int start = 3, end = 1000000;                      执行的起始时间
  printf("Prime numbers between %d and %d:\n", start, end);

  std::chrono::high_resolution_clock::time_point duration_start =
      std::chrono::high_resolution_clock::now();

  std::vector<int> primes_found;
  FindPrimes(start, end, primes_found);

  std::chrono::high_resolution_clock::time_point duration_end =
      std::chrono::high_resolution_clock::now();
                                                     创建一个持有整型的
  std::chrono::duration<double, std::milli> duration =   vector 对象，并将它传
      (duration_end - duration_start);                 给函数 FindPrimes
取得当前时间来标记 FindPrimes        确定 FindPrimes 的运行
执行的起始时间                      时长，以毫秒为单位
  printf("FindPrimes took %f milliseconds to execute\n", duration.count());

  printf("The values found:\n");
  for(int n : primes_found) {
    printf("%d ", n);                               在 vector 对象的每
  }                                                  个值上循环，并向控
  printf("\n");                                      制台输出其值

  return 0;
}
```

至此文件 calculate_primes.cpp 就修改好了。第二步是让 Emscripten 生成 WebAssembly 文件（参见图 9-6）。

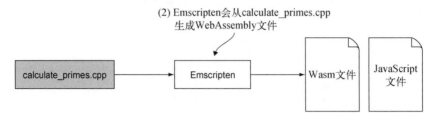

图 9-6   用 Emscripten 从 calculate_primes.cpp 生成 WebAssembly 文件

9.3.2   用 Emscripten 生成 WebAssembly 文件

因为 calculate_primes.cpp 中的 C++代码现在使用了 chrono，后者是 ISO C++ 2011 标准引入的一个特性，所以需要指定标记 `-std=c++11` 来告诉 Clang（Emscripten 的前端编译器）使用这个标准。

信息   Emscripten 使用 Clang 作为前端编译器，后者会将 C++代码编译为 LLVM IR。默认情况下，Clang 使用 C++98 标准，但可以通过标记 `-std` 使用其他标准。Clang 支持 C++98/C++03、C++11、C++14 和 C++17 标准。

另外，因为要在网页加载后初始化 Emscripten 的 `Module` 对象，所以还需要指定标记 `-s MODULARIZE=1`。这个标记会告诉 Emscripten 将生成的 JavaScript 文件的 `Module` 对象封装在函数中。封装进函数可以防止这个 `Module` 对象在创建其实例之前被初始化，这允许你来控制初始化的时机。

为了将 calculate_primes.cpp 编译为 WebAssembly 模块，需要打开命令行窗口，进入目录 Chapter 9\9.3 pre-fetch\source\，然后运行以下命令。

```
emcc calculate_primes.cpp -O1 -std=c++11 -s MODULARIZE=1
➥ -o calculate_primes.js
```

9.3.3   复制文件到正确位置

至此我们创建了 WebAssembly 文件，接下来是将这些文件复制到网站可以使用它们的位置（参见图 9-7）。然后还要为网页编写 HTML 和 JavaScript 文件来创建一个 Web worker。从 worker 那里接收到编译后的 WebAssembly 模块后，这个网页会让 Emscripten 的 JavaScript 代码使用编译后的模块，而不是自己去下载。

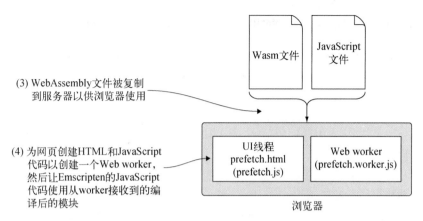

图 9-7 将 WebAssembly 文件复制到服务器以供浏览器使用。然后为网页创建 HTML
和 JavaScript 代码。JavaScript 代码会创建一个 Web worker，然后让 Emscripten
的 JavaScript 使用从 worker 接收到的编译后的模块

在目录 Chapter 9\9.3 pre-fetch\下，创建目录 frontend\，然后将以下内容复制到这个新目录。

❑ 来自 source\目录的 calculate_primes.wasm 和 calculate_primes.js 文件。

❑ 来自目录 Chapter 7\7.2.4 ManualLinking\frontend\的 main.html 文件。将该文件重命名为
prefetch.html。

9.3.4　为网页创建 HTML 文件

在目录 Chapter 9\9.3 pre-fetch\frontend\下，用编辑器打开文件 prefetch.html。在当前 script
标签之前添加一个新的 script 标签，并为这个网页的 JavaScrpt 文件将新的 script 标签的 src
属性值设置为 prefetch.js，后面很快会创建这个 JavaScrpt 文件。

还需要将另一个 script 标签的 src 值修改为 calculate_primes.js，以载入 Emscripten
生成的 JavaScript 文件。文件 prefetch.html 中的代码现在看起来应该和代码清单 9-2 一致。

代码清单 9-2　prefetch.html 中的 HTML 代码

```
<!DOCTYPE html>
<html>
  <head>
    <meta charset="utf-8"/>
  </head>
  <body>
    HTML page I created for my WebAssembly module.

    <script src="prefetch.js"></script>          ◁──┐ 为 prefetch.js 添加一个
                                                      │ 新的 script 标签
    <script src="calculate_primes.js"></script>  ◁──┐ 将 src 值修改为
                                                      │ calculate_primes.js
  </body>
</html>
```

9.3.5　为网页创建 JavaScript 文件

至此我们创建了 HTML 文件，现在需要为网页创建 JavaScript 文件。在目录 Chapter 9\9.3 pre-fetch\frontend\下，创建新建文件 prefetch.js 并用编辑器打开。

JavaScript 代码需要执行以下任务。

(1) 创建一个 Web worker 并关联 onmessage 事件监听器。

　　a. 当这个 worker 调用 onmessage 事件侦听器时，将其接收到的编译后的模块放入一个全局变量中。

　　b. 然后创建一个 Emscripten Module 对象实例，并为 Emscripten 的 zinstantiateWasm 函数指定一个回调函数。

(2) 为 Emscripten 的 instantiateWasm 函数定义回调函数。被调用时，这个函数会实例化全局变量持有的那个编译后的模块，并将实例化后的 WebAssembly 模块传给 Emscripten 代码。

信息　Emscripten 的 JavaScript 代码会调用 instantiateWasm 函数来实例化 WebAssembly 模块。默认情况下，Emscripten 的 JavaScript 代码会自动下载并实例化 WebAssembly 模块，但这个函数也允许你自己来处理此过程。

这个 JavaScript 代码首先需要以下两个全局变量：

❑ 一个变量将持有从 Web worker 接收到的编译后的模块；

❑ 另一个变量将持有 Emscripten 的 JavaScript Module 对象的一个实例。

向文件 prefetch.js 中添加以下代码片段。

```
let compiledModule = null;
let emscriptenModule = null;
```

现在需要创建一个 Web worker 并关联 onmessage 事件监听器，这样就可以从这个 worker 接收消息了。

1. 创建一个 Web worker 并关联 onmessage 事件监听器

可以通过创建一个 Worker 对象实例来创建 Web worker。Worker 对象的构造器需要一个 JavaScript 文件路径，这个文件会作为 worker 的代码。在这个例子中，此文件是 prefetch.worker.js。

一旦有了 Worker 对象的实例，就可以调用这个实例的 postMessage 方法向 worker 发送消息。还可以关联到这个实例的 onmessage 事件来接收消息。

在创建 Web worker 时，会设置一个 onmessage 事件处理函数以监听来自 worker 的消息。当这个事件被调用时，你的代码会将接收到的编译好的 WebAssembly 模块放入全局变量 compiledModule 中。

信息　onmessage 事件处理函数会接收一个 MessageEvent 对象，这个对象的 data 属性中是
　　调用方发送的数据。MessageEvent 对象派生于 Event 对象，用于表示一条从目标对象
　　接收到的消息。关于 MessageEvent 对象的更多信息，参见 MDN 在线文档页面。

然后 onmessage 事件处理函数会创建一个 Emscripten 的 JavaScript Module 对象的实例，并
为 Emscripten 的 instantiateWasm 函数指定一个回调函数。指定这个回调函数是为了覆盖通
常的 Emscripten 行为，并从位于全局变量中的编译后的模块来实例化这个 WebAssembly 模块。

将以下代码片段添加到文件 prefetch.js 中。

```
const worker = new Worker("prefetch.worker.js");
worker.onmessage = function(e) {
    compiledModule = e.data;

    emscriptenModule = new Module({
        instantiateWasm: onInstantiateWasm
    });
}
```

创建一个 Web worker
为从 worker 接收到的消息添加一个事件监听器
将编译后的模块放入全局变量中
创建 Emscripten 的 Module 对象的一个新实例
为 instantiateWasm 指定一个回调函数

现在需要实现为 Emscripten 的 instantiateWasm 函数指定的回调函数 onInstantiateWasm。

2. 为 Emscripten 的 instantiateWasm 函数定义回调函数

回调函数 instantiateWasm 接收两个参数。

❑ imports
　　■ 这个参数是需要传给 WebAssembly JavaScript API 的实例化函数的 importObject。
❑ successCallback
　　■ 实例化 WebAssembly 模块后，需要用这个函数将实例化后的模块传回 Emscripten。

instantiateWasm 函数的返回值取决于实例化 WebAssembly 模块的过程是同步的还是异
步的。

❑ 如果选择异步函数，就像这里将要做的，那么返回值需要是一个空的 JavaScript 对象（{}）。
❑ 如果你的代码在浏览器中运行，甚至可能被某些浏览器阻止，那么不建议调用同步
　　WebAssembly JavaScript API。如果使用同步函数，那么返回值需要是这个模块实例的
　　exports 对象。

在这个例子中，不能使用 WebAssembly.instantiateStreaming 函数来实例化 WebAssembly
模块，因为函数 instantiateStreaming 不接受编译后的模块。你需要重载的 WebAssembly.
instantiate 函数。

❑ 主要版本的 WebAssembly.instantiate 重载函数会以一个 ArrayBuffer 的形式接受
　　WebAssembly 二进制字节码，然后编译并实例化这个模块。promise 决议会给出一个对象，
　　其中有一个 WebAssembly.Module（编译后的模块）和一个 WebAssembly.Instance
　　对象。

❑ 另一个 WebAssembly.instantiate 重载函数是这里将要使用的版本。这个重载函数接受一个 WebAssembly.Module 对象并对其进行实例化。这种情况下，promise 决议只会给出一个 WebAssembly.Instance 对象。

在文件 prefetch.js 中的 onmessage 事件处理函数之后添加以下代码片段。

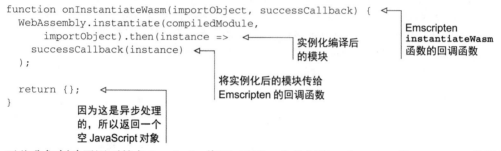

至此我们创建了网页的主 JavaScript 代码，最后一步是创建 Web worker 的 JavaScript 代码（参见图 9-8）。这个 JavaScript 代码会取得并编译 WebAssembly 模块，然后将编译后的模块发送给 UI 线程。

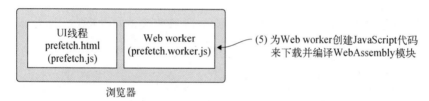

图 9-8　最后一步是为 Web worker 创建 JavaScript 文件，这个文件下载并编译 WebAssembly 模块。编译好后，这个 WebAssembly 模块会被传给 UI 线程

9.3.6　创建 Web worker 的 JavaScript 文件

在目录 Chapter 9\9.3 pre-fetch\frontend\下，创建文件 prefetch.worker.js 并用编辑器打开。

提示　JavaScript 文件的名称并不重要，但是这个命名规范（[创建 worker 的 JavaScript 名称].worker.js）会使得浏览文件系统时更容易分辨普通的 JavaScript 文件和那些用于 Web worker 的文件。这也使得确定文件之间的关系更容易，有助于调试或维护代码。

这个 Web worker 代码要做的第一件事是取得并编译 WebAssembly 模块 calculate_primes.wasm。为了编译这个模块，我们将使用函数 WebAssembly.compileStreaming。编译完成后，代码会调用 UI 线程的全局对象 self 的 postMessage 函数将这个模块传给 UI 线程。

信息　在 Web 浏览器的 UI 线程中,全局对象是 `window` 对象。在 Web worker 中,全局对象是 `self`。

向文件 prefetch.worker.js 中添加以下代码片段。

```
WebAssembly.compileStreaming(fetch("calculate_primes.wasm"))    ← 下载并编译这个
  .then(module => {                                                WebAssembly
    self.postMessage(module);    ← 将编译后的模块                   模块
});                                 传给主线程
```

现在一切创建完毕,可以查看结果了。

9.3.7　查看结果

可以打开浏览器并在地址栏中输入 http://localhost:8080/prefetch.html 来查看生成的网页。如果按 F12 键来显示浏览器的开发者工具(参见图 9-9),控制台窗口应该会显示找到的素数列表。你还可以看到这个计算消耗了多长时间。

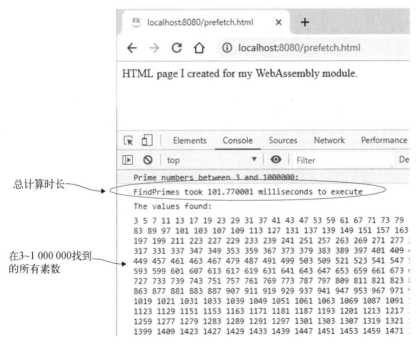

图 9-9　WebAssembly 模块找到的素数以及标记出的总计算时长

假设想要加快计算 3~1 000 000 的素数的执行速度。为了实现这一点,你认为创建多个 pthread 线程,每个线程并行处理一小块数字范围会有所帮助。

9.4   使用 pthread

WebAssembly 使用 Web worker 和 **SharedArrayBuffer** 来支持 pthread。

提醒   线程是进程内的一条执行路径，一个进程可以有多个线程。pthread（也称为 POSIX 线程）
是 POSIX.1c 标准为一个与编程语言无关的执行模型定义的一套 API。

类似于 ArrayBuffer，SharedArrayBuffer 经常用于 WebAssembly 模块的内存。区别在于，
SharedArrayBuffer 支持主模块及其每个 Web worker 共享模块内存。它还支持用于内存同步的原
子操作。

因为内存是在模块及其 Web worker 之间共享的，所以每一部分都可能对内存同一块数据进
行读写。原子内存访问操作可以确保以下内容：

- ❑ 读写值可预测；
- ❑ 当前操作完成后，下一次操作才会开始；
- ❑ 操作不会中断。

关于 WebAssembly 线程方案的更多信息，包括可用的各种原子内存指令的详细信息，参见
其 GitHub 页面。

警告   WebAssembly 支持 pthread 的线程化方案在 2018 年 1 月被暂停了，为了防止漏洞 Spectre/
Meltdown 被攻击，浏览器厂商不再支持 SharedArrayBuffer。他们正在开发防止 SharedArrayBuffer
被攻击的解决方案，但撰写本书时，只有 Chrome 浏览器桌面版本支持 pthread，或者要
在 Firefox 浏览器中打开某个标记。9.4.3 节会介绍后者如何操作。

以下是这个场景（参见图 9-10）的解决方案的步骤。

(1) 修改 9.3 节中的 calculate_primes 逻辑，以创建 4 个 pthread 线程。给每个 pthread 分配一
段数字范围来寻找素数。

(2) 用 Emscripten 生成 WebAssembly 文件，并打开 pthread 支持。这个示例会使用 Emscripten
的 HTML 模板来查看结果。

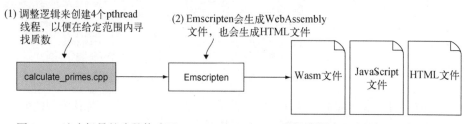

图 9-10   这个场景的步骤修改了 calculate_primes.cpp 逻辑来创建 4 个 pthread 线程，其
中每个线程会在指定范围内寻找素数。然后用 Emscripten 生成 WebAssembly
文件以及 HTML 模板

第一步是修改 calculate_primes 逻辑来创建 4 个 pthread 线程，并指示每个线程在指定的数字范围内寻找素数。

9.4.1　调整 calculate_primes 逻辑以创建并使用 4 个 pthread 线程

在目录 Chapter9\下，创建目录 9.4 pthreads\source\。将文件 calculate_ primes.cpp 从目录 9.3 pre-fetch\source\复制到新创建的目录 source\，然后用编辑器打开。

因为将使用 pthread 线程，所以需要向文件 calculate_primes.cpp 中添加头文件 pthread.h，如以下代码片段所示：

```
#include <pthread.h>
```

需要修改的第一个函数是 `FindPrimes`。

1. 修改函数 `FindPrimes`

函数 `FindPrimes` 需要一行代码来检查指定的起始值是否为奇数。如果值为偶数，就将值增加 1，这样循环就会从一个奇数开始。

在文件 calculate_primes.cpp 中，函数 `FindPrimes` 应该如以下代码片段所示：

```
void FindPrimes(int start, int end,
    std::vector<int>& primes_found) {
  if (start % 2 == 0) { start++; }   ←——————— 如果这个值为偶数，
                                              加 1 使其成为奇数
  for (int i = start; i <= end; i += 2) {
    if (IsPrime(i)) {
      primes_found.push_back(i);
    }
  }
}
```

下一步是创建一个函数作为 pthread 线程的启动例程。

2. 创建 pthread 启动例程

我们将创建一个函数用作每个 pthread 线程的启动例程。然后这个函数会调用函数 `FindPrimes`，但它需要知道起始值和结束值是什么。它还会接受一个 `vector` 对象并传递给 `FindPrimes` 来放置找到的素数。

`pthread` 的启动例程只接收一个参数，因此我们会定义一个持有所有所需值的对象来传入。在文件 calculate_primes.cpp 中的函数 `FindPrimes` 之后添加以下代码片段。

```
struct thread_args {
  int start;
  int end;
  std::vector<int> primes_found;
};
```

现在要为 pthread 线程创建启动例程。这个启动例程需要返回一个 `void*` 并接受一个 `void*`

参数以用于传入的实参。在创建 pthread 线程时，会传入一个 thread_args 对象，其中包含需要继续传递到函数 FindPrimes 的值。

在文件 calculate_primes.cpp 中的 thread_args 结构之后添加以下代码片段。

创建 pthread 线程时
会调用的启动例程

```
void* thread_func(void* arg) {
    struct thread_args* args = (struct thread_args*)arg;

    FindPrimes(args->start, args->end, args->primes_found);

    return arg;
}
```

将 arg 值强制类型转换为
一个 thread_args 指针

调用函数 FindPrimes，传入
从 args 指针中接收到的值

需要修改的最后一部分是 main 函数。

3. 修改 main 函数

现在要修改 main 函数来创建 4 个 pthread 线程，并告诉每一个线程需要在 200 000 个数字中的哪一段范围内搜索素数。为了创建一个 pthread 线程，可以调用函数 pthread_create，并传入以下参数。

❑ 一个变量 pthread_t 的引用，如果线程创建成功，那么其中会持有这个线程的 ID。
❑ 将要创建的线程的属性。这个示例会传入 NULL 来使用默认属性。
❑ 这个线程的启动例程。
❑ 向启动例程参数传递的值。

信息　可以调用函数 phread_attr_init 来创建属性对象，前者会返回一个持有默认属性的变量 pthread_attr_t。有了这个对象后，可以调用各种 pthread_attr 函数来调整这些属性。属性对象使用完毕后，需要调用函数 pthread_attr_destroy。

创建好 pthread 线程后，你要让主线程仍然调用函数 FindPrimes 来找到 3~199 999 的素数。

主线程调用完 FindPrimes 之后，在继续下一步打印出找到的值之前，需要确定所有 pthread 都已经完成了自己的计算过程。要让主线程等待每个 pthread 线程完成，可以调用函数 pthread_join，传入想要等待的线程的线程 ID 作为第一个参数。第二个参数可以用于获取完成线程的退出状态，但这个示例不需要，因此传入 NULL。在调用成功的情况下，函数 pthread_create 和 pthread_join 都会返回 0。

在文件 calculate_primes.cpp 中，修改 main 函数，以便其与代码清单 9-3 一致。

代码清单 9-3　calculate_primes.cpp 中的 main 函数

```
    ...

    int main() {
      int start = 3, end = 1000000;
      printf("Prime numbers between %d and %d:\n", start, end);
```

```
        std::chrono::high_resolution_clock::time_point duration_start =
            std::chrono::high_resolution_clock::now();

        pthread_t thread_ids[4];
        struct thread_args args[5];

        int args_index = 1;
        int args_start = 200000;

        for (int i = 0; i < 4; i++) {
            args[args_index].start = args_start;
            args[args_index].end = (args_start + 199999);

            if (pthread_create(&thread_ids[i],
                NULL,
                thread_func,
                &args[args_index])) {
            perror("Thread create failed");
            return 1;
            }

            args_index += 1;
            args_start += 200000;
        }

        FindPrimes(3, 199999, args[0].primes_found);

        for (int j = 0; j < 4; j++) {
            pthread_join(thread_ids[j], NULL);
        }

        std::chrono::high_resolution_clock::time_point duration_end =
            std::chrono::high_resolution_clock::now();

        std::chrono::duration<double, std::milli> duration =
            (duration_end - duration_start);

        printf("FindPrimes took %f milliseconds to execute\n", duration.count());

        printf("The values found:\n");
        for (int k = 0; k < 5; k++) {
            for(int n : args[k].primes_found) {
                printf("%d ", n);
            }
        }
        printf("\n");

        return 0;
    }
```

创建的每个线程的 ID
每个线程的实参，其中包括要执行处理的主线程
跳过 0，这样主线程可以将其素数放在第一个 args 索引之下
第一个后台线程从 200 000 开始计算
使用线程的默认属性
设置当前线程计算的起始和结束范围
这个线程的启动例程
创建 pthread 线程。如果成功，线程 ID 会被放入这个数组索引下
当前线程的实参
为下一次循环递增值
也使用主线程寻找素数，并将它们放入 args 的第一个索引
表明主线程要等待所有 pthread 线程完成
在 args 数组上循环
在当前 args 数组项的素数列表上循环

至此我们修改了文件 calculate_primes.cpp，如图 9-11 所示，下一步是让 Emscripten 生成 WebAssembly 文件和 HTML 文件。

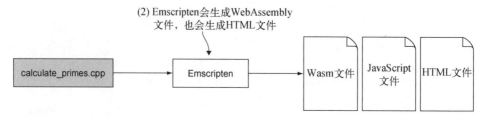

图 9-11　下一步是用 Emscripten 从 calculate_primes.cpp 生成 WebAssembly 和 HTML 文件

9.4.2　用 Emscripten 生成 WebAssembly 文件

为了在 WebAssembly 模块中支持 pthread 线程，在编译模块时，需要在命令行指定 `-s USE_PTHREADS=1` 标记。还需要用标记 `-s PTHREAD_POOL_SIZE=4` 来指示计划一次使用多少个线程。

警告　如果为标记 PTHREAD_POOL_SIZE 指定一个大于 0 的值，那么在模块进行实例化而不是调用 pthread_create 时，支持线程池所需要的所有 Web worker 都会被创建。如果要求的线程个数比实际上需要的更多，那么启动时就会为没有做任何事的线程浪费处理时间以及一些浏览器内存。另外，建议在想要支持的所有浏览器中测试 WebAssembly 模块。Firefox 已经表明，它支持最多 512 个并发 Web worker 实例，但对不同的浏览器来说，这个数字可能有所不同。

如果没有指定 PTHREAD_POOL_SIZE 标记，则等于指定值为 0（零）的标记。通过使用这种方法，可以实现在调用 pthread_create 而不是模块进行实例化时才创建 Web worker。但是，使用这种技术，线程执行并不会立即开始。线程必须先让浏览器执行。以下是使用这种功能的方法。

- ❑ 在模块中创建两个函数，一个调用 pthread_create，另一个调用 pthread_join。
- ❑ JavaScript 代码首先会调用触发 pthread_create 代码的函数。
- ❑ 然后会调用 pthread_join 函数来取得结果。

为了编译这个模块，需要打开一个命令行窗口，进入目录 Chapter 9\9.4 pthreads\source\，然后运行以下命令。

```
emcc calculate_primes.cpp -O1 -std=c++11 -s USE_PTHREADS=1
➡ -s PTHREAD_POOL_SIZE=4 -o pthreads.html
```

你可能已经注意到（参见图 9-12），这生成了一个扩展名为 .mem 的文件。这个文件需要和其他生成文件一起发布。

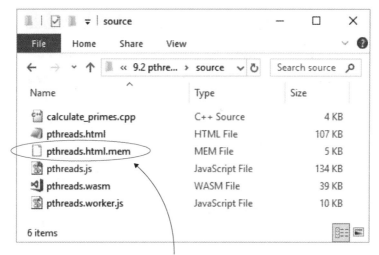

这个生成文件持有用于模块Data已知段的数据段。
这个文件的内容会在模块的实例化过程中加载到
模块的线性内存中

图 9-12 calculate_primes.cpp 源文件和 Emscripten 生成文件。在这个例子中，
Emscripten 将模块 Data 已知段的数据段置于了单独的文件中

> 信息 .mem 文件中包含这个模块的 Data 已知段中的数据段，并且会在模块进行实例化时加载到
> 模块的线性内存中。在单独的文件中放置数据段可以支持一个 WebAssembly 模块被多次
> 实例化，但只需要将这部分数据加载到内存中一次。pthread 建立的方式就是这样，每个
> 线程有自己的模块实例与之通信，但所有模块共享同一内存。

至此 WebAssembly 文件就生成好了，可以查看结果了。

9.4.3 查看结果

本书撰写时，只有 Chrome 的桌面版本提供了 WebAssembly 线程支持，在 Firefox 中则需要
打开一个标记。打开这个标记后，你才能在 FireFox 中查看生成的 pthreads.html 文件。

打开 Firefox 浏览器，并在地址栏中输入 about:config。你应该可以看到类似于图 9-13 的界面。
点击按钮"I accept the risk!"进入配置界面。

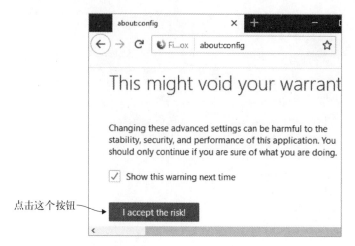

图 9-13　Firefox 的配置警告界面。点击 "I accept the risk!" 按钮进入配置界面

现在你看到的页面应该有一个带有很长条目项的列表。列表上面是搜索框。在搜索框中输入 javascript.options.shared_memory，列表应该如图 9-14 所示。可以**双击**列表项，也可以**右击**列表项从上下文菜单中选择 Toggle，从而将这个标记修改为 true。

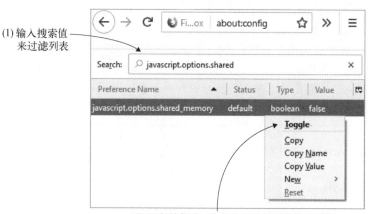

(2) 双击列表项，或者右击列表项并从上下文菜单中选择Toggle，以打开标记

图 9-14　在搜索框中输入 javascript.options.shared_memory 来过滤列表。要么双击列表项，要么右击列表项，并在上下文菜单中选择 Toggle，以便将标记修改为 true

警告　出于安全考虑，目前 Firefox 没有打开这个选项。一旦完成测试，应该将这个标记改回 false。

> **注意** 一些报告表明 Python 的 SimpleHTTPServer 没有为 Web worker 使用的 JavaScript 文件指示
> 正确的媒体类型。它应该使用 `application/javascript`，但有人看到，它使用了
> `text/plain`。如果在 Chrome 中遇到问题，可以试着在 Firefox 中查看网页。

要想查看结果，可以打开浏览器并在地址栏中输入 http://localhost:8080/pthreads.html 来查看
生成的网页。如图 9-15 所示，如果按 F12 键来显示浏览器的开发者工具，控制台窗口应该显示
计算的执行时长，以及找到的素数列表。

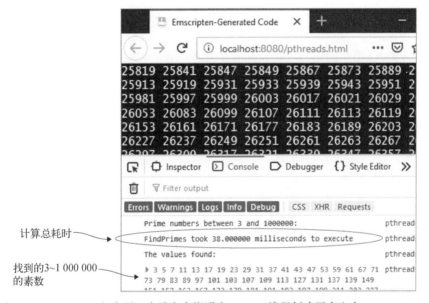

图 9-15　Emscripten 包含了一个消息来指明为 pthread 线程创建了多少个 Web worker。
找到 3~1 000 000 的所有素数的计算总耗时是 38 毫秒

在 9.3.7 节中，单线程 WebAssembly 模块找到 3~1 000 000 的素数耗时约 101 毫秒。这里使用
4 个 pthread 线程和主线程来执行计算，已将执行速度提升到了之前的 3 倍。

那么如何在现实世界中使用本章所学内容呢？

9.5　现实用例

使用 Web worker 和 pthread 线程的能力打开了几种可能性之门，其中包括从预取 WebAssembly
模块到并行处理。以下是一些可能选项。

❑ 尽管与 WebAssembly 中的 pthread 线程并不完全相同，但是 Web worker 可以在还不支持
   pthread 的浏览器中作为 polyfill 用于并行处理。

❑ Web worker 可以用来按照期望预取并编译 WebAssembly 模块。这可以提升加载速度，因
   为首次加载网页时要下载和实例化的内容变少了，从而提高了网页的响应性，因为它已

经准备好处理用户的交互。
- Pranav Jha 和 Senthil Padmanabhan 合著的文章 "WebAssembly at eBay: A Real-World Use Case" 中详细介绍了 eBay 如何使用 WebAssembly，其中结合了 Web worker 和一个 JavaScript 库来改进其条形码扫描器。

9.6　练习

练习答案参见附录 D。

(1) 如果想要使用某个 C++17 特性，编译 WebAssembly 模块时需要使用什么标记来通知 Clang 使用这个标准？

(2) 试着调整 9.4 节中的 calculate_primes 逻辑来使用 3 个线程，而不是 4 个，并观察这会如何影响计算时长。试验使用 5 个线程，并将主线程的计算放到一个 pthread 线程中，看看将所有计算从主线程中移除是否影响计算时长。

9.7　小结

本章介绍了以下内容。
- 如果浏览器的主 UI 线程执行了太多处理任务，而不周期性让行，那么 UI 可能会失去响应性。如果浏览器的主 UI 线程太长时间不响应，那么浏览器可能会询问用户是否需要终止脚本。
- 浏览器有创建名为 Web worker 的后台线程的方法，与 worker 的通信通过传递消息来执行。Web worker 不能访问 DOM 或浏览器的其他 UI 元素。
- 可以用 Web worker 预取网页未来可能需要的内容，其中包括 WebAssembly 模块。
- 通过实现回调函数 instantiateWasm，可以代表 Emscripten 的 JavaScript 代码来处理 WebAssembly 模块的获取和实例化。
- Firefox 中有一项对 WebAssembly pthread 的试验性支持，但目前需要打开一个标记才能使用。Chrome 桌面版本支持 pthread 线程，不需要标记。还需要在编译 WebAssembly 模块时使用 Emscripten 命令行标记 -s USE_PTHREADS 和 -s PTHREAD_POOL_SIZE。
- WebAssembly pthread 使用 Web worker 支持线程，在线程间使用一个 SharedArrayBuffer 作为共享内存，使用原子内存访问指令来同步与内存的交互。
- 编译 WebAssembly 模块时，如果将命令行标记 PTHREAD_POOL_SIZE 指定为 1 或更大值，那么所有用于 pthread 线程的 Web worker 都会在这个模块进行实例化时被创建。如果其值被指定为 0，那么就会按需创建 pthread 线程，但是不会立即开始运行，而是线程要先让行给浏览器。
- 可以指定命令行标记 -std 来告知 Emscripten 的前端编译器 Clang 使用哪个 C++标准，而不是默认的 C++98 标准。

第 10 章

Node.js 中的 WebAssembly
模块

本章内容
- 用 Emscripten 生成的 JavaScript 代码加载 WebAssembly 模块
- 用 WebAssembly JavaScript API 加载 WebAssembly 模块
- 操作直接调用 JavaScript 的 WebAssembly 模块
- 操作用函数指针调用 JavaScript 的 WebAssembly 模块

本章将介绍如何在 Node.js 中使用 WebAssembly 模块。与浏览器相比，Node.js 有一些特别之处，比如没有 GUI。但使用 WebAssembly 模块时，浏览器和 Node.js 中需要的 JavaScript 有很多相似之处。然而，即使有这些相似之处，还是建议你在 Node.js 中测试自己的 WebAssembly 模块，以验证它可以在要支持的各个版本中按照预期工作。

定义　Node.js 是一个构建在 V8 引擎上的 JavaScript 运行时，Chrome 浏览器所用的也是 V8 引擎。Node.js 支持将 JavaScript 用作服务器端代码。它还有大量开源包可用，这满足了大量编程需求。关于专门讲授 Node.js 的图书，推荐阅读《Node.js 实战（第 2 版）》[①]。

本章的目的是展示 WebAssembly 可以用于 Web 浏览器之外。在浏览器之外使用 WebAssembly 的需求导致了 WASI（WebAssembly Standard Interface，WebAssembly 标准接口）的创建，以确保主机实现其接口的方式一致。其思路是，WebAssembly 模块将可以在支持 WASI 的任何主机上工作，这可以包括边缘计算、非服务器以及物联网主机等。要想获取关于 WASI 的更多信息，以下论文提供了很好的讲解："Mozilla Extends WebAssembly Beyond the Browser with WASI"。

10

---

① 参见 ituring.cn/book/1993。——编者注

10.1 回顾前面所学内容

先来简单回顾一下之前所学。在第 4~6 章中，通过探索一个公司想要将现有的以 C++编写的桌面零售应用程序移植为在线解决方案的场景，我们学习了 WebAssembly 带来的代码复用优势。与不得不维护同一代码的两个或更多版本相比，复用代码可以在多种环境下降低无意引入 bug 的概率。代码复用还实现了一致性，即逻辑的行为方式在所有系统上完全相同。另外，因为逻辑只有一套源码，所以参与维护的开发者会更少，这让他们有更多时间工作于系统的其他方面，进而提高生产率。

如图 10-1 所示，你已经学习了如何调整 C++代码，以使其能够被 Emscripten 编译器编译为 WebAssembly 模块。这就可以将同一套代码用于桌面应用程序和 Web 浏览器。然后你学习了如何在 Web 浏览器中与 WebAssembly 模块交互，但关于服务器端代码的讨论留到了现在。

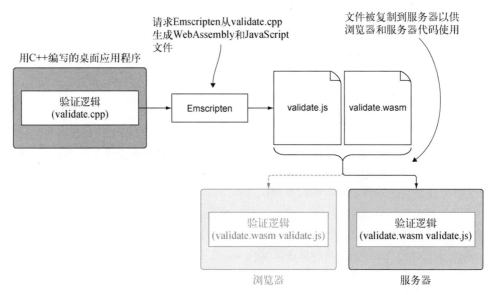

图 10-1 调整已有 C++逻辑来生成 WebAssembly 模块供浏览器和服务器端代码使用的步骤。本章将介绍服务器方面的内容

本章将介绍如何在 Node.js 中加载 WebAssembly 模块。你还将学习这个模块如何直接或使用函数指针来调入 JavaScript。

10.2 服务器端验证

假定这个公司已经为其零售应用程序的 Edit Product 页面创建好了在线版本，现在想要将验证后的数据传到服务器。因为绕过客户端（浏览器）验证并不难，所以服务器端在使用从网站接收到的数据前进行验证至关重要，如图 10-2 所示。

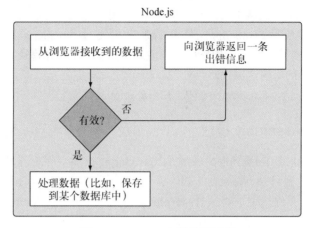

图 10-2　Node.js 中的验证流程

网页的服务器端逻辑会使用 Node.js，而且因为 Node.js 支持 WebAssembly，所以不需要重新创建验证逻辑。本章将使用之前章节中为浏览器创建的那些 WebAssembly 模块。这允许公司将相同的 C++代码放在 3 个位置：桌面应用程序、Web 浏览器以及 Node.js。

10.3　使用 Emscripten 创建模块

与在浏览器中工作类似，Node.js 中仍然用 Emscripten 生成 WebAssembly 和 Emscripten JavaScript 文件，但不会创建 HTML 文件。如图 10-3 中的步骤(4)所示，你要自己创建一个 JavaScript 文件来加载 Emscripten 生成的 JavaScript 文件，然后后者会处理模块的加载和实例化。

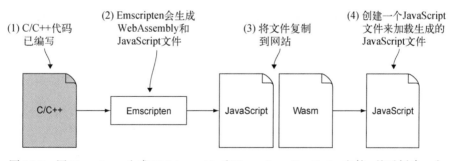

图 10-3　用 Emscripten 生成 WebAssembly 和 Emscripten JavaScript 文件。然后创建一个
　　　　　JavaScript 文件来加载 Emscripten 生成的 JavaScript 文件，后者会处理模块加
　　　　　载和实例化

与浏览器中的情况相比，在 Node.js 中让 Emscripten 生成的 JavaScript 文件将自己连接进来的方式有所不同。

❑ 在浏览器中，通过在 HTML 文件中包含一个作为 `script` 标签的指向这个 JavaScript 文件的引用，可以将 Emscripten JavaScript 代码连接进来。

❑ 在 Node.js 中，为了加载 JavaScript 文件，可以用 `require` 函数传入要加载的文件路径。

使用 Emscripten 生成的 JavaScript 文件很方便，因为这个 JavaScript 代码会检查它是在浏览器中还是在 Node.js 中被使用。它会根据所处环境正确加载并实例化模块。你所需要做的只是让这个文件被加载，其余的事情这段代码会处理。

下面来看一下如何包含 Emscripten 生成的 JavaScript 文件。

10.3.1 加载 WebAssembly 模块

本节将介绍如何加载 Emscripten 生成的 JavaScript 文件，然后它就可以下载并实例化 WebAssembly 模块了。在目录 WebAssembly\下，创建目录 Chapter 10\10.3.1 JsPlumbingPrimes\backend\以供本节所用文件使用。将文件 js_plumbing.wasm 和 js_plumbing.js 从 Chapter 3\3.4 js_plumbing\复制到新创建的目录 backend\中。

在目录 backend\下，新建文件 js_plumbing_nodejs.js，并用编辑器打开。在文件 js_plumbing_nodejs.js 中，添加一个对 Node.js 的 `require` 函数的调用，传入 Emscripten 生成的 JavaScript 文件 js_plumbing.js 的路径。当被 Node.js 加载时，Emscripten JavaScript 代码会检测到它正用于 Node.js 中，并自动加载和实例化 WebAssembly 模块 js_plumbing.wasm。

在文件 js_plumbing_nodejs.js 中添加以下代码片段。

```
require('./js_plumbing.js');    ◁────── 让 Emscripten plumbing 代码将自己连接进来
```

查看结果

要想指示 Node.js 运行 JavaScript，需要用控制台窗口来运行 `node` 命令，之后是想要执行的 JavaScript 文件。要想运行刚刚创建的 js_plumbing_nodejs.js 文件，需要打开命令行窗口，进入目录 Chapter 10\10.3.1 JsPlumbingPrimes\backend\，然后运行以下命令。

```
node js_plumbing_nodejs.js
```

如图 10-4 所示，可以看到模块被加载并运行，因为控制台窗口显示了来自模块的输出："Prime numbers between 3 and 100000"，之后是在此范围内找到的素数。

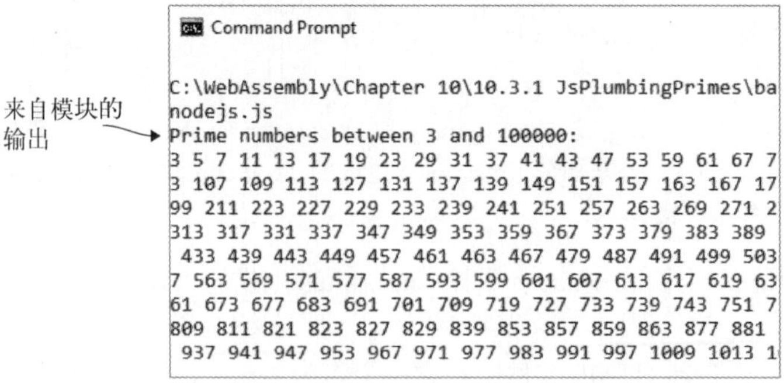

来自模块的
输出

图 10-4   Node.js 中来自 WebAssembly 模块的控制台输出

现在你应该了解了如何在 Node.js 中加载 Emscripten 生成的 JavaScript 文件，接下来看看使用 Node.js 时如何调用 WebAssembly 模块中的函数。

10.3.2　调用 WebAssembly 模块内函数

第 4 章中执行了一系列步骤（参见图 10-5）将桌面版零售系统扩展到了 Web。一旦网页验证了用户输入的数据有效，数据就会被发送到服务器端代码，这样它就可以保存到数据库中或以某种方式被处理。由于有多种方法可以绕过浏览器验证，因此此在对接收到的数据进行任何处理前，服务器端代码还需要确保数据有效。在这个例子中，服务器是 Node.js，并且你将使用浏览器中那个 WebAssembly 模块来验证接收到的数据。

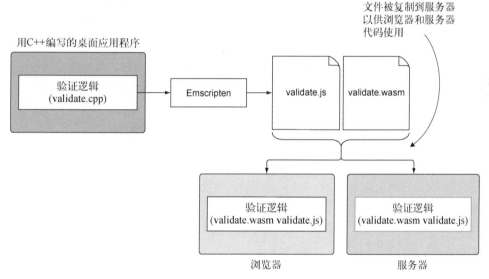

图 10-5　复用 C++代码过程的最后一步是服务器部分，本例中就是 Node.js。将生成的 WebAssembly 文件复制到 Node.js 文件所在的位置，然后构建 JavaScript 代码与模块交互

现在，通过实现其服务器端，完成把桌面零售系统扩展到 Web 的最后步骤。将生成的 WebAssembly 文件复制到 Node.js 文件所在的位置，然后创建一个 JavaScript 文件与这个模块交互。

1. 为 Node.js 实现服务器代码

在目录 WebAssembly\下，创建目录 Chapter 10\10.3.2 JsPlumbing\backend\来放置本节将使用的文件，然后完成以下步骤。

❑ 将文件 validate.js、validate.wasm 和 editproduct.js 从目录 Chapter 4\4.1 js_plumbing\frontend\复制到新创建的目录 backend\中。

❑ 将文件 editproduct.js 重命名为 nodejs_validate.js，然后用编辑器打开。

这里不从网页接收数据，而是使用 InitialData 对象来模拟已经接收到了数据，但会将这个对象重命名为 clientData。在文件 nodejs_validate.js 中，将 InitialData 对象重命名为 clientData，如下所示：

```
const clientData = {                          ◄──────┐
  name: "Women's Mid Rise Skinny Jeans",      用于模拟从浏览器接收
  categoryId: "100",                          到数据的对象
};
```

从整体上说，Node.js 需要的 JavaScript 代码类似于浏览器中所使用的。Node.js 代码的主要不同点是没有 UI，因此不需要与之交互的输入控件，进而也不再需要一些辅助函数。从文件 nodejs_validate.js 中删除以下函数：

❑ initializePage

❑ getSelectedCategoryId

因为没有 UI，所以也就没有元素来显示从模块接收到的出错信息，而是向控制台输出出错信息。调整函数 setErrorMessage 来调用 console.log，如以下代码片段所示：

```
function setErrorMessage(error) { console.log(error); }    ◄────┐
                                       Node.js 没有 UI，因此需要
                                       将出错信息输出到控制台
```

在 Node.js 中使用 Emscripten 生成的 JavaScript 文件与在浏览器中使用的区别是，在浏览器中，JavaScript 代码可以访问全局 Module 对象，许多辅助函数也在全局作用域中。_malloc、_free 和 UTF8ToString 这样的函数是位于全局作用域中的，可以被直接调用，无须像 Module._malloc 这样使用前缀 Module。但在 Node.js 中，从 require 调用返回的对象是 Module 对象，所有的 Emscripten 辅助方法只能通过这个对象访问。

提示　可以任意命名从 require 函数返回的对象。由于这里使用与浏览器中相同的代码，因此使用名称 Module 更方便，这样便无须对 JavaScript 代码进行很多修改。举例来说，如果选择使用不同的名称，则需要在执行 Module.ccall 的位置用自己的对象名称替换 Module。

在文件 nodejs_validate.js 中的函数 setErrorMessage 之后，添加一个对 Node.js 函数 require 的调用，以加载 Emscripten 生成的 JavaScript 文件（validate.js）。将 require 函数接收到的对象命名为 Module。现在代码看起来应该如下所示：

```
const Module = require('./validate.js');    ◄────┐
                                    加载 Emscripten 生成的 JavaScript
                                    并将返回对象命名为 Module
```

WebAssembly 模块的实例化是异步进行的，浏览器和 Node.js 中都是如此。为了在 Emscripten 的 JavaScript 代码准备好交互时得到通知，需要定义一个 onRuntimeInitialized 函数。

在文件 nodejs_validate.js 中，将函数 onClickSave 转换为一个在 Module 对象的属性 onRuntimeInitialized 上的函数。另外，将函数中的代码修改为不再试图从控件中取得 name 和 categoryId，而是使用 clientData 对象。现在文件 nodejs_validate.js 中的函数 onClickSave 看起来应该如代码清单 10-1 所示。

代码清单 10-1 onClickSave 现在调整为 onRuntimeInitialized

```
...
                                             现在将 onClickSave 调整为
                                             onRuntimeInitialized
Module['onRuntimeInitialized'] = function() {  ←
  let errorMessage = "";
  const errorMessagePointer = Module._malloc(256);

  if (!validateName(clientData.name, errorMessagePointer) ||
      !validateCategory(clientData.categoryId,               ←
          errorMessagePointer)) {                                     验证 clientData
    errorMessage = Module.UTF8ToString(errorMessagePointer);          对象中的 name
  }
                                   验证 clientData 对象
  Module._free(errorMessagePointer);   中的 categoryId

  setErrorMessage(errorMessage);
  if (errorMessage === "") {
  }              ←  没有问题，可以
}                   保存数据
...
```

不需要对文件 nodejs_validate.js 进行其他修改。

2. 查看结果

如果现在运行这段代码，不会报告验证问题，因为 clientData 对象中的所有数据都是有效的。要想测试验证逻辑，可以修改 clientData 对象中的数据，清空 name 属性的值（name: ""），保存文件并运行代码。

要想在 Node.js 中运行 JavaScript 文件，需要打开一个命令行窗口，进入目录 Chapter 10\10.3.2 JsPlumbing\backend\，然后运行以下命令。

```
node nodejs_validate.js
```

你应该可以看到如图 10-6 所示的验证消息。

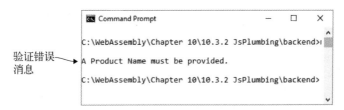

图 10-6 Node.js 中的产品名称验证错误

至此我们已经了解了如何在 Node.js 中加载 Emscripten 生成的 JavaScript 文件并调用 WebAssembly 模块中的函数，接下来将探究在 Node.js 中运行时，模块如何调入 JavaScript 文件。

10.3.3　调入 JavaScript 代码

如前一节所述，函数可以调用模块并等待响应。虽然这种方法是有效的，但在一些情况下，模块可能会想要在完成某些工作（比如，获取更多信息或者提供更新）后直接调用 JavaScript。

本节将使用的 WebAssembly 模块包含 Emscripten 生成的 JavaScript 文件中的一个函数。如果出现错误，模块会调用这个函数，以传入一个指向出错信息的指针。这个函数会从模块内存中读取出错信息，然后将这个字符串传给主 JavaScript 中的函数 setErrorMessage。

1. 为 Node.js 实现服务器代码

在目录 WebAssembly\下，创建目录 Chapter 10\10.3.3 EmJsLibrary\backend\来放置本节将使用的文件，然后完成以下步骤。

❑ 将文件 validate.js、validate.wasm 和 editproduct.js 从目录 Chapter 5\5.1.1 EmJsLibrary\frontend\复制到新创建的目录 backend\中。

❑ 将文件 editproduct.js 重命名为 nodejs_validate.js，然后用编辑器打开。

在文件 nodejs_validate.js 中，将 InitialData 对象重命名为 clientData，如以下代码片段所示：

```
const clientData = {        ◄────────────────
  name: "Women's Mid Rise Skinny Jeans",      从 InitialData
  categoryId: "100",                          重命名而来
};
```

从文件 nodejs_validate.js 中删除以下函数：

❑ initializePage

❑ getSelectedCategoryId

但事实证明，使用 Node.js 时，在 Emscripten 生成的 JavaScript 文件中包含你自己的 JavaScript 代码效果并不理想。这是因为用于加载 JavaScript 文件的 require 函数将这个文件中的代码放入了自己的作用域中，这意味着 Emscripten 生成的 JavaScript 文件不能访问上层（加载它的代码）作用域中的任何函数。require 函数加载的 JavaScript 代码被期望是自足的，不会调入上层作用域。

如果模块需要调入上层作用域，更好的方法是使用一个上层传入的函数指针，本章后面会介绍这种方法。但在这个例子中，为了绕过 validate.js 生成的代码无法访问需要调用的 setErrorMessage 函数这个问题，需要在 global 对象上创建函数 setErrorMessage，而不是将其看作普通函数。

更多信息　在浏览器中，顶层作用域是全局作用域（window 对象）。但在 Node.js 中，顶层作用域不是全局作用域，而是模块本身。默认情况下，Node.js 中所有变量和对象都是模块本地的。在 Node.js 中，对象 global 代表全局作用域。

为了让 Emscripten 生成的 JavaScript 可以使用函数 setErrorMessage，需要调整这个函数，使其成为 global 对象的一部分，如以下代码片段所示。为了向控制台输出出错消息，将函数内容替换为对 console.log 的调用。

```
global.setErrorMessage = function(error) {      ◀───────   在 global 对象上
  console.log(error);          ◀─── 向控制台输出              创建这个函数
}                                   出错消息
```

在函数 setErrorMessage 之后，添加一个对 Node.js 函数 require 的调用，以加载 Emscripten 生成的 JavaScript 文件（validate.js），如下所示：

```
const Module = require('./validate.js');   ◀─── 加载 Emscripten 生成的 JavaScript，
                                                并将返回对象命名为 Module
```

在文件 nodejs_validate.js 中，将函数 onClickSave 转换为一个 Module 对象的属性 onRuntime-Initialized 上的函数。然后修改函数中的代码为不再调用函数 setErrorMessage，也不再试图从控件中取得 name 和 categoryId。最后，用 clientData 对象向验证函数传递 name 和 categoryId。

修改后的函数 onRuntimeInitialized 看起来应该如以下代码片段所示：

```
                                                    现在将 onClickSave 调整为
                                                    onRuntimeInitialized
Module['onRuntimeInitialized'] = function() {   ◀───
  if (validateName(clientData.name) &&      ◀───
      validateCategory(clientData.categoryId)){   ◀───      验证 clientData
                                                            对象中的 name
  }       ◀───
}              没有问题，可以              验证 clientData 对象
               保存数据                  中的 categoryId
```

不需要对文件 nodejs_validate.js 进行其他修改。

2. 查看结果

要想测试验证逻辑，通过将属性 name 或 categoryId 中的值修改为无效值，可以调整 clientData 对象中的数据。比如，可以将 categoryId 修改为持有一个不在数组 VALID_CATEGORY_IDS（categoryId: "1001"）中的值，并保存文件。

要想在 Node.js 中运行 JavaScript 文件，需要打开一个命令行窗口，进入目录 Chapter 10\10.3.3 EmJsLibrary\backend\，然后运行以下命令。

```
node nodejs_validate.js
```

你应该可以看到如图 10-7 所示的验证消息。

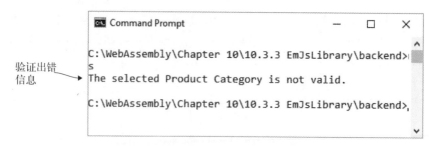

图 10-7　Node.js 中的产品类别验证错误

　　如果计划使用 Node.js, 那么由于 `require` 函数作用域的问题, 使用 Emscripten JavaScript 库调入应用程序主 JavaScript 代码并不是理想方法。如果向将用于 Node.js 中的 Emscripten 生成的 JavaScript 文件中添加自定义 JavaScript 代码, 最好的方法是让代码自足, 不调入上层代码。

　　如果一个 WebAssembly 模块需要调入应用程序的主 JavaScript 代码,并且还想要支持 Node.js, 推荐方法是使用函数指针, 接下来就介绍这种方法。

10.3.4　调用 JavaScript 函数指针

　　能够直接调入 JavaScript 代码是很有用的, 但是 JavaScript 代码需要在模块的实例化过程中提供这个函数。一旦一个函数被传给模块, 那么就不能替换它了。多数情况下, 这没有什么问题, 但在一些情况下, 能够根据需要将函数传给模块来调用也是很有用的。

1. 为 Node.js 实现服务器代码

　　在目录 WebAssembly\下, 创建目录 Chapter 10\10.3.4 EmFunctionPointers\backend\来放置本节将使用的文件, 然后执行以下步骤。

❑ 将文件 validate.js、validate.wasm 和 editproduct.js 从目录 Chapter 6\6.1.2 EmFunctionPointers\frontend\复制到新创建的目录 backend\中。

❑ 将文件 editproduct.js 重命名为 nodejs_validate.js, 然后用编辑器打开。

　　在文件 nodejs_validate.js 中, 将对象 `InitialData` 重命名为 `clientData`, 如以下代码片段所示:

```
const clientData = {              ◄────  用于模拟从浏览器中
  name: "Women's Mid Rise Skinny Jeans",       接收数据的对象
  categoryId: "100",
};
```

从文件 nodejs_validate.js 中删除以下函数:

❑ `initializePage`

❑ `getSelectedCategoryId`

修改函数 `setErrorMessage` 来调用 `console.log`, 如以下代码片段所示:

```
function setErrorMessage(error) { console.log(error); }
```

Node.js 没有 UI, 因此此将
出错信息输出到控制台

在函数 setErrorMessage 之后, 添加一个对 Node.js 函数 require 的调用来加载 validate.js
文件, 如以下代码片段所示:

```
const Module = require('./validate.js');
```

加载 Emscripten 生成的 JavaScript
并将返回对象命名为 Module

在文件 nodejs_validate.js 中, 将函数 onClickSave 转换为一个在 Module 对象的属性
onRuntimeInitialized 上的函数。修改函数中的代码为不再调用函数 setErrorMessage,
也不再试图从控件中取得 name 和 categoryId。然后用 clientData 对象向验证函数传递 name
和 categoryId。

修改后的函数 onClickSave 现在看起来应该如代码清单 10-2 所示。

代码清单 10-2 现在 onClickSave 调整为 onRuntimeInitialized

```
...

Module['onRuntimeInitialized'] = function() {
    Promise.all([
        validateName(clientData.name),
        validateCategory(clientData.categoryId)
    ])
    .then(() => {

    })
    .catch((error) => {
      setErrorMessage(error);
    });
}
```

现在将 onClickSave 调整为
onRuntimeInitialized

验证对象 clientData
中的 name

验证对象 clientData
中的 categoryId

没有问题, 可以
保存数据

不需要对文件 nodejs_validate.js 进行其他修改。

2. 查看结果

要想测试验证逻辑, 可以调整对象 clientData 中的数据, 将 name 属性修改为一个超过值
MAXIMUM_NAME_LENGTH 的具有 50 个字符的值 (name: "This is a very long product name
to test the validation logic."), 并保存文件。

要想在 Node.js 中运行 JavaScript 文件, 需要打开命令行窗口, 进入目录 Chapter 10\10.3.4
EmFunctionPointers\backend\, 并运行以下命令。

```
node nodejs_validate.js
```

你应该可以看到如图 10-8 所示的验证消息。

10

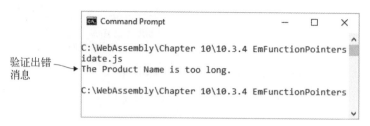

图 10-8 Node.js 中有关产品名称长度的验证消息

目前为止，本章已经介绍了如何在 Node.js 中使用创建时带有 Emscripten 生成的 JavaScript 代码的 WebAssembly 模块。在本章接下来的内容中，你将学习如何在 Node.js 中使用创建时没有生成 Emscripten JavaScript 文件的 WebAssembly 模块。

10.4 使用 WebAssembly JavaScript API

使用 Emscripten 编译器时，产品代码通常包含生成的 Emscripten JavaScript 文件。这个文件会处理 WebAssembly 模块下载以及与 WebAssembly JavaScript API 的交互。它还包含了几个辅助函数来简化与模块的交互。

不生成 JavaScript 文件有助于学习，因为这为你提供了机会来下载 .wasm 文件，并直接使用 WebAssembly JavaScript API 工作。你需要创建一个 JavaScript 对象来持有模块期望导入的值和函数，然后使用 API 来编译并实例化模块。一旦模块完成实例化，就可以访问模块的导出，这样便可以与模块交互。

随着 WebAssembly 应用量的上升，可能有很多第三方模块被创建来扩展浏览器功能。如果需要使用非 Emscripten 编译器创建的第三方模块，了解如何使用不用 Emscripten JavaScript 代码的模块工作也很有用。

在第 3~6 章中，我们使用了 SIDE_MODULE 标记让 Emscripten 只生成 .wasm 文件。这创建了一个不包含任何 C 标准库函数也不生成 Emscripten JavaScript 文件的模块。由于没有生成 JavaScript 文件，因此现在你要用 WebAssembly JavaScript API 来创建加载并实例化模块所需要的 JavaScript 代码，如图 10-9 中的步骤 4 所示。

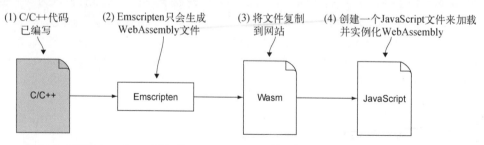

图 10-9 使用 Emscripten 只生成 WebAssembly 文件。然后用 WebAssembly JavaScript API 创建 JavaScript 代码来加载并实例化模块

10.4.1　加载并实例化 WebAssembly 模块

为了在 Node.js 中加载并运行第 3 章中的 side_module.wasm 文件，需要使用 WebAssembly JavaScript API 来加载并实例化这个模块。

1. 为 Node.js 实现服务器代码

需要做的第一件事是为本节将使用的文件创建目录。在目录 WebAssembly\下，创建目录 Chapter 10\10.4.1 SideModuleIncrement\backend\，然后执行以下步骤。

❏ 将文件 side_module.wasm 从目录 Chapter 3\3.5.1 side_module\复制到新创建的目录 backend\下。

❏ 在目录 backend\下创建文件 side_module_nodejs.js，然后用编辑器打开。

Node.js 已经在服务器上运行了，因此不需要获取这个.wasm 文件，因为它与 JavaScript 文件已经位于硬盘上的同一个目录下。我们将使用 Node.js 中的 File System 模块来读入 WebAssembly 文件的字节。有了这些字节后，调用 WebAssembly.instantiate 和使用模块工作的过程就和浏览器中一样了。

通过使用 require 函数并传入字符串'fs'，可以包含 File System 模块。函数 require 会返回一个对象，这个对象提供了对各种 File System 函数（如 readFile 和 writeFile）的访问。本章只会使用函数 readFile。

我们将用 File System 的 readFile 函数来异步读入文件 side_module.wasm 的内容。函数 readFile 接受 3 个参数。第一个参数是要读取的文件的路径。第二个参数是可选的，用于指定像文件编码这样的选项。本章不需要使用第二个参数。第三个参数是一个回调函数，如果读取文件内容的过程中出现问题，它会接受一个出错对象；如果读取成功，则接受文件的字节。

在文件 side_module_nodejs.js 中添加以下代码片段来加载 File System 对象（'fs'），然后调用函数 readFile。如果向回调函数传入一个错误，那么就抛出这个错误。否则，将接收到的字节传给接下来将要创建的函数 instantiateWebAssembly。

```
const fs = require('fs');          ← 加载 File System 对象
fs.readFile('side_module.wasm', function(error, bytes) {   ← 异步读入文件
  if (error) { throw error; }      ← 如果读取文件过程中出错，则重新抛出这个错误

  instantiateWebAssembly(bytes);   ← 将文件的字节传给函数 instantiateWebAssembly
});
```

创建一个函数 instantiateWebAssembly，它接受一个名为 bytes 的参数。在函数内创建一个名为 importObject 的 JavaScript 对象，其中有一个 env 对象，这个对象持有值为 0 的属性__memory_base。然后需要调用函数 WebAssembly.instantiate，传入收到的字节以及 importObject。最后，在 then 方法内，调用从这个 WebAssembly 模块导出的函数_Increment，传入值 2。将结果输出到控制台。

文件 side_module_nodejs.js 中的函数 instantiateWebAssembly 看起来应该如代码清单 10-3 所示。

代码清单 10-3   函数 instantiateWebAssembly

```
function instantiateWebAssembly(bytes) {
  const importObject = {
    env: {
      __memory_base: 0,
    }
  };

  WebAssembly.instantiate(bytes, importObject).then(result => {
    const value = result.instance.exports._Increment(2);
    console.log(value.toString());    ←————| 将结果写入
  });                                       | 控制台窗口
}
```

2. 查看结果

要想在 Node.js 中运行 JavaScript 文件，需要打开一个命令行窗口，进入目录 Chapter 10\10.4.1 SideModuleIncrement\backend\，并运行以下命令。

```
node side_module_nodejs.js
```

你应该可以看到_Increment 函数调用的结果，如图 10-10 所示。

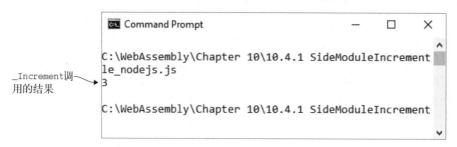

图 10-10   Node.js 中调用模块函数_Increment 的控制台输出

10.4.2   调用 WebAssembly 模块内函数

如图 10-11 所示，过程的最后一步是将 WebAssembly 文件 validate.wasm（4.2.2 节中生成的）复制到一个将要放置 Node.js 文件的目录中。然后创建一个 JavaScript 文件，以便在与从浏览器接收到的数据交互和与模块交互之间搭起桥梁。

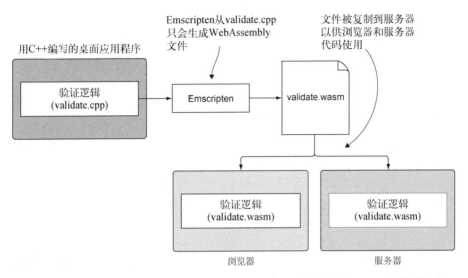

图 10-11　过程的最后一步是将生成的 WebAssembly 文件复制到 Node.js 文件所在的
位置，并创建与模块交互的 JavaScript 代码

1. 为 Node.js 实现服务器代码

在目录 WebAssembly\ 下，创建目录 Chapter 10\10.4.2 SideModule\backend\，然后执行以下步骤。

❑ 将文件 editproduct.js 和 validate.wasm 从目录 Chapter 4\4.2 side_module\frontend\ 复制到新创建的目录 backend\ 下。

❑ 将文件 editproduct.js 重命名为 nodejs_validate.js，并用编辑器打开。

文件 nodejs_validate.js 中的 JavaScript 代码是用来在 Web 浏览器中工作的，因此需要进行几处修改，以使其可以在 Node.js 中工作。

JavaScript 代码会使用 JavaScript `TextEncoder` 对象将字符串复制到模块内存。在 Node.js 中，`TextEncoder` 对象是 `util` 包的一部分。在 JavaScript 文件中，你要做的第一件事就是在文件开头为 `util` 包添加一个 `require` 函数，如以下代码片段所示：

```
const util = require('util');   ◀——  加载 util 包以访问
                                      TextEncoder 对象
```

接下来，将 `initialData` 对象重命名为 `clientData`。

```
const clientData = {        ◀————————  从 initialData 重命名而来
  name: "Women's Mid Rise Skinny Jeans",
  categoryId: "100",
};
```

在文件 nodejs_validate.js 中的函数 `initializePage` 之前，添加以下代码片段来读入来自文件 validate.wasm 的字节并传给函数 `instantiateWebAssembly`。

10

```
const fs = require('fs');
fs.readFile('validate.wasm', function(error, bytes) {          ◁─── 读入文件 validate.wasm
  if (error) { throw error; }                                       的字节

  instantiateWebAssembly(bytes);          ◁─── 将这些字节传给
});                                             这个函数
```

接下来对函数 `initializePage` 执行以下修改。

❑ 将函数重命名为 `instantiateWebAssembly`，并给它一个名为 `bytes` 的参数。

❑ 删除设定 `name` 的这行代码以及之后设定 `category` 的代码行，这样函数 `instantiate-WebAssembly` 中首先就是 `moduleMemory` 这一行代码了。

❑ 将 `WebAssembly.instantiateStreaming` 替换为 `WebAssembly.instantiate`，将 `fetch("validate.wasm")` 替换为 `bytes`。

❑ 最后，在 `WebAssembly.instantiate` 调用的 `then` 方法内部以及之后的 `moduleExports` 这一行代码中，添加对函数 `validateData` 的调用，我们很快就会创建这个函数。

文件 nodejs_validate.js 中修改后的函数 `initializePage` 现在看起来应该如代码清单 10-4 所示。

代码清单 10-4   `initializePage` 重命名为 `instantiateWebAssembly`

```
...
function instantiateWebAssembly(bytes) {          ◁─── 从 initializePage
  moduleMemory = new WebAssembly.Memory({initial: 256});          重命名而来，并添加
                                                                  了参数 bytes
  const importObject = {
    env: {
      __memory_base: 0,
      memory: moduleMemory,
    }                             使用 instantiate 而不是 instantiateStreaming，
  };                              并传入 bytes 而不是 fetch 调用

  WebAssembly.instantiate(bytes, importObject).then(result => {   ◁───
    moduleExports = result.instance.exports;
    validateData();          ◁─── 模块完成实例化后就
  });                              调用 validateData
}
...
```

在文件 nodejs_validate.js 中，删除函数 `getSelectedCategoryId`。然后将函数 `setError-Message` 的内容替换为一个参数为 `error` 的 `console.log` 调用，如以下代码片段所示：

```
function setErrorMessage(error) { console.log(error); }          ◁─── 将所有出错消息
                                                                      输出到控制台
```

需要对文件 nodejs_validate.js 进行的下一个修改是将函数 `onClickSave` 重命名为 `validateData`，这样一来，它会在模块完成实例化后被调用。在函数 `validateData` 内，删除 `if` 语句上面取得

name 和 categoryId 的两行代码。在 if 语句内，在变量 name 和 categoryId 之前添上前缀 clientData 对象。

文件 nodejs_valdiate.js 中的函数 validateData 现在看起来应该类似于代码清单 10-5。

代码清单 10-5　onClickSave 重命名为 validateData

```
...

function validateData() {      ←————— 从 onClickSave 重命名而来
  let errorMessage = "";
  const errorMessagePointer = moduleExports._create_buffer(256);

  if (!validateName(clientData.name, errorMessagePointer) ||
      !validateCategory(clientData.categoryId,  ←——
      errorMessagePointer)) {
    errorMessage = getStringFromMemory(errorMessagePointer);
  }
```

clientData 对象的 name 值
被传给 validateName

clientData 对象的
categoryId 被传给
validateCategory

```
  moduleExports._free_buffer(errorMessagePointer);

  setErrorMessage(errorMessage);
  if (errorMessage === "") {
           ←—— 验证没有问题，可以保
  }            存数据
}
...
```

需要修改的最后一部分是函数 copyStringToMemory。在浏览器中，TextEncoder 对象是全局的；但在 Node.js 中，这个对象位于 util 包中。在 nodejs_validate.js 文件中，需要在 TextEncoder 对象前加上之前加载的 util 对象作为前缀，如以下代码片段所示：

```
function copyStringToMemory(value, memoryOffset) {
  const bytes = new Uint8Array(moduleMemory.buffer);
  bytes.set(new util.TextEncoder().encode((value + "\0")),  ←——
      memoryOffset);
}
```

在 Node.js 中，**TextEncoder**
对象是 util 包的一部分

无须对文件 nodejs_validate.js 中的 JavaScript 代码进行其他修改。

2. 查看结果

为了测试这个逻辑，通过将 categoryId 属性的值修改为不在数组 VALID_CATEGORY_IDS（categoryId: "1001"）中的值，可以调整数据。要想在 Node.js 中运行 JavaScript 文件，需要打开一个命令行窗口，进入目录 Chapter 10\10.4.2 SideModule\backend\，并运行以下命令。

```
node nodejs_validate.js
```

你应该可以看到如图 10-12 所示的验证消息。

10

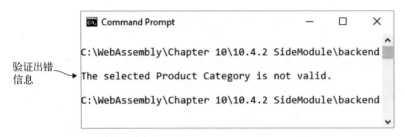

图 10-12   Node.js 中的产品类别验证错误

本节介绍了如何修改 JavaScript 代码来加载并实例化你的代码调入的 WebAssembly 模块。下一节将介绍如何使用 JavaScript 代码调入的模块。

10.4.3   WebAssembly 模块调入 JavaScript 代码

举例来说，如果模块需要执行长时间运行的操作，那么模块直接调入 JavaScript 就会很有用。不用 JavaScript 代码执行函数调用并等待结果，而是让一个模块自己周期性地调入 JavaScript 来获取更多信息或提供更新。

如果不使用 Emscripten 生成的 JavaScript，就像这里这样做的，那么事情会有所不同，因为所有 JavaScript 代码都在同一个作用域下。因此，模块可以调入 JavaScript 并访问主代码，如图 10-13 所示。

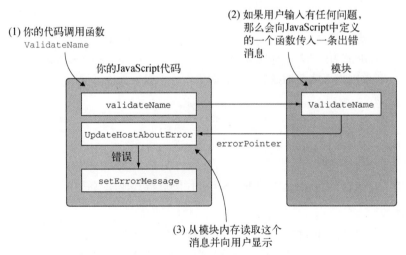

图 10-13   不使用 Emscripten 生成的 JavaScript 代码时回调逻辑的工作方式

1. 为 Node.js 实现服务器代码

在目录 WebAssembly\下，创建目录 Chapter 10\10.4.3 SideModuleCallingJS\backend\，然后执行以下操作。

- 将文件 editproduct.js 和 validate.wasm 从目录 Chapter 5\5.2.1 SideModuleCallingJS\frontend\ 复制到新创建的目录 backend\中。
- 将文件 editproduct.js 重命名为 nodejs_validate.js，然后用编辑器打开。

我们将修改文件 nodejs_validate.js，以便其可以在 Node.js 中工作。代码在函数 copyString-ToMemory 中使用了 JavaScript 对象 TextEncoder；在 Node.js 中，TextEncoder 对象是 util 包的一部分。我们需要包含一个到这个包的引用，这样代码才能使用这个对象。在文件 nodejs_validate.js 开头添加以下代码片段。

```
const util = require('util');        ◄─── 加载 util 包，这样你才能
                                          访问对象 TextEncoder
```

将对象 initialData 重命名为 clientData。在文件 nodejs_validate.js 中的函数 initializePage 之前，添加以下代码片段，以便从文件 validate.wasm 读入字节并将其传给函数 instantiateWebAssembly。

```
const fs = require('fs');
fs.readFile('validate.wasm', function(error, bytes) {    ◄─── 读入文件 validate.wasm
  if (error) { throw error; }                                 的字节

  instantiateWebAssembly(bytes);        ◄─── 将字节传给
});                                          这个函数
```

接下来需要执行以下步骤来修改函数 initializePage。
- 将函数重命名为 instantiateWebAssembly，并添加一个参数 bytes。
- 删除 moduleMemory 这一行代码前面的代码行。
- 将 WebAssembly.instantiateStreaming 修改为 WebAssembly.instantiate，并将 fetch("validate.wasm") 参数值替换为 bytes。
- 在 WebAssembly.instantiate 调用的 then 方法中的 moduleExports 这一行代码之后，添加一个对函数 validateData 的调用。

现在文件 nodejs_validate.js 中修改后的函数 initializePage 看起来应该如代码清单 10-6 所示。

代码清单 10-6　initializePage 重命名为 instantiateWebAssembly

10

```
...
                                         ◄─┐ 从 initializePage 重命名而
                                           │ 来，并添加了 bytes 作为参数
function instantiateWebAssembly(bytes) {
  moduleMemory = new WebAssembly.Memory({initial: 256});

  const importObject = {
    env: {
      __memory_base: 0,
      memory: moduleMemory,
      _UpdateHostAboutError: function(errorMessagePointer) {
        setErrorMessage(getStringFromMemory(errorMessagePointer));
      },
```

```
      }
    };
```

使用 `instantiate` 而不是 `instantiateStreaming`,
并且传入 `bytes` 来代替 `fetch` 调用

```
    WebAssembly.instantiate(bytes, importObject).then(result => {
      moduleExports = result.instance.exports;
      validateData();
    });
  }
  ...
```

模块完成实例化后就
调用 `validateData`

在文件 nodejs_validate.js 中，删除函数 `getSelectedCategoryId`。然后将函数 `setError-Message` 的内容替换为一个对参数 `error` 的 `console.log` 调用，如下所示：

```
function setErrorMessage(error) { console.log(error); }
```

将所有出错消息
输出到控制台

完成以下步骤来修改函数 `onClickSave`。

❏ 将函数重命名为 `validateData`。

❏ 删除 `setErrorMessage()`、`const name` 和 `const categoryId` 这几行代码。

❏ 在 `if` 语句内，对 `name` 和 `categoryId` 值前添加对象前缀 `clientData`。

现在文件 nodejs_validate.js 中修改后的函数 `onClickSave` 看起来应该如下所示：

`clientData` 对象的 `name`
值被传给 `validateName`

从 `onClick-`
`Save` 重命名
而来

```
function validateData() {
  if (validateName(clientData.name) &&
      validateCategory(clientData.categoryId)) {
  }
}
```

`clientData` 对象的
`categoryId` 被传给
`validateCategory`

验证没有问题。
可以保存数据

要调整的最后一项是函数 `copyStringToMemory`。需要在对象 `TextEncoder` 前添加之前加载过的 util 对象作为前缀。

文件 nodejs_validate.js 中的函数 `copyStringToMemory` 应该类似于以下代码片段。

```
function copyStringToMemory(value, memoryOffset) {
  const bytes = new Uint8Array(moduleMemory.buffer);
  bytes.set(new util.TextEncoder().encode((value + "\0")),
      memoryOffset);
}
```

在 Node.js 中, `TextEncoder`
对象是 `util` 包的一部分

无须对文件 nodejs_validate.js 进行其他修改。

2. 查看结果

要想测试验证逻辑，通过修改 `name` 属性的值为超过 50 个字符的 `MAXIMUM_NAME_LENGTH`（name: "This is a very long product name to test the validation logic."）值，可以调整 `clientData` 中的数据。

打开一个命令行窗口，进入目录 Chapter 10\10.4.3 SideModuleCallingJS\backend\，然后运行以下命令。

```
node nodejs_validate.js
```

你应该可以看到如图 10-14 所示的验证消息。

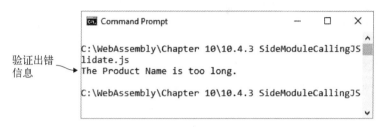

图 10-14 来自 Node.js 的关于产品名称长度的验证信息

本节介绍了如何加载并使用直接调入 JavaScript 代码的 WebAssembly 模块。下一节将介绍如何使用调用 JavaScript 函数指针的模块。

10.4.4 WebAssembly 模块调用 JavaScript 函数指针

与直接调入 JavaScript 代码相比，向模块传递 JavaScript 函数指针能够为代码增加灵活性，因为这样可以不依赖于单个具体函数，而是按需向模块传入函数，但需要函数签名与期望一致。

另外，根据 JavaScript 代码的创建方式，调用一个函数可能需要多次函数调用才能到达 JavaScript 代码。但如果使用函数指针，那么模块会直接调用你的函数。

WebAssembly 模块可以使用指向模块内函数的函数指针，也可以使用指向导入函数的指针。在这个例子中，我们将使用 6.2 节中创建的 WebAssembly 模块，它期望指定函数 OnSuccess 和 OnError，如图 10-15 所示。当调用其中任何一个函数时，模块就是在调入 JavaScript 代码。

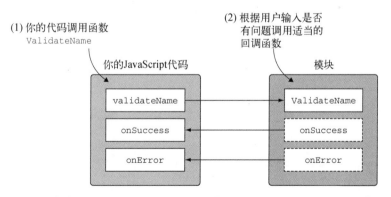

图 10-15 在实例化过程中导入了 JavaScript 函数 onSuccess 和 onError 的模块。当模块函数 ValidateName 调用任何一个函数时，其实它就是在调入 JavaScript

1. 为 Node.js 实现服务器代码

接下来修改第 6 章中编写的供浏览器使用的 JavaScript 代码，以使其可以在 Node.js 中工作。

在目录 WebAssembly\下，创建目录 Chapter 10\10.4.4 SideModuleFunctionPointers\backend\，然后执行以下步骤。

❑ 将文件 editproduct.js 和 validate.wasm 从目录 Chapter 6\6.2.2 SideModuleFunctionPointers\frontend\复制到新创建的目录 backend\。

❑ 将文件 editproduct.js 重命名为 nodejs_validate.js，然后用编辑器打开。

JavaScript 代码使用了 JavaScript 对象 TextEncoder。由于这个对象是 util 包的一部分，因此需要做的第一件事是包含对这个包的引用。在文件 nodejs_validate.js 开头添加以下代码片段。

```
const util = require('util');
```
◁── 加载 **util** 包，这样就能够访问 **TextEncoder** 对象了

将 initialData 对象重命名为 clientData。

在文件 nodejs_validate.js 中的函数 initializePage 之前，添加以下代码片段，以便从文件 validate.wasm 读入字节并将其传给函数 instantiateWebAssembly。

```
const fs = require('fs');
fs.readFile('validate.wasm', function(error, bytes) {    ◁──  读入文件 validate.wasm
  if (error) { throw error; }                                      的字节

  instantiateWebAssembly(bytes);   ◁──  将 bytes 传给
});                                      这个函数
```

执行以下步骤来修改函数 initializePage。

❑ 将函数重命名为 instantiateWebAssembly，并添加一个参数 bytes。

❑ 删除 moduleMemory 这一行代码之前的代码。

❑ 将 WebAssembly.instantiateStreaming 修改为 WebAssembly.instantiate，并将参数值 fetch("validate.wasm") 替换为 bytes。

❑ 在最后一个 addToTable 函数调用之后的 WebAssembly.instantiate 调用的 then 方法中添加对函数 validateData 的调用。

现在文件 nodejs_validate.js 中修改后的函数 initializePage 看起来应该类似于代码清单 10-7。

代码清单 10-7　initializePage 重命名为 instantiateWebAssembly

```
...
                                        从 initializePage 重命名而来，
function instantiateWebAssembly(bytes) {  ◁── 并添加了 bytes 作为参数

  moduleMemory = new WebAssembly.Memory({initial: 256});
  moduleTable = new WebAssembly.Table({initial: 1, element: "anyfunc"});
    const importObject = {
      env: {
        __memory_base: 0,
        memory: moduleMemory,
        __table_base: 0,
        table: moduleTable,
```

```
      abort: function(i) { throw new Error('abort'); },
    }
  };

  WebAssembly.instantiate(bytes, importObject).then(result => {    ◁──┐
    moduleExports = result.instance.exports;                           │  使用 instantiate 而不是
    validateOnSuccessNameIndex = addToTable(() => {                    │  instantiateStreaming,
      onSuccessCallback(validateNameCallbacks);                        │  并且传入 bytes 而不是
    }, 'v');                                                           │  fetch 调用

    validateOnSuccessCategoryIndex = addToTable(() => {
      onSuccessCallback(validateCategoryCallbacks);
    }, 'v');

    validateOnErrorNameIndex = addToTable((errorMessagePointer) => {
      onErrorCallback(validateNameCallbacks, errorMessagePointer);
    }, 'vi');

    validateOnErrorCategoryIndex = addToTable((errorMessagePointer) => {
      onErrorCallback(validateCategoryCallbacks, errorMessagePointer);
  }, 'vi'); validateData();    ◁──┐ 模块完成实例化后就
  });                                │ 调用 validateData
}
...
```

在文件 nodejs_validate.js 中要执行的下一个修改是删除函数 getSelectedCategoryId。然后将函数 setErrorMessage 的内容替换为一个对 error 参数的 console.log 调用。

```
function setErrorMessage(error) { console.log(error); }    ◁──┐ 将所有出错信息
                                                                输出到控制台
```

完成以下步骤来修改函数 onClickSave。

❏ 将函数重命名为 validateData。

❏ 删除 setErrorMessage()、const name 和 const categoryId 这几行代码。

❏ 向传入函数 validateName 和 validateCategory 的 name 和 categoryId 值添加对象前缀 clientData。

现在文件 nodejs_validate.js 中修改后的函数 onClickSave 看起来应该类似于代码清单 10-8。

代码清单 10-8 onClickSave 重命名为 validateData

```
...
function validateData() {    ◁─────── 从 onClickSave 重命名而来
  Promise.all([
    validateName(clientData.name),              ◁──┐  clientData 对象的
    validateCategory(clientData.categoryId)  ◁──┐   │  name 值被传给
  ])                                              │   │  validateName
  .then(() => {                                   │
                                                  │  clientData 对象的
  })                                              │  categoryId 被传给
  .catch((error) => {                             │  validateCategory
    setErrorMessage(error);
                              验证没有问题。
                              可以保存数据
```

10

```
    });
  }
  ...
```

最后，还需要修改函数 copyStringToMemory，为 TextEncoder 对象添加前缀对象 util。
文件 nodejs_validate.js 中的函数 copyStringToMemory 看起来应该如下所示：

```
function copyStringToMemory(value, memoryOffset) {
  const bytes = new Uint8Array(moduleMemory.buffer);
  bytes.set(new util.TextEncoder().encode((value + "\0")),        Node.js 中的 TextEncoder
      memoryOffset);                                              对象是 util 包的一部分
}
```

无须对文件 nodejs_validate.js 进行其他修改。

2. 查看结果

为了测试验证逻辑，通过清除 name 属性的值(name: "")并保存文件，可以调整 clientData
对象中的数据。打开命令行窗口，进入目录 Chapter 10\10.4.4 SideModuleFunctionPointers\backend\，
并运行以下命令。

```
node nodejs_validate.js
```

你应该可以看到如图 10-16 所示的验证信息。

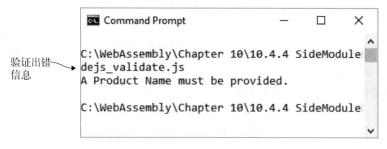

图 10-16　Node.js 中的产品名称验证错误

那么如何在现实世界中使用本章所学内容呢？

10.5　现实用例

以下是本章所学内容的一些可能用例。

- ❑ 正如你在本章看到的，可以从命令行运行 Node.js，这意味着可以在开发机器上本地使用
  WebAssembly 逻辑来辅助日常任务。
- ❑ 通过使用 Web socket，Node.js 可以在 Web 应用程序中辅助实现实时调整。
- ❑ 可以用 Node.js 在游戏中添加聊天组件。

10.6 练习

练习答案参见附录 D。

(1) 为了加载 Emscripten 生成的 JavaScript 文件，需要调用哪个 Node.js 函数？

(2) 为了在 WebAssembly 模块准备好交互时获得通知，需要实现哪个 Emscripten `Module` 属性？

(3) 如何修改第 8 章中的文件 index.js，以便在 Node.js 中实现动态链接逻辑？

10.7 小结

- 在 Node.js 中使用 WebAssembly 模块是可能的，所需要的 JavaScript 代码与在 Web 浏览器中使用的非常相似。
- 在使用 `require` 函数加载 JavaScript 代码时，包含 Emscripten JavaScript 代码的模块会加载并实例化自身。但与在浏览器中不同，没有全局 Emscripten 辅助函数可用。Emscripten 生成的 JavaScript 文件中的所有函数都需要通过 `require` 函数的返回对象来访问。
- Node.js 不支持函数 `WebAssembly.instantiateStreaming`。你需要使用函数 `WebAssembly.instantiate`。如果编写 Web 浏览器和 Node.js 中都要使用的 WebAssembly 模块的单个 JavaScript 文件，那么需要使用 3.6 节中介绍的功能检测技术。
- 在 Node.js 中手动加载 WebAssembly 文件时，不使用 `fetch` 方法，因为这个 WebAssembly 文件与正在执行的 JavaScript 代码在同一个机器上。取而代之，我们从文件系统读入这个 WebAssembly 文件的字节，然后将这些字节传给函数 `WebAssembly.instantiate`。
- 由于调用 `require` 函数的代码和生成的 Emscripten JavaScript 代码之间的作用域问题，如果向 Emscripten 的 JavaScript 文件中添加自定义 JavaScript 代码，那么它应该是自足的，不会试图调用上层代码。

10

Part 4

调试与测试

绝大多数开发过程会遇到问题并需要定位问题。这可能只需要简单地通读代码，也可能需要更深入地挖掘。这一部分将介绍调试和测试 WebAssembly 模块的可用选项。

第 11 章将通过构建一个卡牌匹配游戏来讲解 WebAssembly 文本格式。通过扩展这个卡牌匹配游戏，第 12 章将介绍调试 WebAssembly 模块的各种可用选项。第 13 章将通过讲解如何为自己的模块编写集成测试来夯实 WebAssembly 开发技能。

WebAssembly 文本格式

本章内容

- ❑ 创建模块的 WebAssembly 文本格式版本
- ❑ 使用 WebAssembly 二进制工具包的在线工具将文本格式代码编译为二进制模块
- ❑ 将二进制工具生成的模块链接到 Emscripten 生成的模块
- ❑ 为游戏 UI 部分创建 HTML 和 JavaScript 代码

WebAssembly 采用二进制文件格式设计，以便 WebAssembly 文件可以尽可能小，从而支持快速传输和下载，但并不意味着这是供开发者隐藏其代码的一种方式。实际上正好相反，WebAssembly 的设计思路就是铭记网络的开放性。因此，WebAssembly 还存在着与二进制格式相应的文本格式。

这种文本格式支持浏览器用户以查看 JavaScript 代码的方式来查看网页的 WebAssembly。如果 WebAssembly 模块不包含源码映射，那么二进制格式的对应文本格式也用于在浏览器中调试代码，如图 11-1 中的高亮部分所示。

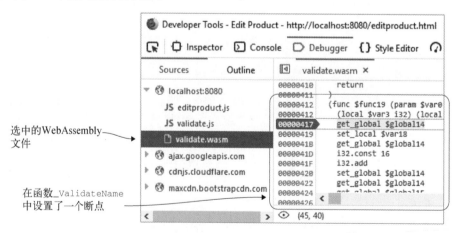

图 11-1　Firefox 的开发者工具，4.1 节中创建的 WebAssembly 模块的 _ValidateName 函数中设置了一个断点

假设需要构建一个如图 11-2 所示的卡牌匹配游戏。第 1 级有两行两列卡牌，一开始都是正面朝下。玩家将点击两张卡牌，卡牌在点击时会翻转为正面朝上。如果这两张卡牌匹配，就会消去；如果不匹配，则会再次翻转回正面朝下。

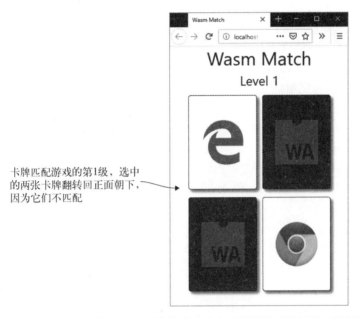

卡牌匹配游戏的第1级，选中的两张卡牌翻转回正面朝下，因为它们不匹配

图 11-2　卡牌匹配游戏的第 1 级，两张卡牌在点击后翻转为正面朝下，因为不匹配

玩家让所有卡牌消失就可以赢得这一级。如图 11-3 所示，当玩家胜利时，游戏会显示一条消息，并给出选择：重玩当前级还是进入下一级。

玩家胜利时的摘要屏幕。玩家可以选择重玩当前级或者玩下一级

图 11-3　取胜后，玩家可以重玩当前级或者玩下一级

　　下一章会介绍 WebAssembly 模块的调试，但在此之前，你需要对文本格式及其工作原理有一定理解。本章将使用 WebAssembly 文本格式构建这个卡牌游戏的核心逻辑，以深入了解其工作原理。然后使用 WebAssembly 二进制工具包的在线工具将它编译为 WebAssembly 模块。这个游戏的 UI 部分会使用 HTML、CSS 和图片。

　　只用文本格式创建模块时，不能访问像 `malloc` 和 `free` 这样的 C 标准库函数。作为一种解决方法，我们将创建一个简单的 Emscripten 生成模块来导出文本格式模块需要的额外函数。

　　图 11-4 展示了创建本章游戏的以下步骤。

　　(1) 用 WebAssembly 文本格式创建游戏的核心逻辑。

　　(2) 用 WebAssembly 二进制工具包从文本格式（cards.wasm）生成 WebAssembly 模块。

　　(3) 创建支持模块 cards.wasm 访问某些 C 标准库函数的 C++文件。

　　(4) 用 Emscripten 从 C++文件中生成 WebAssembly 模块。

　　(5) 将生成的 WebAssembly 文件复制到服务器供浏览器使用。然后创建加载两个 WebAssembly 模块并将它们链接到一起的 HTML 和 JavaScript 代码。还需要创建将玩家交互信息传给模块的 JavaScript 代码。

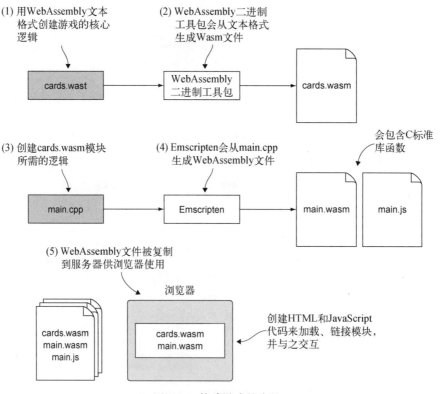

图 11-4　构建游戏的步骤

11.1 用 WebAssembly 文本格式创建游戏的核心逻辑

WebAssembly 文本格式使用 **s-表达式节点**，后者是一种表示模块元素的简单方法。

提醒 s-表达式（symbolic expression，符号表达式）是为 Lisp 编程语言发明的。s-表达式要么是一个原子，要么是一个 s-表达式的有序对，以允许 s-表达式的嵌套。原子是一个非列表的符号：比如 foo 或 23。列表用括号表示，可以为空，也可以持有原子甚至其他列表。列表项用空格分隔：比如，()、(foo)、(foo (bar 132))。

在 WebAssembly 文本格式中，每个 s-表达式用括号包裹，括号内的第一项是标签，以表明节点类型。标签之后，节点可以有以空格分隔的一列属性，甚至其他节点。因为文本格式是供人类阅读的，所以通常用换行和缩进来分隔子节点，这有助于凸显父子关系。

使用文本格式时，可以通过条目索引值引用绝大部分条目，比如某个函数或参数，但是，一切都要通过索引值来引用有时容易导致混淆。可以在定义条目时为其包含一个变量名，本章对所有变量和函数都会这么做。

文本格式中的变量名以字符$开始，后面是指示这个变量表示什么的字母数字字符。通常来说，变量名表明其用于何种数据类型，比如$func 表示函数，但是也可以将$add 这样的变量名用于函数 add。有时甚至可以看到变量名以数字结尾来表明其索引值，比如$func0。

WebAssembly 支持 4 种值类型（32 位整型、64 位整型、32 位浮点型和 64 位浮点型）。布尔值用 32 位整型表示。所有其他值类型（比如字符串）都需要在模块的线性内存中表示。这 4 种类型在文本格式中的表示如下：

- i32 表示 32 位整型
- i64 表示 64 位整型
- f32 表示 32 位浮点型
- f64 表示 64 位浮点型

为了简化 4 种数据类型的使用，文本格式为每种类型都提供了一个名为类型名的对象。比如，要想将两个 i32 值相加到一起，可以使用 i32.add。再举一个例子，如果需要使用浮点值 10.5，可以使用 f32.const 10.5。

11.1.1 模块段

第 2 章介绍过模块的已知段和自定义段。已知段有专门的用途，是定义良好的，并且会在 WebAssembly 模块进行实例化时被验证。自定义段用于已知段不适用的数据，并且即使数据布局不正确，也不会触发验证错误。

图 11-5 展示了二进制字节码的基本结构。每个已知段都是可选的，但如果包含，则只能被指定一次。自定义段也是可选的，但如果包含，则可以放在已知段之前、之后，或者当中。

11

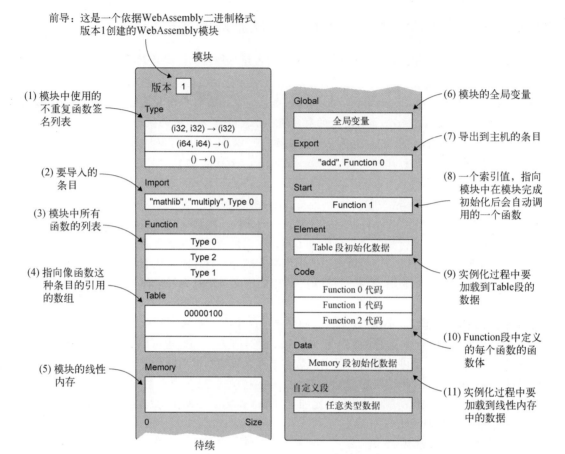

图 11-5　WebAssembly 二进制字节码的基本结构，着重显示了已知段与自定义段

如表 11-1 所示，文本格式使用与二进制格式已知段相对应的 s-表达式标签。

表 11-1　已知段及其对应的 s-表达式标签

二进制格式	文本格式	二进制格式	文本格式
preamble	module	Global	global
Type	type	Export	export
Import	import	Start	start
Function	func	Element	elem
Table	table	Code	
Memory	memory	Data	data

　　你可能已经注意到，表中二进制格式 Code 段没有指定对应的文本格式。在二进制格式中，函数签名和函数体各自放在独立的段中。在文本格式中，函数体与函数一起包含在 s-表达式 func 中。

在二进制格式中，每个已知段都是可选的，但如果包含，只能包含一次并且必须按照表 11-1 中的顺序出现。另外，使用文本格式时，位置有影响的唯一节点是 import s-表达式。如果包含，这个 s-表达式必须出现在 table、memory、global 和 func s-表达式之前。

提示 考虑到代码的可维护性，建议将所有相关节点放在一起，并且各个段的出现顺序与二进制文件中期望的出现顺序相同。

11.1.2 注释

如果想在文本格式代码中包含注释，方法有两种。双分号用于单行注释，分号右边的所有内容都是注释内容，如下所示：

```
;; this is a single-line comment
```

如果想注释要么是某个元素的一部分，要么同时包含几个元素的一段代码，可以使用左括号和分号开始注释，用分号和右括号结束注释。有些工具会在元素内包含这种类型的注释，以指示某个东西的索引值，如下所示：

```
(; 0 ;)
```

在将要为这个游戏定义的某些已知段中，我们需要包含函数签名。因为多个段会使用函数签名，所以接下来要学习它。

11.1.3 函数签名

函数签名是没有函数体的函数定义。用于函数签名的 s-表达式以带 func 的标签开头，之后可以有一个可选的变量名。

如果函数有参数，使用 parm s-表达式来指明参数的值类型。比如，以下函数签名有单个 32 位整型参数，但没有返回值。

```
(func (param i32))
```

如果函数有多个参数，则可以为每个参数包含一个额外的 param 节点。比如，以下签名就是一个具有两个 i32 参数的函数。

```
(func (param i32) (param i32))
```

还可以用单个 param 节点以简写形式定义参数，而参数是用空格分隔的类型列表，如下所示，这与上面展示的两个 param 节点的示例相同。

```
(func (param i32 i32))
```

如果函数有一个返回值，那么就包含一个 result s-表达式，以指明返回值的类型。以下是

11

一个具有两个 32 位参数并返回一个 32 位值的签名示例。

```
(func (param i32 i32) (result i32))
```

如果一个函数没有参数也没有返回值，那么就不需要包含 param 或 result 节点。

```
(func)
```

至此你已经理解了一部分基础文本格式，下一步是开始构建游戏的逻辑（参见图 11-6）。

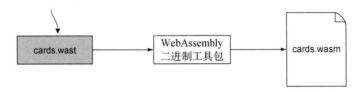

图 11-6　用 WebAssembly 文本格式创建游戏的核心逻辑

11.1.4　module 节点

在目录 WebAssembly\下，创建目录 Chapter 11\source\来放置本节所用文件。创建文件 cards.wast 来放置文本格式代码，然后用编辑器打开。

WebAssembly 文本格式的根 s-表达式节点是 module，模块的所有元素都表示为这个节点的子节点。因为模块的所有段都是可选的，所以可以存在空模块，用文本格式表示就是 (module)。

如图 11-7 所示，module 节点等价于二进制格式的前导段。用于将文本格式转换为二进制格式文件的工具会包含使用的二进制格式的版本。

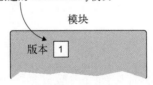

图 11-7　module 节点等价于二进制格式的前导段。版本号由创建
这个二进制格式文件的工具指定

构建这个游戏的核心逻辑的第一步是为文件 cards.wast 添加 module 节点，如下所示：

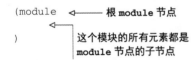

创建 module 节点后，现在可以继续添加已知段来作为 module 节点的子节点。type 节点是 module 节点中出现的第一批子节点，但只有为模块逻辑导入或创建必要的函数后，才能知道模块需要哪些函数签名。因此，现在先跳过 type 节点，写好模块函数后再回来添加这些节点。

向 module 节点添加的第一个段是 import 节点。

11.1.5 import 节点

Import 已知段（参见图 11-8）声明要导入模块的所有条目，其中可以包括 Function、Table、Memory 或 Global 导入。对于正在创建的这个模块来说，将导入内存以及若干函数。

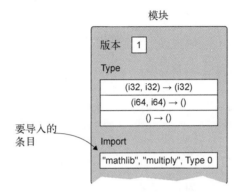

图 11-8 已知段 Import 声明所有要导入这个模块的条目

使用标签为 import 的 s-表达式来定义导入，然后是一个命名空间名，之后是将要导入的条目名称，再之后是一个表示将要导入的数据的 s-表达式。为了与通常在 Emscripten 生成的模块中所见的保持一致，我们将使用"env"作为命名空间名。Emscripten 会在将要导入的条目名称前加一个下划线字符，因此这里也要做同样的事情，以便 JavaScript 代码保持一致。

以下是为一个具有两个 i32 参数和一个 i32 返回值的函数定义 import 节点的示例。

```
(import "env" "_Add"
  (func $add (param i32 i32) (result i32))
)
```

"env" 是命名空间名，"_Add" 是导入的条目名

这个 import 是为一个具有两个 i32 参数和一个 i32 返回值的函数而定义的

在实例化 WebAssembly 模块时，需要向函数 WebAssembly.instantiateStreaming 传递一个 JavaScript 对象，后者提供了模块期望的导入。以下是一个 JavaScript 对象的示例，它为模块提供了所期望的之前定义的函数_Add。

```
const importObject = {
  env: {
    _Add: function(value1, value2) {
      return value1 + value2;
    }
  }
};
```

对象名必须匹配命名空间名（这里是 env）

冒号左边是条目名，右边是要导入的条目

现在你已经了解了如何定义 import 节点，是时候为游戏添加这些节点了。

为游戏添加 import 节点

这个游戏的逻辑需要从 JavaScript 导入一些函数，以便模块可以在游戏的不同阶段调入 JavaScript 来进行更新。表 11-2 中列出了将要从 JavaScript 代码中导入的函数。

表 11-2　需要导入的 JavaScript 函数

条目名称	参　　数	用　　途
_GenerateCards	rows、columns、level	通知 JavaScript 要创建多少行和多少列卡牌。level 用于显示，以便玩家知道当前级别
_FlipCard	row、column、cardValue	通知 JavaScript 翻转位于指定行和列索引值的卡牌。cardValue 为-1 表示将卡牌翻转为正面朝下（卡牌不匹配）。否则，将卡牌翻转为正面朝上，因为玩家刚点击了它们
_RemoveCards	row1、column1、row2、column2	通知 JavaScript 根据两张卡牌的行列索引值来移除它们，因为它们匹配
_LevelComplete	level、anotherLevel	通知 JavaScript 玩家已经完成本级以及是否还有下一级。JavaScript 将展示一个总结屏幕并允许玩家重玩当前级。如果有下一级，玩家还可以选择玩下一级
_Pause	namePointer、milliseconds	调用它来暂停模块逻辑，允许两张卡牌保持可见，之后根据它们是否匹配再翻转回去或移除。namePointer 是一个模块内存的索引值，其中是要调用的函数名称的字符串。milliseconds 用于指示调用这个函数之前要等待多长时间

JavaScript 使用条目名（如_GenerateCards）来指定请求的条目。但是，模块中的代码使用索引值或变量名（如果指定了的话）来引用导入的条目。这里不要使用索引值，因为容易混淆。我们将为每个导入条目包含一个变量名。

在文件 cards.wast 的 module s-表达式内，为表 11-2 中指定的函数添加代码清单 11-1 中的 import s-表达式。

代码清单 11-1　来自 JavaScript 代码条目的 import s-表达式

```
...
(import "env" "_GenerateCards"
  (func $GenerateCards (param i32 i32 i32)))    ◄── 通知 JavaScript 要显示多少行
)                                                    和多少列以及当前级是什么
(import "env" "_FlipCard"
  (func $FlipCard (param i32 i32 i32)))     ◄── 通知 JavaScript 要翻转哪张卡
)                                               牌以及它的值
(import "env" "_RemoveCards"
  (func $RemoveCards (param i32 i32 i32 i32)))    ◄── 通知 JavaScript 根据行列位置
)                                                     移除两张卡牌
(import "env" "_LevelComplete"
  (func $LevelComplete (param i32 i32)))    ◄───────────┐
)                                              通知 JavaScript 该级已经完成
                                               以及是否还有下一级
```

```
(import "env" "_Pause" (func $Pause (param i32 i32)))  ◁───┐
...                                                         │
```

通知 JavaScript 在指定毫秒
数之后调用指定函数

本章后面还会创建一个运行时手动链接到这一模块的 Emscripten 生成的模块。这个 Emscripten 生成的模块提供了对 malloc 和 free 这样的函数的访问来辅助内存管理。这个模块还会提供生成随机数的函数。

表 11-3 列出了将从 Emscripten 生成的模块导入的条目。

表 11-3　需要从 Emscripten 生成的模块导入的条目

条目名称	类　型	参　数	用　途
memory	Memory		这个模块将共享 Emscripten 生成模块的线性内存
_SeedRandomNumberGenerator	Function		产生随机数生成器种子
_GetRandomNumber	Function	Range	返回指定范围内的一个随机数
_malloc	Function	Size	分配指定字节数的内存
_free	Function	Pointer	释放指定指针处分配的内存

函数导入的定义方式与之前为 JavaScript 导入定义时相同。这一组导入中有所不同的是内存导入。

不管导入内容是什么，import 节点的第一部分都是相同的：s-表达式标签 import、命名空间，以及条目名。唯一不同的是用于导入条目的 s-表达式。

用于内存的 s-表达式从标签 memory 开始，之后是可选的变量名、所需要的最初内存页数，以及可选的所需最大内存页数。每一页内存大小为 64 KB（1 KB 为 1024 字节，因此 1 页有 65 536 字节）。以下示例定义模块内存的初始值为 1 页内存，最大为 10 页内存。

```
(memory 1 10)
```

在 cards.wast 文件中的 module s-表达式内，为表 11-3 中的条目添加代码清单 11-2 中的 import s-表达式。将这些 import 节点放在 _Pause import 节点之后。

代码清单 11-2　针对 Emscripten 生成模块中的条目的 import s-表达式

```
...
(import "env" "memory" (memory $memory 256))  ◁─── 模块的内存
(import "env" "_SeedRandomNumberGenerator"
  (func $SeedRandomNumberGenerator)  ◁─── 产生随机数生成器种子
)
(import "env" "_GetRandomNumber"
  (func $GetRandomNumber (param i32) (result i32))  ◁────┐
)                                                        │
(import "env" "_malloc" (func $malloc (param i32) (result i32)))
(import "env" "_free" (func $free (param i32)))
...
```

从指定范围取得
一个随机数

至此导入已经被指定，下一步是定义一些全局变量来辅助游戏的逻辑。

11.1.6　global 节点

Global 已知段（参见图 11-9）会定义模块内构建的所有全局变量。全局变量也可以是导入的。

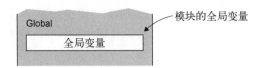

图 11-9　Global 已知段会声明模块的内建全局变量

模块层声明的所有全局变量供所有函数使用，可以是**不可变的**（常量）或**可变的**。它们用以标签 global 开头的 s-表达式节点来定义，之后是可选的变量名、变量类型，以及一个持有这个变量默认值的 s-表达式。例如，以下这个 global 节点定义了一个不可变（常量）变量，后者是一个名为 $MAX 的 32 位整型，默认值为 25。

```
(global $MAX i32 (i32.const 25))
```

如果需要一个可变的全局变量，则需要将全局类型包裹进一个标签为 mut 的 s-表达式。比如，以下名为 $total 的全局变量是一个可变的 32 位浮点型，默认值为 1.5。

```
(global $total (mut f32) (f32.const 1.5))
```

至此你已经了解了如何定义 global 节点，现在可以将它们添加到游戏中了。

为游戏添加 global 节点

这个游戏需要的所有全局变量都是默认值为 0 的 32 位整型。在 module s-表达式内的 import s-表达式之后，为文件 cards.wast 添加以下全局常量来指示游戏最多支持 3 级。

```
(global $MAX_LEVEL i32 (i32.const 3))
```

要创建的其余全局变量都是可变的，包括下面要添加的 $cards。这是一个指针，指向模块内存中卡牌值数组的位置。在 cards.wast 文件中的变量 $MAX_LEVEL 之后添加以下代码片段。

```
(global $cards (mut i32) (i32.const 0))
```

现在需要用一些变量来追踪游戏的当前级（$current_level）以及需要匹配多少次玩家才能在这一级取胜（$matches_remaining）。还需要用变量 $rows 和 $columns 来持有当前级显示的行数和列数。

在文件 cards.wast 中的 module s-表达式内、变量 $cards 之后，添加以下代码片段。

```
(global $current_level (mut i32) (i32.const 0))
(global $rows (mut i32) (i32.const 0))
(global $columns (mut i32) (i32.const 0))
(global $matches_remaining (mut i32) (i32.const 0))
```

当玩家点击第一张卡牌时，需要记录这张卡牌的行列位置，这样一来，如果第二张卡牌不匹配，则将其翻转为正面朝下，或者如果匹配，则移除它。还需要记录这张卡牌的值，这样才能与第二张卡牌对比看是否匹配。

当玩家点击第二张卡牌时，执行会转到 JavaScript。这会简短暂停游戏，以便在第二张卡牌翻转向下或移除前，玩家有足够时间看清楚它。因为运行函数会退出，所以还需要记住第二张卡牌的行列位置以及卡牌值。

在文件 cards.wast 中的 module s-表达式内、变量$matches_remaining 之后，添加以下代码片段。

```
(global $first_card_row (mut i32) (i32.const 0))
(global $first_card_column (mut i32) (i32.const 0))
(global $first_card_value (mut i32) (i32.const 0))
(global $second_card_row (mut i32) (i32.const 0))
(global $second_card_column (mut i32) (i32.const 0))
(global $second_card_value (mut i32) (i32.const 0))
```

当模块执行交给 JavaScript 来暂停逻辑时，在卡牌翻转向下或移除前，你不希望用户继续点击卡牌来触发点击动作。以下全局变量是一个标记，逻辑可以通过它了解当前处于暂停状态，直到 JavaScript 调回到模块。在文件 cards.wast 中的 module s-表达式内、变量$second_card_value 之后添加以下代码片段。

```
(global $execution_paused (mut i32) (i32.const 0))
```

定义了全局变量后，接下来需要实现导出。

11.1.7　export 节点

如图 11-10 所示，Export 已知段持有模块完成实例化后将返回给主机环境的所有条目的列表。这些是主机环境可以访问的模块部分。Export 可能包括 Function、Table、Memory 或 Global 条目。对于这个模块的逻辑来说，我们只需要导出函数。

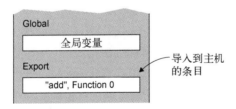

图 11-10　Export 已知段列出了主机环境可以访问的模块中的所有条目

为了导出条目，需要使用一个标签为 export 的 s-表达式，接下来是希望调用方使用的名称，然后是一个指定导出条目的 s-表达式。

为了导出函数，export 节点结尾的 s-表达式需要是一个 func 节点，并带有这个导出指向的模块内函数的基于 0 的索引值或变量名。比如，以下代码片段会导出一个函数，主机将其看作_Add，指向模块中变量名为$add 的函数。

```
(export "_Add" (func $add))
```

至此你已经了解了如何定义 export 节点，是时候为游戏添加它们了。

为游戏添加 export 节点

接下来要为游戏的逻辑创建函数。在创建的函数之中，需要导出以下函数。

- ❑ $CardSelected：玩家点击一张卡牌时，JavaScript 代码会调用这个函数。如果这个函数调用是针对第二张卡牌的，那么逻辑就会调用导入的 JavaScript 函数 $Pause。函数 $Pause 也会在短暂延时后调用函数 $SecondCardSelectedCallback。
- ❑ $SecondCardSelectedCallback：JavaScript 代码从函数 $Pause 中调用该函数，这个函数会查看两张卡牌是否匹配。如果不匹配，就将它们翻转为正面朝下；如果匹配，则移除它们。如果剩余匹配对达到 0，那么这个函数就会调用 JavaScript 函数 $LevelComplete。
- ❑ $ReplayLevel：玩家在完成当前级之后点击总结屏幕上的重玩按钮时，JavaScript 代码会调用这个函数。
- ❑ $PlayNextLevel：如果玩家没有到达游戏的最后一级，总结屏幕上会显示下一级按钮。当用户点击下一级按钮时，JavaScript 代码会调用这个函数。

在文件 cards.wast 中的 module s-表达式内、global s-表达式之后，添加以下 export s-表达式。

```
(export "_CardSelected" (func $CardSelected))          ◁——— 调用来告诉模块哪张
(export "_SecondCardSelectedCallback"                        卡牌被点击了
  (func $SecondCardSelectedCallback)
)                                      ◁
                                           Pause 函数延时完成后的回调函数
(export "_ReplayLevel" (func $ReplayLevel))
(export "_PlayNextLevel" (func $PlayNextLevel))   ◁——— 调用来设置下一级
```

调用来重置当前级

定义好导出后，接下来就要实现 Start 段了。

11.1.8   start 节点

如图 11-11 所示，Start 已知段指定了一个函数，这个函数会在模块完成实例化后、导出的条目可调用前被调用。如果被指定，这个函数不能是导入的，必须在模块内存在。

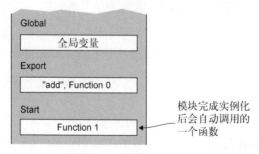

图 11-11   Start 已知段指定了模块完成实例化后要调用的函数

对于这个游戏来说，start 函数用于初始化全局对象和内存。它还会启动游戏的第一级。

要想定义 Start 段，需要使用标签为 start 的 s-表达式，其后要么是函数的索引值，要么是变量名。在文件 cards.wast 中的 module s-表达式内、export s-表达式之后添加以下片段，以便模块完成实例化后自动调用函数 $main。

```
(start $main)
```

下一步是定义这个模块的函数及其代码。

11.1.9 code 节点

如图 11-12 所示，在二进制格式中，已知段 Function（定义）和 Code（函数体）是各自独立的。在文本格式中，函数定义和函数体一同放在一个 func s-表达式中。当查看 Emscripten 生成的文本格式或浏览器代码时，通常在 Code 已知段的位置显示函数，因此为了保持一致性，这里也会这么做。

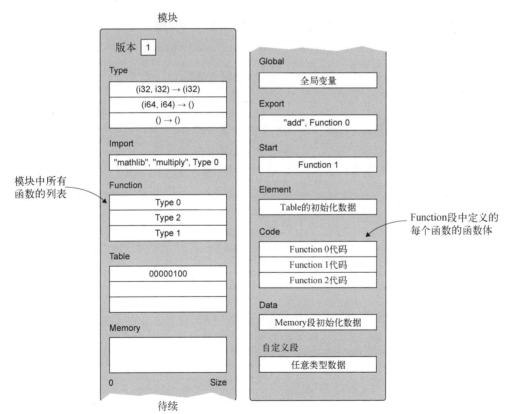

图 11-12　二进制格式中的 Function 和 Code 已知段

WebAssembly 中的代码执行以栈机器的形式定义，其中指令向栈上压入或从栈上弹出若干个值。当一个函数第一次被调用时，这个函数的栈是空的。当函数结束时，WebAssembly 框架会验证栈，以确保正确性，比如，如果函数返回一个 i32 值，那么函数返回时栈上的最后一项是一个 i32 值。如果函数不返回任何东西，那么函数返回时栈必须是空的。

更多信息　在函数体内，文本格式支持 s-表达式风格、栈机器风格，或两种风格的混合形式。本章将使用栈机器风格，因为这是浏览器所用的风格。关于 s-表达式示例，可以参见附录 E 来了解编写 if 语句和循环可用的其他方法。

在开始创建游戏的函数前，先来了解一下如何与变量打交道。

1. 操作变量

WebAssembly 有两类变量：全局变量和局部变量。所有函数都可以访问全局变量，而局部变量只能在定义它的函数内部访问。

局部变量需要位于函数的起始处，并以标签为 local 的 s-表达式定义，之后是可选的变量名，然后是变量类型。以下示例以一个变量名为 $float 的 f32 局部变量声明起始，之后是一个没有变量名的 i32 局部变量声明。

```
(local $float f32)
(local i32)
```

如果没有为变量指定名称，则可以使用基于 0 的索引值来引用它。关于局部变量需要清楚的一点是，函数的参数也被看作局部的，在索引顺序中排在起始位置。

要想为变量赋值，首先这个值必须在栈上。然后便可以使用指令 set_local 或 tee_local 从栈上弹出值并赋给局部变量。set_local 和 tee_local 的区别是，tee_local 还返回设置的值。对于全局变量来说，可以使用指令 set_global，其使用方式与 set_local 相同。

以下代码片段将值 10.3 放到了栈上，然后为变量 $float 调用指令 set_local。指令 set_local 会从栈顶弹出值，并将其放入指定的变量。

```
f32.const 10.3
set_local $float
```

要想取得一个变量的值并将其压入栈，局部变量可以使用指令 get_local，全局变量可以使用指令 get_global。举例来说，如果函数有一个名为 $param0 的参数，那么以下代码片段会将其值放到栈上。

```
get_local $param0
```

信息 本章使用指令 set_local、tee_local、get_local、set_global, 以及 get_global，因为 Web 浏览器仍然在使用这种格式。然而，WebAssembly 规范已经修改为使用 local.set、local.tee、local.get、global.set 和 global.get。新格式与旧格式的调用方法完全相同。输出 .wast 文件时，Emscripten 现在使用新格式，而且此刻 WebAssembly 二进制工具包可以接受任何一种格式的文本格式代码。

至此你已经了解了变量如何工作，接下来将为游戏逻辑构建的第一个 func 节点是函数 $InitializeRowsAndColumns。

2. 函数 $InitializeRowsAndColumns

函数 $InitializeRowsAndColumns 有一个名为 $level 的 i32 参数，但没有返回值。可以调用这个函数来根据收到的级别参数为全局变量 $rows 和 $columns 设置适当值。

因为每一级都有不同的卡牌行列组合，所以这个函数需要确定请求的是哪一级。为了查看参数值是否为 1，需要将其放到栈上，然后将 i32.const 1 放到栈上。为了确定栈上的两个值是否相等，可以调用指令 i32.eq，这个指令会从栈顶弹出两个值，并查看它们是否相等，然后将结果压入栈上（1 表示真，0 表示假），如以下代码片段所示：

```
get_local $level
i32.const 1          如果 $level 持有值 1，那么 1 会被放
i32.eq               到栈上。否则 0 会被放到栈上
```

一旦栈上有了这个布尔值，就可以用一个 if 语句来检查这个布尔值是否为真。如果为真，就将 $rows 和 $column 的值分别设置为 i32.const 2。if 语句会弹出栈顶值来执行比对。if 语句将 0 值看作假，将所有非 0 值看作真。以下代码片段扩展了前面代码片段中的代码来包含一个 if 语句。

```
get_local $level
i32.const 1
i32.eq
if              如果栈顶值非 0，那么这一块
                内的代码会运行

end
```

前面代码片段中显示的代码将重复 3 次，针对要检查的每一级重复 1 次。检查级数是否为 two 时，i32.const 值会被修改为 2；检查级数是否为 three 时，i32.const 值会被修改为 3。根据指定的级数，将全局值 $rows 和 $columns 设置为以下值。

☐ 第 1 级：都为 i32.const 2。

☐ 第 2 级：$rows 为 i32.const 2，$columns 为 i32.const 3。

☐ 第 3 级：$rows 为 i32.const 2，$columns 为 i32.const 4。

这个游戏可以有 6 级，但为了简化代码，函数中只定义了前面 3 级。在文件 cards.wast 中的 start 节点后添加代码清单 11-3 中的代码。

11

代码清单 11-3 文件 cards.wast 中的函数 $InitializeRowsAndColumns

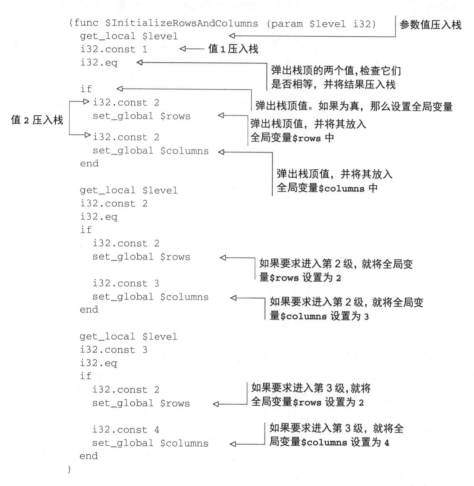

```
...

(func $InitializeRowsAndColumns (param $level i32)        参数值压入栈
  get_local $level
  i32.const 1        值 1 压入栈
  i32.eq
                     弹出栈顶的两个值, 检查它们
                     是否相等, 并将结果压入栈
  if
    i32.const 2      弹出栈顶值。如果为真, 那么设置全局变量
    set_global $rows 弹出栈顶值, 并将其放入
                     全局变量 $rows 中
    i32.const 2
    set_global $columns
  end
                     弹出栈顶值, 并将其放入
                     全局变量 $columns 中
  get_local $level
  i32.const 2
  i32.eq
  if
    i32.const 2
    set_global $rows       如果要求进入第 2 级, 就将全局变
                          量 $rows 设置为 2

    i32.const 3
    set_global $columns    如果要求进入第 2 级, 就将全局变
  end                     量 $columns 设置为 3

  get_local $level
  i32.const 3
  i32.eq
  if
    i32.const 2           如果要求进入第 3 级, 就将
    set_global $rows      全局变量 $rows 设置为 2

    i32.const 4           如果要求进入第 3 级, 就将全
    set_global $columns   局变量 $columns 设置为 4
  end
)
```

值 2 压入栈

需要定义的下一个 func 节点是函数 $ResetSelectedCardValues。

3. 函数 $ResetSelectedCardValues

函数 $ResetSelectedCardValues 没有参数, 也没有返回值。可以调用这个函数将表示点击的第一张和第二张卡牌的全局变量设置为 -1。将这些值设置为 -1 向游戏的其余部分逻辑表明, 当前所有卡牌都是正面朝下。

在文件 careds.wast 中的节点 $InitializeRowsAndColumns 之后添加代码清单 11-4 中的代码。

代码清单 11-4 文件 cards.wast 中的函数 $ResetSelectedCardValues

```
...

(func $ResetSelectedCardValues
```

```
    i32.const -1
    set_global $first_card_row

    i32.const -1
    set_global $first_card_column

    i32.const -1
    set_global $first_card_value

    i32.const -1
    set_global $second_card_row

    i32.const -1
    set_global $second_card_column

    i32.const -1
    set_global $second_card_value
)
```

下一个需要定义的 func 节点是函数$InitializeCards。

4. 函数$InitializeCards

函数$InitializeCards 有一个名为$level 的 i32 参数，没有返回值。根据接收到的参数$level 值，可以调用这个函数将全局变量设置为适当的值，创建并填充数组$cards，然后打乱数组。

函数中的局部变量需要定义在起始处，这样这个函数内要做的第一件事就是定义一个名为$count 的 i32 局部变量，之后函数会设置它的值。以下代码片段展示了局部变量的定义。

```
(local $count i32)
```

这个函数要做的下一件事是将收到的$level 参数压入栈，然后调用 set_global 弹出栈顶值并将其放到全局变量$current_level 中。

```
get_local $level
set_global $current_level
```

接下来，将 $level 参数值再次压入栈，然后调用函数$InitializeRowsAndColumns 根据请求的级数为全局变量 $rows 和 $columns 设置适当的值。由于这个函数有一个参数，因此 WebAssembly 会弹出栈顶值（level 值）并将其传给函数，如下所示：

```
get_local $level
call $InitializeRowsAndColumns
```

为了将第一个和第二个卡牌全局变量重置为-1，代码调用了函数$ResetSelectedCardValues。这个函数没有参数，因此对于这个函数调用来说，不需要在栈上放置任何东西。

```
call $ResetSelectedCardValues
```

然后函数会根据全局变量$rows 和$columns 中的值来确定本级需要多少张卡牌。这两个全局变量的值会被放入栈上，然后调用指令 i32.mul。i32.mul 会从栈顶弹出两个值，将这两个值相乘，然后将结果压入栈。一旦结果在栈中，就调用 set_local 将这个值放入变量 $count 中。set_local 调用会弹出栈顶条目并将其放到指定的变量中。以下代码片段展示了确定当前级有多少张卡牌。

```
get_global $rows
get_global $columns
i32.mul
set_local $count
```

通过将 $count 值除以 2，下一步是确定 $matches_remaining 的值。值 $count 和 i32.const 2 会被压入栈，然后调用指令 i32.div_s。这个指令会从栈顶弹出两个条目，相除，并将结果压入栈。然后调用指令 set_global 将栈顶条目弹出并将值放入全局变量 $matches_remaining 中。

```
get_local $count
i32.const 2
i32.div_s
set_global $matches_remaining
```

下一步是分配一块内存来持有 $count 中值这么多的 i32 数字。因为每个 i32 值有 4 个字节，所以需要将值 $count 乘以 4 来得到要分配的总字节数。可以使用 i32.mul，但更有效的方法是使用指令 i32.shl（左移）。左移 2 位就相当于乘以 4。

一旦确定了总字节数，就调用从 Emscripten 生成模块导入的函数 $malloc 来分配这么多字节。函数 $malloc 会返回分配的内存块起始位置的内存索引值。然后调用 set_global 指令将这个值放入变量 $cards 中。

以下代码片段展示了从值 $count 确定并传给函数 $malloc 的字节数，结果置于变量 $cards 中。

```
get_local $count
i32.const 2
i32.shl
call $malloc
set_global $cards
```

现在已经为数组 $cards 分配了一块内存，我们将调用函数 $PopulateArray 并将当前级的卡牌数目传给它，如以下代码片段所示。这个函数会根据当前级的卡牌数为数组 $cards 添加值对（比如 0,0、1,1、2,2）。

```
get_local $count
call $PopulateArray
```

最后，函数会调用 $ShuffleArray 来打乱数组 $cards 中的内容。

```
get_local $count
call $ShuffleArray
```

合并这些内容，将代码清单 11-5 中的代码添加到文件 cards.wast 中的 $ResetSelectedCard-Values 节点之后。

代码清单 11-5　文件 cards.wast 中的函数`$InitializeCards`

```
...

(func $InitializeCards (param $level i32)
 (local $count i32)

  get_local $level
  set_global $current_level        ←── 记住请求级数

  get_local $level
  call $InitializeRowsAndColumns   ←── 根据当前级数设置全局
                                       变量 rows 和 columns

  call $ResetSelectedCardValues    ←── 确保重置第一个和第二
                                       个卡牌值
  get_global $rows
  get_global $columns              ←── 确定本级使用多少
  i32.mul                              张卡牌
  set_local $count

  get_local $count
  i32.const 2                      ←── 确定本级有多少对
  i32.div_s                            卡牌
  set_global $matches_remaining

  get_local $count
  i32.const 2                      ←── 左移 2 位,因为数组中的每
  i32.shl                              个条目表示一个 32 位整型
                                       (每个 4 个字节)
  call $malloc                     ←── 调用 malloc 函数来分配
  set_global $cards                    所需要的内存

  get_local $count
  call $PopulateArray              ←── 用成对值填充数组

  get_local $count
  call $ShuffleArray               ←── 打乱数组
)
```

需要定义的下一个 `func` 节点是函数`$PopulateArray`。

5. 函数`$PopulateArray`

在这个数组上循环,如代码清单 11-6 所示,根据当前级所拥有的卡牌数添加值对(比如 0,0、1,1、2,2)。

代码清单 11-6　文件 cards.wast 中的函数`$PopulateArray`

11

```
...

(func $PopulateArray (param $array_length i32)
 (local $index i32)
 (local $card_value i32)

  i32.const 0
  set_local $index
```

```
      i32.const 0
      set_local $card_value

      loop $while-populate
        get_local $index
        call $GetMemoryLocationFromIndex
        get_local $card_value
        i32.store
                              将$index 处内存值设置为
                              $card_value 的内容

        get_local $index
        i32.const 1
        i32.add
        set_local $index            递增索引值


        get_local $index
        call $GetMemoryLocationFromIndex
        get_local $card_value
        i32.store
                            将$index 处内存值设置
                            为$card_value 的内容

        get_local $card_value
        i32.const 1
        i32.add
        set_local $card_value
                              为下一次循环增加
                              $card_value

        get_local $index
        i32.const 1
        i32.add
        set_local $index
                            为下一次循环
                            增加索引值

        get_local $index
        get_local $array_length
        i32.lt_s
        if
          br $while-populate
        end                   如果索引值小于$array_length,
      end $while-populate       就再次循环
  )
```

需要定义的下一个 func 节点是函数$GetMemoryLocationFromIndex。

6. 函数$GetMemoryLocationFromIndex

函数$GetMemoryLocationFromIndex 有一个名为$index 的 i32 参数以及一个 i32 返回值。可以调用这个函数来确定数组$cards 中索引值的内存地址。

这个函数会将参数值（$index）和一个 i32.const 2 值压入栈。然后调用指令 i32.shl（左移），它会从栈顶弹出两个值，将$index 值左移 2 位（等同于乘以 4），然后将结果压回栈上。

然后这个函数会为$cards 调用 get_global，从而将数组$cards 在内存中的起始地址压到栈上。接着调用 i32.add 指令，它会从栈顶弹出两个条目，并将它们相加，然后将结果压回栈上。因为这个函数要返回一个值，所以将 i32.add 运算的结果留在栈上，以返回给调用方。

在文件 cards.wast 中，将以下代码片段添加到节点$PopulateArray 之后。

```
(func $GetMemoryLocationFromIndex (param $index i32) (result i32)
  get_local $index
  i32.const 2
  i32.shl    ◄—— 索引值左移 2 位

  get_global $cards
  i32.add    ◄—┐ 将数组的起始位置
)              └ 添加到索引值位置
```

需要定义的下一个 func 节点是函数$ShuffleArray。

7. 函数$ShuffleArray

函数$ShuffleArray 有一个名为$array_length 的 i32 参数，没有返回值。可以调用这个函数来打乱数组$cards 的内容。

信息　这个数组要使用的打乱方法是 Fisher-Yates 洗牌算法。

这个函数会首先定义几个后面的循环要使用的局部变量。然后调用从 Emscripten 生成模块中导入的函数$SeedRandomNumberGenerator 来重置随机数生成器。

$index 值被初始化为比$array_length 值小 1，因为卡牌上的循环将从数组结尾开始到开头。然后启动循环，直到$index 值达到 0。

循环内会调用一次从 Emscripten 生成模块中导入的函数$GetRandomNumber 来获取一个指定范围内的随机数。指定的范围是调整为基于 1 的当前索引值，从而获取 1 到$index + 1 之间的随机数。然后将得到的随机数放入局部变量$card_to_swap 中。

```
get_local $index
i32.const 1      向$index 中的值加 1 以
i32.add    ◄—┐ 获得从 1 开始的索引值
call $GetRandomNumber
set_local $card_to_swap
```

一旦确定了要交换的随机卡牌的索引值，就确定了当前卡牌索引值和要交换卡牌索引值的内存地址。将它们分别放入局部变量$memory_location1 和$memory_location2 中。

找到两个内存地址后，调用 i32.load 从内存读取当前索引值（$memory_location1）处的值。这个指令会从栈顶弹出一个条目（内存地址），并从这个内存地址读取 i32 值，然后将它放到栈上。接下来你的函数会将这个值放入局部变量$card_value 中，这样一来，再将来自$memory_location2 的数据放入$memory_location1 中时，这个值不会丢失，如以下代码片段所示：

```
get_local $memory_location1
i32.load
set_local $card_value
```

下一个代码片段可能会令人迷惑。这个代码片段首先将$memory_location1（当前索引值）

中的值压入栈，然后将$memory_location2（要交换索引值的卡牌）中的值压入栈。接下来调用 i32.load，它会弹出栈顶值（$memory_location2，要交换索引值的卡牌），从这个内存地址读取值，并将其压到栈上。

因为$memory_location1（当前索引值）已经在栈上了，现在来自$memory_location2的值也在栈上，所以代码可以调用指令 i32.store。调用 i32.store 会从栈顶弹出两个条目并将值放入内存。最上边的条目是要存储的值，下一项是要存储这个值的内存地址。

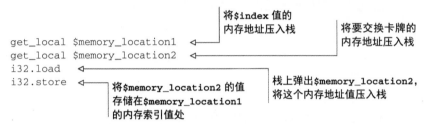

现在来自$memory_location2 的值已经放入$memory_location1，代码再将曾经位于$memory_location1 中的值放入$memory_location2，如下所示：

```
get_local $memory_location2
get_local $card_value
i32.store
```

然后循环将$index 值减 1。如果$index 值仍然大于 0，那么循环就会再次开始。

结合这些内容，在文件 cards.wast 中的节点$PopulateArray 之后添加代码清单 11-7 中的代码。

代码清单 11-7　文件 card.wast 中的函数$ShuffleArray

```
...

(func $ShuffleArray (param $array_length i32)
  (local $index i32)
  (local $memory_location1 i32)
  (local $memory_location2 i32)
  (local $card_to_swap i32)
  (local $card_value i32)

  call $SeedRandomNumberGenerator        ◁── 重置随机数生成器种子

  get_local $array_length    ◁
  i32.const 1                   │ 循环从数组结尾处
  i32.sub                       │ 开始移动到起始处
  set_local $index

  loop $while-shuffle
    get_local $index
    i32.const 1                   │ 确定一个随机卡牌与这
    i32.add                       │ 个索引值处的条目交换
    call $GetRandomNumber    ◁
```

```
      set_local $card_to_swap

      get_local $index
      call $GetMemoryLocationFromIndex     ◄─┐  根据索引值确定
      set_local $memory_location1              │  内存位置

      get_local $card_to_swap                       根据索引值 card_to_swap
      call $GetMemoryLocationFromIndex     ◄─┐  确定内存位置
      set_local $memory_location2              │

      get_local $memory_location1     ◄─┐
      i32.load                                        从数组的当前索引值处的
      set_local $card_value                     内存中取得卡牌值

      get_local $memory_location1
      get_local $memory_location2           弹出$memory_location2 并
      i32.load                ◄─────         将这个内存位置的值压入栈顶
      i32.store               ◄─────
                                                    将来自$memory_location2 的值
      get_local $memory_location2         存储在$memory_location1 中
      get_local $card_value
      i32.store               ◄─────
                                                    将卡牌值放在内存中原来放置
      get_local $index        ◄─┐            card_to_swap 值的位置
      i32.const 1                   │
      i32.sub                               为下一次循环递
      set_local $index                  减索引值

      get_local $index        ◄─┐
      i32.const 0                   │      如果索引值仍然大于 0,
      i32.gt_s                           则再次循环
      if
        br $while-shuffle
      end
    end $while-shuffle
  )
```

需要定义的下一个 func 节点是函数$PlayLevel。

8. 函数$PlayLevel

函数$PlayLevel 有一个名为$level 的 i32 参数,没有返回值。可以调用这个函数来初始化卡牌,然后向玩家显示卡牌。

为了初始化卡牌,需要将参数$level 值压入栈,然后调用函数$InitializeCards。由于这个函数期望单个参数,因此栈顶的条目会被弹出并作为参数传给它。

接下来,需要调用 JavaScript 函数$GenerateCards,这样才能为玩家显示当前级数量的卡牌。为了做到这一点,需要将全局值$rows 和$columns 压入栈,并压入参数值$level。然后调用函数$GenerateCards。这个函数期望获得 3 个参数,因此栈顶的 3 个条目都会被弹出并作为参数传给它。

在文件 cards.wast 中的函数$ShuffleArray 之后添加以下代码片段。

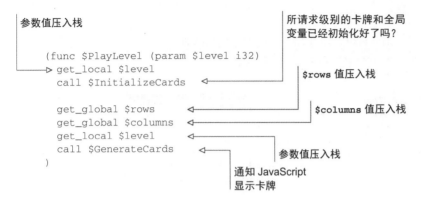

需要定义的下一个 func 节点是函数 $GetCardValue。

9. 函数 $GetCardValue

函数 $GetCardValue 接受两个 i32 参数（$row 和 $column）并返回一个 i32 值。可以调用这个函数来取得指定行列位置的卡牌值。

可以用以下公式来确定所请求的行列值在数组 $cards 中的索引值。

```
row * columns + column
```

下一个代码片段展示了实现这个公式的文本格式代码。参数值 $row 被压入栈，然后压入全局变量 $columns。指令 i32.mul 从栈顶弹出两项，并将它们相乘，然后结果被压入栈。

首先压入栈参数值 $column，然后调用指令 i32.add，这个指令会弹出栈顶的两项，将它们相加到一起，并将结果压入栈，这就给出了数组中的索引值，从而可以找到卡牌值。

```
get_local $row
get_global $columns
i32.mul        ←—— $row 乘以 $columns
get_local $column
i32.add        ←—— 结果加 $column
```

一旦确定了这个数组索引值，就需要将索引值左移 2 位（乘以 4），因为每个索引值表示一个具有 4 个字节的 32 位整型。然后向调整后的索引值加上数组 $cards 在内存中的起始地址，以取得这个索引值在模块内存中所在的位置。现在栈上有了这个内存索引值，调用指令 i32.load，它会弹出栈顶条目，并从这个内存地址中读取内容，然后将值压入栈。由于这个函数返回一个 i32 结果，因此将调用 i32.load 的结果留在栈上即可，这个函数结束后，它会返回调用函数。

在文件 cards.wast 中的函数 $PlayLevel 之后添加代码清单 11-8 中的代码。

代码清单 11-8　文件 cards.wast 中的函数 $GetCardValue

```
...

(func $GetCardValue (param $row i32) (param $column i32) (result i32)
  get_local $row
  get_global $columns      将 $row 和 $columns
  i32.mul          ←——|  的值相乘
```

```
get_local $column
i32.add          ◄────── 相乘结果上加上
                         $column 值
i32.const 2
i32.shl          ◄────── 索引值左移 2 位（乘以 4），因为
get_global $cards        每个索引值表示一个 32 位整型
i32.add
i32.load         ◄────── 从内存中读取值，将
)                        它留在栈上以返回给
                         调用函数
```

向索引位置加上指针数组 $cards 的起始地址

需要定义的下一个 func 节点是函数 $CardSelected。

10. 函数 $CardSelected

函数 $CardSelected 接受两个 i32 参数（$row 和 $column），没有返回值。玩家点击一张卡牌时，JavaScript 代码会调用这个函数。

如以下代码片段所示，在做任何事情之前，这个函数会先检查执行是否已暂停。如果玩家刚刚点击了第二张卡牌，那么执行会暂停，模块会在短暂停顿之后再将卡牌翻转为正面朝下或消除卡牌。如果执行暂停，那么函数会调用 return 语句来退出。

```
get_global $execution_paused
i32.const 1
i32.eq
if
  return
end
```

如果执行没有暂停，这个函数会调用函数 $GetCardValue 来确定参数值中指定的 $row 和 $column 处的卡牌值是什么。确定的卡牌值会被放入局部变量 $card_value 中，如以下代码片段所示：

```
get_local $row
get_local $column
call $GetCardValue
set_local $card_value
```

接下来，这个函数会调用 JavaScript 函数 $FlipCard 将被点击的卡牌翻转为正面朝上。

```
get_local $row
get_local $column
get_local $card_value
call $FlipCard
```

然后这段代码会检查值 $first_card_row 是否设置为 -1。如果是 -1，那么第一张卡牌还不是正面朝上，此时需要执行 if 语句的 then 块；如果不是 -1，那么第一张卡牌已经正面朝上，此时需要执行 if 语句的 else 块，如以下代码片段所示：

```
get_global $first_card_row
i32.const -1
i32.eq                         $first_card_row 值为-1。
if                             第一张卡牌还没有正面朝上

else

end                            $first_card_row 值不为-1。
                               第一张卡牌已经正面朝上
```

在 if 语句的 then 块中, $row、$column 和$card_value 的值分别被放入全局变量 $first_card_row、$first_card_column 和$first_card_value 中。

在 if 语句的 else 块中, 代码首先会调用函数$IsFirstCard 来查看值$row 和$column 是否属于第一张卡牌。如果玩家再次点击同一张卡牌, 那么函数就会退出, 如以下代码片段所示:

```
get_local $row
get_local $column
call $IsFirstCard
if
  return
end
```

如果玩家点击了另一张卡牌, 那么 else 块会将$row、$column 和$card_value 的值分别 放入全局变量$second_card_row、$second_card_column 和$second_card_value 中。然 后 else 块代码会将变量$execution_paused 值设置为 i32.const 1, 以标示执行现在已被 暂停, 在执行从暂停中恢复前, 这个函数不会响应点击。

最后, 如以下代码片段所示, else 分支中的代码会将值 i32.const 1024 压入栈, 然后将 值 i32.const 600 压入栈。值 1024 是字符串"SecondCardSelectedCallback"的内存地址, 本章后面定义 Data 已知段时会指定。值 600 是想要 JavaScript 代码暂停执行的毫秒数。一旦这 两个值被压入栈, 则调用 JavaScript 函数$Pause。这个函数期望两个参数, 因此栈顶的两个条目 会被弹出并作为参数传给它。

```
i32.const 1024
i32.const 600
call $Pause
```

合并这些内容, 在文件 cards.wast 中的函数$GetCardValue 之后添加代码清单 11-9 中的代码。

代码清单 11-9   文件 cards.wast 中的函数$CardSelected

```
...

(func $CardSelected (param $row i32) (param $column i32)
  (local $card_value i32)

  get_global $execution_paused        游戏暂停时
  i32.const 1                          忽略点击
  i32.eq
  if
    return
```

```
    end

    get_local $row
    get_local $column              取得指定行列值
    call $GetCardValue      ◄──    处的卡牌值
    set_local $card_value

    get_local $row
    get_local $column
    get_local $card_value          通知 JavaScript 显示
    call $FlipCard        ◄──      这张卡牌

    get_global $first_card_row
    i32.const -1
    i32.eq                         如果还没有点击
    if                    ◄──      卡牌……
      get_local $row      ◄────────────  ……记住被点击的
      set_global $first_card_row          卡牌的细节

      get_local $column
      set_global $first_card_column

      get_local $card_value
      set_global $first_card_value
    else                  ◄────── 已经显示第一张卡牌
      get_local $row
      get_local $column
      call $IsFirstCard   ◄──
      if                           如果玩家再次点击第一
        return                     张卡牌，则退出函数
      end

      get_local $row       ◄──────── 记住第二张卡牌的细节
      set_global $second_card_row

      get_local $column
      set_global $second_card_column

      get_local $card_value
      set_global $second_card_value
                                   在函数 Pause 调回这个
      i32.const 1                  模块之前不响应点击
      set_global $execution_paused  ◄──

      i32.const 1024      ◄──
      i32.const 600       ◄──      字符串 "SecondCardSelectedCallback"
      call $Pause                  在内存中的地址
    end                            JavaScript 调用函数
  )                                $SecondCardSelectedCallback
                                   前的持续时间
```

调用
JavaScript
函数$Pause

需要定义的下一个 func 节点是函数$IsFirstCard。

11. 函数 `$IsFirstCard`

函数 `$IsFirstCard` 接受两个 i32 参数（`$row` 和 `$column`）并返回一个 i32 结果。可以调用这个函数来确定值 `$row` 和 `$column` 是否对应已经显示给玩家的第一张卡牌。

这个函数首先会检查参数值 `$row` 是否与全局值 `$first_card_row` 匹配，并将结果放入局部变量 `$rows_equal` 中。以同样的方式，这个函数还会检查参数值 `$column` 是否与全局值 `$first_card_column` 匹配，并将结果放入局部变量 `$columns_equal` 中。

接下来，这个函数会将值 `$rows_equal` 和 `$columns_equal` 压入栈并调用指令 i32.and。这个指令会弹出栈顶的两个条目，并对这两个值执行一个 AND 运算来确定它们是否都匹配，然后将结果压回栈上。由于这个函数会返回一个 i32 结果，因此将 i32.and 调用的结果留在栈上。这个函数结束后，它会返回给调用函数。

在文件 cards.wast 中的函数 `$CardSelected` 之后添加代码清单 11-10 中的代码。

代码清单 11-10　文件 cards.wast 中的函数 `$IsFirstCard`

```
...

(func $IsFirstCard (param $row i32) (param $column i32) (result i32)
  (local $rows_equal i32)
  (local $columns_equal i32)

  get_global $first_card_row        确定第一张卡牌行数
  get_local $row                    与当前行是否匹配
  i32.eq        ◄───────
  set_local $rows_equal

  get_global $first_card_column     确定第一张卡牌列数
  get_local $column                 与当前列是否匹配
  i32.eq        ◄───────
  set_local $columns_equal

  get_local $rows_equal             用 AND 运算来确定行
  get_local $columns_equal          列是否都匹配
  i32.and       ◄───────
)
```

需要定义的下一个 func 节点是函数 `$SecondCardSelectedCallback`。

12. 函数 `$SecondCardSelectedCallback`

函数 `$SecondCardSelectedCallback` 没有任何参数，也没有返回值。延时结束时，这个函数会被 JavaScript 函数 `$Pause` 调用。它会查看选中的两张卡牌是否匹配。如果匹配，则调用 JavaScript 函数 `$RemoveCards` 来隐藏这两张卡牌，然后将全局变量 `$matches_remaining` 减 1；如果不匹配，则会为每张卡牌调用 JavaScript 函数 `$FlipCard`，以便将它们翻转回正面朝下。然后重置指示哪些卡牌被点击的全局变量，并将变量 `$execution_paused` 设置为 0，以表明模块不再暂停。

接下来这个函数会查看 `$matches_remaining` 值是否为 0，这个值表示当前级已经完成。如果值为 0，则调用从 Emscripten 生成模块导入的函数 `$free` 来释放数组 `$cards` 的内存。然后调用 JavaScript 函数$LevelComplete 来告诉玩家本级结束。

　　在 cards.wast 文件中的函数$IsFirstCard 之后添加代码清单 11-11 中的代码。

代码清单 11-11　文件 cards.wast 中的函数$SecondCardSelectedCallback

```
...

(func $SecondCardSelectedCallback
  (local $is_last_level i32)

  get_global $first_card_value
  get_global $second_card_value
  i32.eq
  if              ◀──────────── 如果选中的两张卡牌匹配……
    get_global $first_card_row
    get_global $first_card_column
    get_global $second_card_row
    get_global $second_card_column
    call $RemoveCards  ◀──────────── ……通知 JavaScript 隐藏这两张卡牌

    get_global $matches_remaining
    i32.const 1
    i32.sub
    set_global $matches_remaining  ◀──────────── 将这个全局变量减 1
  else            ◀──────────── 两张卡牌不匹配
    get_global $first_card_row
    get_global $first_card_column
    i32.const -1
    call $FlipCard  ◀──────────── 通知 JavaScript 将第一张
                                    卡牌翻转为正面朝下

    get_global $second_card_row
    get_global $second_card_column
    i32.const -1
    call $FlipCard  ◀──────────── 通知 JavaScript 将第二张
                                    卡牌翻转为正面朝下
  end

  call $ResetSelectedCardValues  ◀──────────── 将这个表示选中卡牌的
                                                全局变量设置为-1
  i32.const 0
  set_global $execution_paused  ◀──────────── 关闭这个标记，允许
                                                $CardSelected 再
                                                次接受点击
  get_global $matches_remaining
  i32.const 0
  i32.eq
  if              ◀──────────── 如果没有剩余匹配对……
    get_global $cards
    call $free    ◀──────────── ……释放全局变量$cards
                                    使用的内存
    get_global $current_level
    get_global $MAX_LEVEL
    i32.lt_s
    set_local $is_last_level  ◀──────────── 确定当前级是否为
                                              最后一级
```

```
    get_global $current_level
    get_local $is_last_level
    call $LevelComplete    ◁──────┐ 调用这个 JavaScript 函数通知玩家
  end                             └ 这一级胜利以及是否还有下一级
)
```

需要定义的下一个 func 节点是函数 $ReplayLevel。

13. 函数$ReplayLevel

函数 $ReplayLevel 没有参数，也没有返回值，当玩家点击重玩按钮时，JavaScript 会调用它。这个函数就是将全局变量 $current_level 传给函数 $PlayLevel。

在文件 cards.wast 中的函数 $SecondCardSelectedCallback 之后添加以下代码片段。

```
(func $ReplayLevel
  get_global $current_level
  call $PlayLevel
)
```

需要定义的下一个 func 节点是函数 $PlayNextLevel。

14. 函数$PlayNextLevel

函数 $PlayNextLevel 没有参数，也没有返回值，当玩家点击下一级按钮时，JavaScript 会调用它。这个函数会调用函数 $PlayLevel，传入一个比全局变量 $current_level 值大 1 的值。

在文件 cards.wast 中的函数 $ReplayLevel 之后添加以下代码片段。

```
(func $PlayNextLevel
  get_global $current_level
  i32.const 1
  i32.add
  call $PlayLevel
)
```

需要定义的下一个 func 节点是函数 $main。

15. 函数$main

函数 $main 没有参数也没有返回值。因为这个函数被指定为 start 节点的一部分，所以模块完成实例化后会自动调用它。它会调用函数 $PlayLevel，并传入值 1 来启动游戏的第一级。

在文件 cards.wast 中的函数 $PlayNextLevel 之后添加以下代码片段。

```
(func $main
  i32.const 1
  call $PlayLevel
)
```

至此我们定义了核心逻辑中的所有函数，下一步是添加 type 节点。

11.1.10 type 节点

如图 11-13 所示，Type 已知段声明了模块中将使用的所有函数的不重复函数签名列表，包括那些将被导入的函数。使用二进制工具包来生成模块时，type s-表达式是可选的，因为工具包可以根据导入的函数定义和模块内定义的函数来确定这些签名。在浏览器开发者工具中查看文本格式时，你将看到 type s-表达式，因此为了完整性，这里也会定义它们。

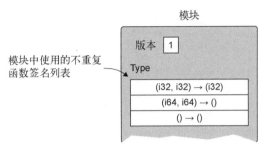

图 11-13　Type 已知段会声明模块中将使用的所有不重复函数签名的列表，包括那些将被导入的

使用标签为 type 的 s-表达式来定义类型，之后是可选的变量名，然后是函数签名。比如，以下是一个没有参数也没有返回值的函数签名的类型定义。

```
(type (func))
```

可以给类型任意取名，但这里我们遵循 Emscripten 的命名规范，即使用类似于 $FUNCSIG$vi 形式的变量名。第二个美元符号之后的值表明函数的签名。第一个字符表示函数的返回值类型，之后的每个字符表示一个参数类型。Emscripten 使用的字符如下所示：

- v——Void
- i——32 位整型
- j——64 位整型
- f——32 位浮点型
- d——64 位浮点型

Type 已知段会作为模块中的第一个段出现，但我们直到现在才实现它，以便可以先创建模块的函数。现在可以遍历函数和导入来组成一个所有不重复函数签名的列表了。

为游戏添加 type 节点

浏览导入的函数和为这个模块创建的函数，一共有 7 个不重复的函数签名，如表 11-4 所示。

表 11-4　这个模块使用的 7 个不重复的函数签名

返回类型	参数 1	参数 2	参数 3	参数 4	Emscripten 签名
void	-	-	-	-	v
void	i32	-	-	-	vi
void	i32	i32	-	-	vii
void	i32	i32	i32	-	viii
void	i32	i32	i32	i32	viiii
i32	i32	-	-	-	ii
i32	i32	i32	-	-	iii

有了表 11-4 中确定的不重复函数签名,剩下的就是为每个签名创建 `type` 节点。在文件 cards. wast 中添加以下代码片段中的 `type` s-表达式,放在 `module` s-表达式内的 `import` 节点之前。

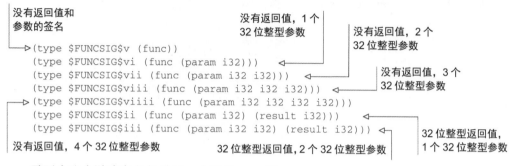

需要为这个游戏定义的最后一个段是 Data 段。

11.1.11 `data` 节点

如图 11-14 所示,Data 已知段会声明实例化过程中要加载到模块的线性内存中的数据。

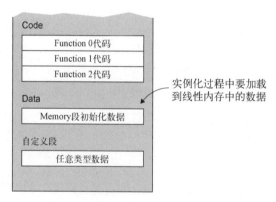

图 11-14 Data 已知段会声明实例化过程中要加载到模块线性内存中的数据

`data` s-表达式以标签 `data` 开始,之后是一个用来指示这些数据应该放到模块内存中哪个位置的 s-表达式,然后是一个字符串,其中包含要放到内存中的数据。

需要将字符串 `"SecondCardSelectedCallback"` 放入模块内存中。这个模块将在运行时手动链接到一个 Emscritpen 生成模块,Emscripten 生成模块有时会将它们自己的数据放到模块内存中。因此,我们会将这个字符串放到内存索引值 1024 处,如果 Emscripten 生成模块也要在内存中放置一些东西,那么这样就为它留下了空间。

在文件 cards.wast 中的 `module` s-表达式内的 `func` s-表达式之后添加以下代码片段,将字符串 `"SecondCardSelectedCallback"` 放到模块内存索引值 1024 处。

```
(data (i32.const 1024) "SecondCardSelectedCallback")
```

完成文本格式模块后，下一步是将其转化为二进制模块（参见图 11-15）。

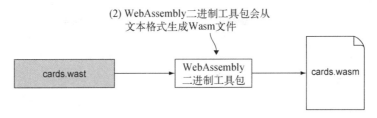

图 11-15 从 WebAssembly 文本格式生成 Wasm 文件

11.2 从文本格式生成 WebAssembly 模块

要想用 wat2wasm 在线工具将 WebAssembly 文本格式编译为 WebAssembly 模块，可以访问 wat2wasm demo 网站。如图 11-16 所示，在工具的左上面板，可以将其中内容替换为文件 cards.wast 中的文本。工具会自动创建 WebAssembly 模块。点击下载按钮将生成的 WebAssembly 文件下载到目录 Chapter 11\source\下，并将其命名为 cards.wasm。

图 11-16 将左上面板内容替换为文件 cards.wast 的内容。然后下载 WebAssembly 文件

至此我们就从文本格式代码生成了 WebAssembly 模块，下一步是创建 Emscripten 生成模块（参见图 11-17）。

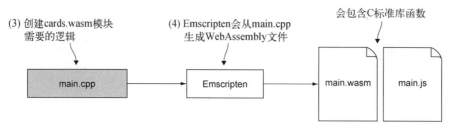

图 11-17   为 cards.wasm 模块创建包含所需逻辑的 C++ 文件

11.3   Emscripten 生成模块

Emscripten 生成模块为模块 cards.wasm 提供了必要的 C 标准库函数，比如 malloc、free，以及随机数生成器函数 srand 和 rand。这两个模块会在运行时手动链接到一起。如图 11-18 所示，现在将创建 C++ 文件。

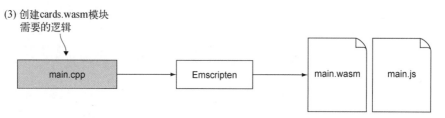

图 11-18   为 cards.wasm 模块创建包含所需逻辑的 C++ 文件

11.3.1   创建 C++ 文件

在目录 Chapter 11\source\ 下，创建文件 main.cpp，然后用编辑器打开。需要定义两个将被导出的供游戏逻辑模块使用的函数。

第一个函数名为 SeedRandomNumberGenerator，它会向函数 srand 传递一个种子值。种子值是当前时间，可以调用函数 time 来获得。函数 time 接受一个指向 time_t 对象的指针来放置时间，但是这里并不需要，因此只是传入 NULL，如下所示：

```
EMSCRIPTEN_KEEPALIVE
void SeedRandomNumberGenerator() { srand(time(NULL)); }
```

需要创建的第二个函数名为 GetRandomNumber，它接受一个范围，并返回这个范围内的一个随机数。比如，如果范围值为 10，那么随机数将是 0~9。以下是函数 GetRandomNumber。

```
EMSCRIPTEN_KEEPALIVE
int GetRandomNumber(int range) { return (rand() % range); }
```

逻辑模块还需要访问函数 `malloc` 和 `free`，而 Emscripten 生成模块将自动包含这些。在文件 main.cpp 中添加代码清单 11-12 中的代码。

代码清单 11-12　文件 main.cpp 的内容

```
#include <cstdlib>
#include <ctime>
#include <emscripten.h>

#ifdef __cplusplus
extern "C" {
#endif

EMSCRIPTEN_KEEPALIVE
void SeedRandomNumberGenerator() { srand(time(NULL)); }

EMSCRIPTEN_KEEPALIVE
int GetRandomNumber(int range) { return (rand() % range); }

#ifdef __cplusplus
}
#endif
```

至此我们就创建了文件 main.cpp，接下来用 Emscripten 将其转化为 WebAssembly 模块，如图 11-19 所示。

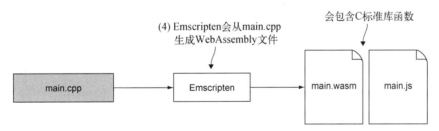

图 11-19　用 Emscripten 从 main.cpp 生成 WebAssembly 模块

11.3.2　生成 WebAssembly 模块

为了将代码编译为 WebAssembly 模块，需要打开命令行窗口，进入刚刚保存文件 main.cpp 的目录，然后运行以下命令。

```
emcc main.cpp -o main.js
```

如图 11-20 所示，下一步是将生成文件复制到供浏览器使用的位置。然后创建网页与模块交互所需要的 HTML 和 JavaScript 文件。

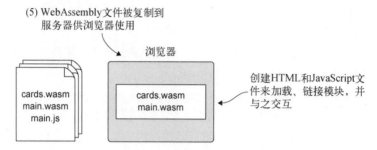

图 11-20   将生成文件复制到服务器供浏览器使用。然后创建网页与模块交互所需要的
            HTML 和 JavaScript 文件

11.4   创建 HTML 和 JavaScript 文件

在目录 WebAssembly\Chapter 11\下，创建目录 frontend\来放置本节将使用的文件。然后将以下文件从目录 source\复制到目录 frontend\：

❑ cards.wasm
❑ main.wasm
❑ main.js
❑ 来自目录 Chapter 4\4.1 js_plumbing\frontend\的 editproduct.html，重命名为 game.html

接下来将开始构建游戏的网页。首先调整文件 game.html。

11.4.1   修改 HTML 文件

在编辑器中打开文件 game.html，然后将 `title` 标签中的文本从 `Edit Product` 修改为 `Wasm Match`，如下所示：

```
<title>Wasm Match</title>
```

在 `head` 标签中的最后一个 `script` 标签之后，添加以下 `link` 标签，这会加载游戏中卡牌风格所需要的 CSS。

```
<link rel="stylesheet" href="game.css">
```

注意   可以在本书源码中找到文件 game.css。将文件 game.css 放在文件 game.html 所在目录。

修改 `body` 标签为不再有属性 `onload="initializePage()"`。现在 `body` 标签看起来应该如下所示：

```
<body>
```

在 `body` 标签之后，修改 `div` 标签，令其类属性变成 `root-container`。然后删除 `div` 内的 HTML。现在 div 看起来应该类似于以下代码片段。

```
<div class="root-container">

</div>
```
div 内的 HTML 已经被删除　　类名称从 container 重命名为 root-container

在 root-container div 内，添加以下代码片段中的 HTML 代码。这段 HTML 会在网页上显示游戏名称以及正在玩的当前级数。如果玩家决定进入下一级，JavaScript 会调整 h3 标签来指示新级数。

```
<header class="container-fluid">
  <h1>Wasm Match</h1>            ← 在网页上显示游戏名
  <h3 id="currentLevel">Level 1</h3>   ← 显示正在玩的当前级数
</header>
```

仍然在 root-container div 之内，在 header 标签之后添加以下代码片段所示的 div 标签。游戏的卡牌将被 JavaScript 代码放到这个 div 之中。

```
<div id="cardContainer" class="container-fluid"></div>
```

需要做的下一件事是添加一些 HTML 代码，在玩家赢得一级之后呈现给他们。这段 HTML 会指示完成的是哪一级，并且让他们选择重玩当前级还是继续玩下一级（如果有下一级）。在 root-container div 内的 cardContainer div 之后，添加以下 HTML 代码。

默认不显示。如果玩家胜利，JavaScript 代码会显示这个 div
会持有关于完成的这一级的细节
玩家可以点击来重玩当前级的按钮
玩家可以点击来玩下一级的按钮。没有下一级就隐藏

```
<div id="levelComplete" class="container-fluid summary"
  style="display:none;">
  <h1>Congratulations!</h1>
  <h3 id="levelSummary"></h3>

  <button class="btn btn-primary"
    onclick="replayLevel();">Replay</Button>

  <button class="btn btn-primary" id="playNextLevel"
    onclick="playNextLevel();">Next Level</Button>
</div>
```

对文件 game.html 要做的最后修改是文件结尾处的 script 标签的 src 值。我们很快将创建一个文件 game.js 来处理两个模块的链接以及与模块的交互。将第一个 script 标签的值修改为 game.js，将第二个 script 标签的值修改为 main.js（Emscripten 生成的 JavaScript 代码）。

```
<script src="game.js"></script>   ← 之前为 editproduct.js
<script src="main.js"></script>   ← 之前为 validate.js
```

至此 HTML 代码就调整好了，下一步是创建 JavaScript 代码，以便将两个模块链接到一起，并与模块 cards.wasm 中的主逻辑交互。

11.4.2 创建 JavaScript 文件

在目录 frontend\下，创建文件 game.js，然后用编辑器打开。向文件 game.js 中添加以下代码片段中的全局变量来放置模块的内存和导出函数。

```
let moduleMemory = null;
let moduleExports = null;
```

下一步是创建一个 `Module` 对象，以便可以处理 Emscripten 的 `instantiateWasm` 函数。这允许你控制 Emscripten 生成的 WebAssembly 模块的下载和实例化过程。然后就可以下载并实例化文件 cards.wasm，并将其链接到 Emscripten 生成的模块了。

在函数 `instantiateWasm` 内，需要实现以下内容。

❑ 在全局变量 `moduleMemory` 中放置一个对 `importObject` 的 `memory` 对象的引用，以供 JavaScript 代码之后使用。

❑ 定义一个变量来持有模块 main.wasm 完成实例化之后的实例。

❑ 然后调用函数 `WebAssembly.instantiateStreaming`，取得文件 main.wasm 并传入从 Emscripten 接收到的 `importObject`。

❑ 在 `instantiateStreaming Promise` 的 `then` 方法中，为模块 cards.wasm 定义 `import` 对象，传入来自模块 main.wasm 的函数，以及来自你自己的 JavaScript 代码的 JavaScript 函数。然后调用 `WebAssembly.instantiateStreaming` 来取得模块 cards.wasm。

❑ 在 cards.wasm 的 `instantiateStreaming Promise` 的 `then` 方法中，在全局变量 `moduleExports` 中放置一个指向模块导出的引用。最后将模块 main.wasm 的这个模块实例传给 Emscripten。

将代码清单 11-13 中的代码添加到文件 game.js 中，放在全局变量之后。

代码清单 11-13　文件 game.js 中的 `Module` 对象

Emscripten 的 JavaScript 代码会寻找这个对象，
以确定你的代码是否覆盖了任何东西

允许你控制主模块
的实例化

```
    ...

var Module = {
    instantiateWasm: function(importObject, successCallback) {
        moduleMemory = importObject.env.memory;
        let mainInstance = null;

        WebAssembly.instantiateStreaming(fetch("main.wasm"),
            importObject)
        .then(result => {
            mainInstance = result.instance;

            const sideImportObject = {
                env: {
                    memory: moduleMemory,
                    _malloc: mainInstance.exports._malloc,
```

维护一个指向 `memory` 对象
的引用，以供 JavaScript 代
码使用

下载并实例化 Emscripten
生成的 WebAssembly 模块

维护一个指向
main.wasm 模
块实例的引用

创建 cards.wasm 模块所
需要的 `import` 对象

使用与主模块实
例相同的内存

```
            _free: mainInstance.exports._free,
            _SeedRandomNumberGenerator:
➥ mainInstance.exports._SeedRandomNumberGenerator,
            _GetRandomNumber: mainInstance.exports. _GetRandomNumber,
            _GenerateCards: generateCards,
            _FlipCard: flipCard,
            _RemoveCards: removeCards,
            _LevelComplete: levelComplete,
            _Pause: pause,
        }
    };
```

下载并实例化 cards.wasm 模块

```
    return WebAssembly.instantiateStreaming(fetch("cards.wasm"),
        sideImportObject)
```

```
}).then(sideInstanceResult => {
    moduleExports = sideInstanceResult.instance.exports;
```

维护一个指向 cards.wasm 模块的 **exports** 的引用，以供 JavaScript 代码使用

```
    successCallback(mainInstance);
});
```

将主模块实例传给 Emscripten 的 JavaScript 代码

```
    return {};
}
};
```

因为这是异步完成的，所以传回一个空对象

完成实例化后，模块 cards.wasm 会自动启动第一级并调用 JavaScript 函数 generateCards 在屏幕上显示适当数量的卡牌。玩家选择重玩当前级或者玩下一级时也会调用这个函数。在文件 game.js 中添加代码清单 11-14 中的代码，放在 Module 对象之后。

代码清单 11-14 文件 game.js 中的函数 generateCards

```
...
function generateCards(rows, columns, level) {
  document.getElementById("currentLevel").innerText
    = `Level ${level}`;
```

模块调用来显示适当数量的卡牌

调整 **header** 部分来指示当前级数

将持有卡牌的 HTML 代码

```
  let html = "";
  for (let row = 0; row < rows; row++) {
    html += "<div>";
```

每一行的卡牌会在一个 **div** 标签中

```
    for (let column = 0; column < columns; column++) {
      html += "<div id=\"" + getCardId(row, column)
        + "\" class=\"CardBack\" onclick=\"onClickCard("
        + row + "," + column + ");\"><span></span></div>";
    }
```

为当前卡牌创建 HTML 代码

```
    html += "</div>";
  }
```

结束当前行 **div** 标签

```
  document.getElementById("cardContainer").innerHTML = html;
}
```

用这段 HTML 代码更新网页

11

根据显示的行列值，每张卡牌会被分配一个 ID。函数 getCardId 会返回指定行列值的卡牌的 ID。在文件 game.js 中的函数 generateCards 之后添加以下代码片段。

```
function getCardId(row, column) {
  return ("card_" + row + "_" + column);
}
```

每当玩家点击一张卡牌，模块就会调用函数 flipCard 来翻转这张卡片为正面朝上。如果玩家点击第二张卡牌，并且两张卡牌不匹配，在短暂停顿以便玩家看清点击的两张牌之后，模块会再次调用函数 flipCard 将两张牌都翻转为正面朝下。想让卡牌翻转为正面朝下时，模块会将 cardValue 指定为-1。在文件 game.js 中的函数 getCardId 之后添加以下代码片段中的 flipCode 代码。

模块调用来翻转卡牌为
正面朝上或朝下

取得 DOM 中这张
卡牌的引用

```
function flipCard(row, column, cardValue) {
  const card = getCard(row, column);      ◄── 默认卡牌为正面
  card.className = "CardBack";      ◄── 朝下

  if (cardValue !== -1) {      ◄── 如果指定了一个值，那么
    card.className = ("CardFace "      卡牌需要正面朝上
        + getClassForCardValue(cardValue));      ◄──
  }      CardFace 用于卡牌，
}      getClassForCardValue
      的值用于图像
```

辅助函数 getCard 根据指定的行列数为请求的卡牌返回 DOM 对象。在文件 game.js 中的函数 flipCard 之后添加函数 getCard。

```
function getCard(row, column) {
  return document.getElementById(getCardId(row, column));
}
```

当一张卡牌正面朝上时，它会包含第二个 CSS 类名来指示要显示哪张图片。游戏中使用的卡牌值是 0、1、2，具体取决于一共有多少级。函数 getClassForCardValue 会返回一个以 Type 开头加卡牌值为结尾的类名（如 Type0）。在文件 game.js 中的函数 getCard 之后添加以下代码片段。

```
function getClassForCardValue(cardValue) {
  return ("Type" + cardValue);
}
```

当玩家成功找到两张匹配的卡牌时，模块会调用函数 removeCards 来移除这些卡牌。在文件 game.js 中的函数 getClassForCardValue 之后添加以下代码片段。

```
function removeCards(firstCardRow, firstCardColumn,
    secondCardRow, secondCardColumn) {      取得第一张卡牌在
  let card = getCard(firstCardRow, firstCardColumn);      ◄── DOM 中的引用
```

```
card.style.visibility = "hidden";

card = getCard(secondCardRow, secondCardColumn);
card.style.visibility = "hidden";
}
```

这张卡牌被隐藏了，但
仍然占据着同样的空间
以防止卡牌移动

隐藏第二张卡牌

一旦玩家找到当前级的所有匹配对，模块就会调用函数 levelComplete，以便 JavaScript
代码可以通知玩家并提供重玩当前级的选择。如果模块指示还有下一级可以玩，那么玩家还会获
得玩下一级的机会。在文件 game.js 中的函数 removeCards 之后添加代码清单 11-15 中的代码。

代码清单 11-15　文件 game.js 中的函数 levelComplete

```
...

function levelComplete(level, hasAnotherLevel) {
  document.getElementById("levelComplete").style.display
= "";

  document.getElementById("levelSummary").innerText =
    `You've completed level ${level}!`;

  if (!hasAnotherLevel) {
    document.getElementById("playNextLevel").style.display =
"none";
  }
}
```

显示本级完成部分

指示玩家刚刚完成了
哪一级

如果没有下一级，那
么就隐藏玩下一级的
按钮

当玩家点击第二张卡牌时，模块会给玩家一个短暂的停留，之后要么在不匹配的情况下翻转
卡牌正面朝下，要么在匹配的情况下隐藏它们。为了暂停执行，模块会调用 JavaScript 函数 pause，
以指示延时结束时想要 JavaScript 调用哪个模块函数。它还会传入想要延时的时长，以毫秒为单
位。在文件 game.js 中的函数 levelComplete 之后添加以下代码片段。

```
function pause(callbackNamePointer, milliseconds) {
  window.setTimeout(function() {
    const name = ("_" +
      getStringFromMemory(callbackNamePointer));

    moduleExports[name]();
  }, milliseconds);
}
```

创建延时结束时会被
调用的匿名函数

调用指定函数

从模块内存中取得函
数名，并为其添加一
个下划线字符前缀

在指定毫秒数
之后触发超时

接下来要创建的函数 getStringFromMemory 是从前面章节中使用的 JavaScript 代码中复制
而来，它会从模块内存中读取一个字符串。在文件 game.js 中的函数 pause 之后添加代码清单
11-16 中的代码。

代码清单 11-16　文件 game.js 中的函数 getStringFromMemory

```
...

function getStringFromMemory(memoryOffset) {
```

11

```
  let returnValue = "";

  const size = 256;
  const bytes = new Uint8Array(moduleMemory.buffer, memoryOffset, size);

  let character = "";
  for (let i = 0; i < size; i++) {
    character = String.fromCharCode(bytes[i]);
    if (character === "\0") { break;}

    returnValue += character;
  }

  return returnValue;
}
```

　　每当玩家点击一张卡牌，这张卡牌的 div 标签就会调用函数 onClickCard，并传入这张卡牌的行列值。函数 onClickCard 需要调用函数_CardSelected 将这些值传给模块。在文件 game.js 中的函数 getStringFromMemory 之后添加以下代码片段。

```
function onClickCard(row, col) {
  moduleExports._CardSelected(row, col); ◄─── 通知模块在此行列位
}                                             置的卡牌被点击了
```

　　当玩家完成本级之后，向他们展示一个按钮以允许重玩当前级。这个按钮会调用函数 replayLevel。在这个函数中，需要隐藏本级完成部分，然后调用函数_ReplayLevel 通知模块玩家想要重玩本级。在文件 game.js 中的函数 onClickCard 之后添加以下代码片段。

```
function replayLevel() {
  document.getElementById("levelComplete").style.display
➡   = "none";         ◄───────────── 隐藏本级完成部分

  moduleExports._ReplayLevel(); ◄──┐ 通知模块玩家想要
}                                   └ 重玩当前级
```

　　另外，完成本级后，玩家会看到一个按钮来允许他们玩下一级（如果有下一级）。这个按钮被点击后，JavaScript 函数 playNextLevel 会被调用。在这个函数中，需要隐藏本级完成部分，然后调用函数_PlayNextLevel 通知模块玩家想要玩下一级。在文件 game.js 中的函数 replayLevel 之后添加以下代码片段。

```
function playNextLevel() {
  document.getElementById("levelComplete").style.display = "none";

  moduleExports._PlayNextLevel(); ◄──┐ 通知模块玩家想要
}                                     └ 玩下一级
```

　　至此我们创建了所有文件，现在可以查看结果了。

11.5　查看结果

要想查看结果，打开浏览器并在地址栏中输入 http://localhost:8080/game.html 来查看游戏网页，如图 11-21 所示。

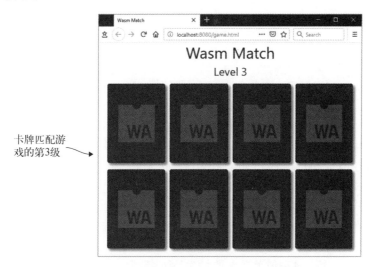

卡牌匹配游戏的第3级 →

图 11-21　玩家到达第 3 级时卡牌匹配游戏的样子

如何将本章所学应用于现实呢？

11.6　现实用例

以下是本章所学内容的可能用例。

❑ 第 12 章将介绍，如果没有源码映射，那么浏览器显示 WebAssembly 模块内容时会使用文本格式。还可以设置断点并单步运行文本格式代码，如果无法在本地复现问题，那么追踪这个问题时，这可能是必要的。

❑ 第 6 章已经介绍过，第 12 章还将再次强调的是，可以在 emcc 命令中包含-g 标记，从而让 Emscripten 也生成一个.wast 文件。如果试图实例化模块时出现错误，或者不确定为什么某些东西无法正常工作时，查看这个文件的内容有时会有所帮助。

11.7　练习

练习答案参见附录 D。

(1) 用 WebAssembly 二进制工具包创建 WebAssembly 模块时，哪个 s-表达式需要出现在 s-表达式 table、memory、global 和 func 之前？

(2) 试着在文本格式代码中修改函数 InitializeRowsAndColumns，令其现在支持 6 个级别而不是 3 个。

  a. 第 4 级有 3 行 4 列。

  b. 第 5 级有 4 行 4 列。

  c. 第 6 级有 4 行 5 列。

11.8　小结

本章介绍了以下内容。

❑ WebAssembly 二进制格式有其文本形式，名为 WebAssembly 文本格式。它允许你使用可读文本来查看并操作模块，而无须直接使用二进制格式。

❑ 文本格式允许浏览器用户以类似于查看网页 JavaScript 代码的方式查看 WebAssembly 模块。

❑ 文本格式并不倾向于手写，但仍然可以使用 WebAssembly 二进制工具包这样的工具这么做。

❑ 文本格式使用 s-表达式以简单的方式表达模块元素。根元素是 module s-表达式，其余所有 s-表达式都是这个节点的子节点。

❑ 二进制格式的已知段都有对应的 s-表达式。只有 import 节点的位置有影响，如果包含，需要出现在 table、memory、global 和 func 节点之前。另外，二进制格式中的 Function 和 Code 已知段在文本格式中用单个 func s-表达式表示。

❑ WebAssembly 支持的 4 种值类型在文本格式中表示为 i32（32 位整型）、i64（64 位整型）、f32（32 位浮点型）和 f64（64 位浮点型）。

❑ 为了简化这 4 种类型数据的使用，文本格式为每种类型都提供了一个与类型同名的对象（如 i32.add）。

❑ 函数中的代码以栈机器的形式工作，其中值被压入和弹出栈。可以使用栈机器格式或 s-表达式格式来编写函数内的代码。浏览器用栈机器格式显示函数的代码。

❑ 如果没有返回值，当函数退出时，栈必须是空的；如果有返回值，函数退出时栈上必须有一个这个类型的条目。

❑ 可以通过条目的索引值或变量名来引用它们。

❑ 一个函数的参数可以被看作局部变量，它们的索引值在函数内定义的所有局部变量之前。另外，局部变量必须定义在函数的起始处。

❑ 本书撰写时，浏览器显示局部与全局变量的 get 和 set 指令的形式是 set_local 或 get_global。WebAssembly 标准已经修改，新形式是 local.set 或 global.get，但调用方法与最初形式相同。

第 12 章

调 试 *12*

在开发过程中的某个时刻，你很可能会发现代码没有按照期望工作，此时需要找到一种方法来追踪问题。有时候追踪问题很简单，只需要阅读代码，有时候则需要挖掘得更深一些。

本书撰写时，WebAssembly 的调试选择还比较有限，但随着浏览器和 IDE（integrated development environment，集成开发环境）工具的发展，这种情况会有所改善。目前，调试 WebAssembly 模块可以选择以下几种方法。

❏ 多次进行少量修改，然后编译并测试，这样一来，如果有问题，则更容易追踪。这种情况下，通读代码修改可能对发现问题有所帮助。

❏ 如果有编译问题，可以打开调试模式以告诉 Emscripten 包含一些解释输出。这种模式下会输出调试日志和中间文件。可以使用环境变量 EMCC_DEBUG 或编译标记-v 来控制调试模式。

❏ 使用导入的 JavaScript 函数、Emscripten 的某个宏，或者 printf 这样的函数从你的模块输出信息到浏览器控制台。这么做可以查看哪些函数正在被调用，以及此时感兴趣的变量是什么值。通过使用这种方法，可以从可能包含问题线索的区域记录日志开始。随着出问题区域不断缩小，可以添加更多日志记录。（关于 Emscripten 宏的更多信息，参见附录 C。）

❏ 在某些浏览器中，可以查看 WebAssembly 模块的文本格式、设置断点，并单步运行代码。本章将介绍如何使用这种方法来调试模块。

❏ Emscripten 有一组-g 标记（-g0、-g1、-g2、-g3、-g4），这些标记在编译输出中包含的调试信息会依次增加。标记-g 等同于-g3。当使用-g 标记时，Emscripten 还会产生一个与生成的二进制文件等价的文本格式文件（.wast），如果出现链接问题，这有助于调试，比如，在实例化过程中向模块传递适当的条目。可以检查文本格式文件来查看它在导入什么，以确定你所提供的是期望条目。

❑ -g4 标记很有意思，因为它会生成源码映射，以支持在浏览器调试器中查看 C/C++代码。这很有可能成为未来的调试手段。尽管这种方法会在调试器中显示 C/C++代码，也会在断点暂停，但本书撰写时这种调试方法并不好用。举例来说，如果你的函数有一个特定名称的参数变量，则不能用这个名字监视它，因为文本格式可能实际上使用的是一个名为 var0 的变量。要让调试器单步执行（step over）代码可能也需要运行几次，因为底层的一条语句可能有几个文本格式步骤，而单步执行调用是以文本格式语句为单位的。

本章将介绍一些调试选项，来为第 11 章中构建的卡牌匹配游戏添加功能。

12.1　扩展游戏

假设要扩展卡牌匹配游戏，令其能够记录玩家完成某一级的试验次数，如图 12-1 所示。玩家点击第二张卡牌就算一次试验，不管匹配与否。

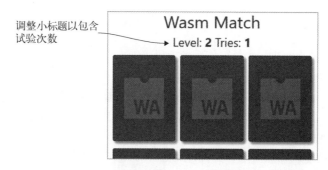

图 12-1　卡牌匹配游戏的第 2 级，小标题被调整为包含试验次数

本章中，为了学习可用的调试选项，我会故意犯一些错误，这样就需要调试代码来确定哪里出了什么问题。这里不再是实现 WebAssembly 模块的所有修改后再调整 JavaScript 代码，而是同时修改模块和 JavaScript 代码，一次修改一个函数。

图 12-2 图形化地展示了用于调整游戏以显示试验次数的以下高层步骤。

(1) 调整 HTML 代码，以便其包含一个试验次数的部分。

(2) 调整文本格式和 JavaScript 代码，以便这一级开始时在网页上显示试验次数。

(3) 添加代码，以便在玩家点击第二张卡牌时递增试验次数并显示新值。

(4) 玩家完成本级时，将试验次数传给总结屏幕。

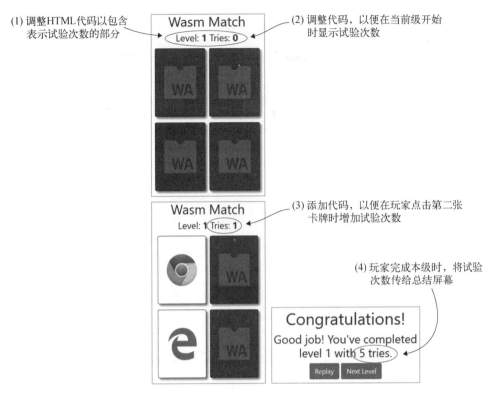

图 12-2　将用于调整游戏以包含试验次数的高层步骤

第一步是调整 HTML 代码以便其现在包含试验次数这一部分。

12.2　调整 HTML 代码

在调整 HTML 代码来包含试验次数前，首先需要创建一个目录来放置本章文件。在目录 WebAssembly\ 下，创建目录 Chapter 12\，然后将目录 frontend\ 和 source\ 从目录 Chapter 11\ 复制过来。

在目录 frontend\ 下，用编辑器打开文件 game.html。此时，JavaScript 代码用单词 Level 后加等级值（如 Level1）替换了 h3 标签（即 header 标签）的内容。需要修改这个 h3 标签，令其包含试验次数。

- □ 从 h3 标签中删除 id 属性及其值。
- □ 添加文本 Level:，然后是一个 span 标签，id 属性值为 currentLevel（id="currentLevel"）。现在这个 span 会持有当前级数。
- □ 添加文本 Tries:，然后是一个 span 标签，id 属性值为 tries（id="tries"）。这个 span 会显示试验次数。

文件 game.html 中的 header 标签现在应该与以下代码片段一致。

```
<header class="container-fluid">
  <h1>Wasm Match</h1>
  <h3>
    Level: <span id="currentLevel">1</span>
    Tries: <span id="tries"></span>
  </h3>
</header>
```

删除 id 属性

至此我们调整了 HTML 代码，下一步是修改 WebAssembly 文本格式和 JavaScript 代码，以便在当前级开始时显示试验次数值。

12.3 显示试验次数

在过程的下一部分，需要修改代码以便在当前级开始时显示试验次数。我们将使用以下步骤实现这一点，这些也展示在了图 12-3 中。

(1) 调整 JavaScript 函数 generateCards 来多接受一个参数，以指示当前级开始时要显示的试验次数。

(2) 在文本格式中，创建全局变量 $tries 来持有试验次数。然后修改函数 $PlayLevel 将试验次数传给 JavaScript 函数 generateCards。

(3) 使用 WebAssembly 二进制工具包从文本格式生成 WebAssembly 模块（cards.wasm）。

(4) 将生成的 WebAssembly 文件复制到服务器以供浏览器使用，然后测试修改是否按照预期工作。

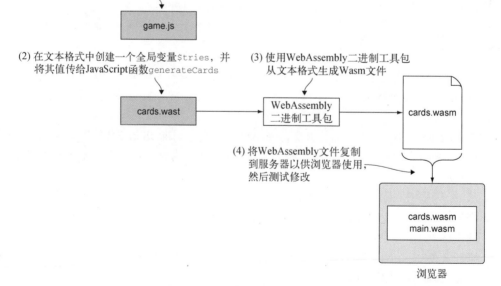

图 12-3　调整 JavaScript 代码和文本格式代码，以便当前级开始时显示试验次数

需要修改的第一项是文件 game.js 中的函数 generateCards。

12.3.1 JavaScript 函数 generateCards

打开文件 game.js 并定位到函数 generateCards。现在需要在现有参数之后为这个函数添加第 4 个参数 tries。WebAssembly 模块会将这个参数传给这个函数,这样就可以在当前级开始时在网页上显示出这个参数。

调整文件 game.js 中的函数 generateCards,令其类似于代码清单 12-1。

代码清单 12-1　game.js 中的函数 generateCards

```
...
                                              添加参数 tries
function generateCards(rows, columns, level, tries) {    ◄
  document.getElementById("currentLevel").innerText = level;    ◄
  document.getElementById("tries").innerText = tries;    ◄        只传入 level
                                                                 值本身
  let html = "";
  for (let row = 0; row < rows; row++) {                   添加这一行代码来
    html += "<div>";                                       更新试验次数元素

    for (let column = 0; column < columns; column++) {
      html += "<div id=\"" + getCardId(row, column)
          + "\" class=\"CardBack\" onclick=\"onClickCard("
          + row + "," + column + ");\"><span></span></div>";
    }

    html += "</div>";
  }

  document.getElementById("cardContainer").innerHTML = html;
}
...
```

如图 12-4 所示,要做的下一个修改是在文本格式中创建一个全局变量 $tries 来持有玩家试验的次数。然后需要将这个值传给 JavaScript 函数 generateCards。

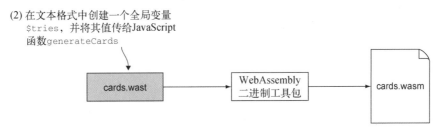

图 12-4　在文本格式代码中创建全局变量 $tries,并将这个值传给
　　　　 JavaScript 函数 generateCards

12.3.2　调整文本格式

本节将创建一个全局变量 $tries 并将其传给 JavaScript 函数 generateCards。打开文件 cards.wast，然后定位到 Global 已知段。

在文件 cards.wast 中添加一个名为 $tries 的 i32 可变全局变量，放在全局变量 $matches_remaining 之后。这个全局变量应该类似于以下代码片段。

```
(global $tries (mut i32) (i32.const 0))
```

至此我们已经定义了这个全局变量，现在需要将它作为第 4 个参数传给 JavaScript 函数 generateCards。定位到函数 $PlayLevel，并将 $tries 值放到栈上作为函数调用 $GenerateCards 的第 4 个参数（在变量 $level 和 call $GenerateCards 这两行代码之间）。

在文件 cards.wast 中，修改后的函数 $PlayLevel 应该如下所示：

```
(func $PlayLevel (param $level i32)
  get_local $level
  call $InitializeCards

  get_global $rows
  get_global $columns          值 tries 被放到栈上作为 generateCard 的
  get_local $level             第 4 个参数
  get_global $tries    ◄
  call $GenerateCards
)
```

在文件 cards.wast 中的函数 $InitializeCards 结尾，call $ShuffleArray 这一行代码之后，添加以下代码片段，以便在每次一级开始时重置 $tries 值。

```
get_global 6
set_global $tries
```

调整完文本格式代码后，图 12-5 展示了下一步，其中会使用 WebAssembly 二进制工具包将文本格式代码转化为 cards.wasm 文件。

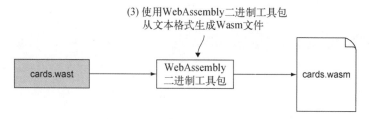

图 12-5　使用 WebAssembly 二进制工具包从文本格式生成 cards.wasm 文件

12.3.3　生成 Wasm 文件

要想使用在线工具 wat2wasm 将 WebAssembly 文本格式编译为 WebAssembly 模块，可以进入 wat2wasm demo 网站并将文件 cards.wast 的内容复制到这个工具的左上面板。问题是，你将在工具的右上面板看到出错信息，如图 12-6 所示。

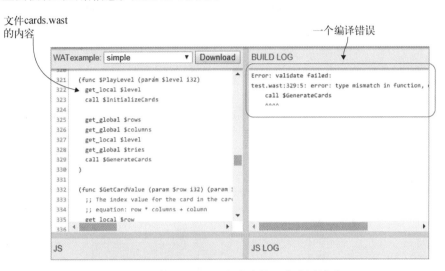

图 12-6　文件 cards.wast 的内容的一个编译错误

以下是完整的出错信息。

```
test.wast:329:5: error: type mismatch in function, expected [] but got [i32]
call $GenerateCards
```
　　　　　　　　　　　出错信息在抱怨$GenerateCards
　　　　　　　　　　　调用

　　因为第 11 章中的文件 cards.wast 可以编译，没有任何问题，而且出错信息提到函数 $GenerateCards function，所以这个错误可能与函数$PlayLevel 中所做的修改有关。在代码中寻找字符串$GenerateCards，你很可能就会发现问题所在。Import 已知段中有一个关于 JavaScript 函数_GenerateCards 的 import 节点，但其中并没有向函数签名添加第 4 个 i32 参数。

　　如果查看以下代码片段中所示的函数$PlayLevel，它仍然认为函数$GenerateCards 需要 3 个参数。结果就是栈顶 3 项会被弹出并传给函数$GenerateCards。这会将$rows 值留在栈上。当函数$GenerateCards 返回时，函数$PlayLevel 结束栈上仍然有东西。函数$PlayLevel 不应该有返回值，因此栈上非空就会抛出错误。

```
(func $PlayLevel (param $level i32)
  get_local $level
  call $InitializeCards

  get_global $rows
  get_global $columns
  get_local $level
  get_global $tries
  call $GenerateCards
)
```
　　　　　　　　　　没有返回值，函数结束后
　　　　　　　　　　栈上必须为空

　　　　　　　　　　首先被压入栈。当$GenerateCards
　　　　　　　　　　被调用时，它会留在栈上

　　　　　　　　　　栈顶 3 项被弹出并传给
　　　　　　　　　　$GenerateCards

12

为了修正这个错误,在文件 cards.wast 中定位到 Import 已知段并向函数 $GenerateCards 添加第 4 个 i32 参数,如下所示:

```
(import "env" "_GenerateCards"
  (func $GenerateCards (param i32 i32 i32 i32))
)
```

再次将文件 cards.wast 的内容复制并粘贴到 wat2wasm 工具的左上面板,然后将新 Wasm 文件下载到目录 frontend\下。

现在已经有了新的 cards.wasm 文件,图 12-7 展示了下一步,其中要对改动进行测试。

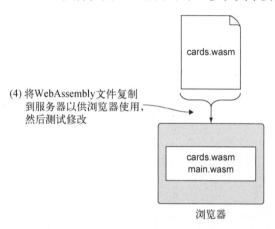

图 12-7   复制文件 cards.wasm 供浏览器使用,然后测试修改

12.3.4   测试修改

在修改文件 games.html 时,我们并没有在试验次数 span 标签内放任何值。这意味着如果所做的修改不成功,那么一级开始时网页只会显示文本 Tries:;如果所做的修改成功,那么一级开始时将看到文本 Tries: 0。打开浏览器并在地址栏中输入 http://localhost:8080/game.html 来查看修改后的网页,如图 12-8 所示。

图 12-8   所做修改有效,因为标签 Tries 之后显示了值 0

图 12-9 展示了实现试验次数逻辑要做的下一步工作。玩家点击第二张卡牌时，全局变量 $tries 会递增并且网页上的值会更新。

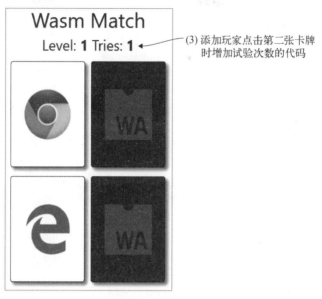

(3) 添加玩家点击第二张卡牌时增加试验次数的代码

图 12-9　玩家点击第二张卡牌时试验次数会增加

12.4　增加试验次数

在过程的下一部分，需要在玩家点击第二张卡牌时增加试验次数。为了实现这一点，我们将采取以下步骤，这也展示在了图 12-10 中。

(1) 向文件 game.js 添加一个 JavaScript 函数（updateTriesTotal），这个函数将从模块接收试验次数并用这个值更新网页。

(2) 调整文本格式来导入 JavaScript 函数 updateTriesTotal。让文本格式在玩家点击第二张卡牌时增加 $tries 值并将这个值传给 JavaScript 函数。

(3) 使用 WebAssembly 二进制工具包从文本格式生成 WebAssembly 模块（cards.wasm）。

(4) 将生成的 WebAssembly 文件复制到服务器以供浏览器使用，然后测试修改能否按照预期工作。

12

(1) 添加一个JavaScript函数，以便从
模块接收试验次数并用这个值更
新网页

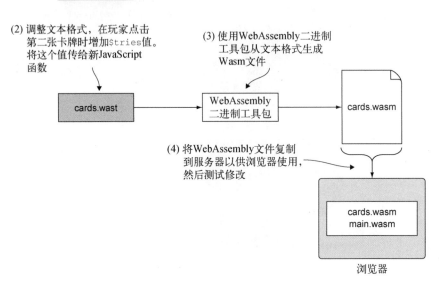

图 12-10　在玩家点击第二张卡牌时增加试验次数值

第一步是在文件 game.js 中创建函数 updateTriesTotal。

12.4.1　JavaScript 函数 `updateTriesTotal`

在文件 game.js 中，创建一个函数 updateTriesTotal，令其接受一个参数 tries 并用这个值更新网页。将这个函数放在函数 generateCards 之后，然后从函数 generateCards 中将 tries 值的 document.getElementById 这一行代码复制到函数 updateTriesTotal 中。

文件 game.js 中的函数 updateTriesTotal 应该看起来类似于以下代码片段。

```
function updateTriesTotal(tries) {
  document.getElementById("tries").innerText = tries;
}
```

在文件 game.js 的函数 generateCards 中，将用于 tries 值的 document.getElementById 这一行代码替换为对函数 updateTriesTotal 的调用。

```
updateTriesTotal(tries);
```

修改 JavaScript 代码之后，就可以进行下一步了，如图 12-11 所示，调整文本格式代码，以便玩家点击第二张卡牌时增加$tries 值。然后将新的$tries 值传给新的 JavaScript 函数。

(2) 调整文本格式，以便在玩家点击第二张
    卡牌时增加$tries值。将这个值传给新
    的JavaScript函数

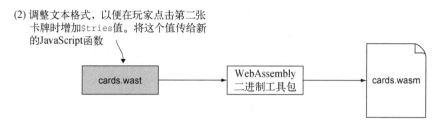

图 12-11 文本格式会在玩家点击第二张卡牌时增加 $tries 值。然后将这个值
        传给新的 JavaScript 函数

12.4.2 调整文本格式

需要为 JavaScript 函数 updateTriesTotal 添加一个 import 节点，这样就可以将更新后的 $tries 值给 JavaScript 代码，并将其显示在网页上了。在文件 cards.wast 中，定位到 Import 已知段部分，并为函数 $UpdateTriesTotal 添加一个 import 节点，它接受一个 i32 参数。将这个 import 节点放在 $GenerateCards import 节点之后。

文件 cards.wast 中的这个 import 节点应该如下所示：

```
(import "env" "_UpdateTriesTotal"
  (func $UpdateTriesTotal (param i32))
)
```

定位到函数 $SecondCardSelectedCallback。当玩家点击第二张卡牌时，暂停一段时间之后会调用这个函数，根据是否匹配，卡牌会翻转回正面朝下或者被移除，玩家可以在此之前看到卡牌内容。

在 if 语句之后增加全局变量 $tries。然后将 $tries 值传给函数 $UpdateTriesTotal，以便 JavaScript 代码可以用这个新值更新网页。

代码清单 12-2 展示了对文件 cards.wast 中的函数 $SecondCardSelectedCallback 所做的修改。为了更方便关注修改的部分，此代码清单省略了这个函数中的一些代码。

代码清单 12-2 cards.wast 中的函数 $SecondCardSelectedCallback

```
(func $SecondCardSelectedCallback
  (local $is_last_level i32)

  get_global $first_card_value
  get_global $second_card_value
  i32.eq
  if
  else
  end
```

卡牌成功
匹配

通知 JavaScript 代码删除这两张卡牌。
$matches_remaining 值减 1

卡牌不
匹配

通知 JavaScript 代码将卡
牌翻转为正面朝下

12

```
        ┌─▷ get_global $tries
增加    │   i32.const 10
其值    │   i32.add
        │   set_global $tries

            get_global $tries
            call $UpdateTriesTotal  ◁── 将这个值传给 JavaScript
                        ┌────────         代码以更新网页
        ◁───────────────  函数的其余
    )                    部分
```

修改完文本格式代码之后，现在可以从文本格式生成 WebAssembly 文件了，如图 12-12 所示。

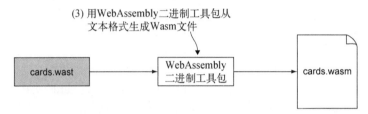

图 12-12　将用 WebAssembly 二进制工具包生成 WebAssembly 文件

12.4.3　生成 Wasm 文件

要想用 wat2wasm 在线工具将 WebAssembly 文本格式编译为 WebAssembly 模块，可以进入 wat2wasm demo 网站。将文件 cards.wast 的内容粘贴到工具的左上面板，如图 12-13 所示。然后点击下载按钮将 WebAssembly 文件下载到目录 frontend\下，并将其命名为 cards.wasm。

图 12-13　将文件 cards.wast 的内容粘贴到工具的左上面板，然后下载 WebAssembly
　　　　　文件，将其命名为 cards.wasm

有了新的 cards.wasm 文件后，图 12-14 展示了下一步，其中要测试修改。

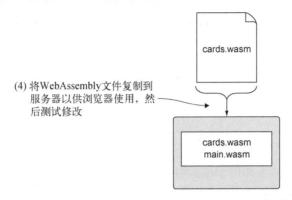

(4) 将WebAssembly文件复制到服务器以供浏览器使用，然后测试修改

图 12-14 将文件 cards.wasm 复制到服务器，并测试所做修改

12.4.4 测试修改

有了对 JavaScript 代码和文本格式所做的修改后，当点击第二行卡牌时，$tries 值会增加 1，然后这个值会更新到网页上。打开浏览器并在地址栏中输入 http://localhost:8080/game.html 来查看修改能否按照预期工作。如图 12-15 所示，出了一些问题，有些部分无法正常工作：游戏没有显示出来。

图 12-15 有些部分无法正常工作：游戏没有显示出来

当一个网页不能按照预期工作（比如这个例子中的不能正确显示，或者不响应鼠标点击），有时问题出在 JavaScript 代码中。可以按 F12 键打开浏览器开发者工具，然后查看控制台是否有报告错误。结果发现，如图 12-16 所示，有一个关于 _UpdateTriesTotal 字段的 JavaScript 错误。

12

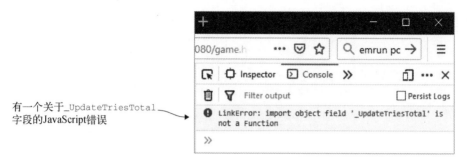

图 12-16　日志记录了一个关于字段 `_UpdateTriesTotal` 的 JavaScript 错误

图 12-16 给出了两点有用的信息，第一点是单词 LinkError。LinkError 是在实例化一个 WebAssembly 模块过程中出问题时抛出的错误。关于 LinkError 的更多信息，参见 MDN 在线文档。

第二点是错误与字段 `_UpdateTriesTotal` 相关。`_UpdateTriesTotal` 是一个导入 JavaScript 函数的 import 节点的函数名，如以下这段之前编写的代码片段所示：

```
(import "env" "_UpdateTriesTotal"
  (func $UpdateTriesTotal (param i32))
)
```

查看这段文本格式代码，这个 import 节点似乎是正确的。这个模块也可以正常编译，因此问题似乎不是出在模块本身。如果问题不在于模块，那么需要查看一下 JavaScript 代码。

打开文件 game.js，以下代码片段中显示的 JavaScript 函数 updateTriesTotal 有正确的签名（接受单个参数并且没有返回值），因此函数本身似乎也正确。

```
function updateTriesTotal(tries) {
  document.getElementById("tries").innerText = tries;
}
```

因为现在有一个 LinkError，而且与文件 cards.wasm 有关，所以查看一下 cards.wasm 代码的 WebAssembly.instantiateStreaming 部分。如果查看 sideImportObject，你就会注意到没有包含 `_UpdateTriesTotal` 属性。

在文件 game.js 中，为函数 updateTriesTotal 调整 sideImportObject 以包含一个 `_UpdateTriesTotal` 属性。将这个属性放在属性 `_GenerateCards` 之后，如代码清单 12-3 所示。

代码清单 12-3　game.js 文件的 `sideImportObject`

```
const sideImportObject = {
  env: {
    memory: moduleMemory,
    _malloc: mainInstance.exports._malloc,
    _free: mainInstance.exports._free,
    _SeedRandomNumberGenerator:
        mainInstance.exports._SeedRandomNumberGenerator,
    _GetRandomNumber: mainInstance.exports._GetRandomNumber,
```

```
        _GenerateCards: generateCards,
        _UpdateTriesTotal: updateTriesTotal,  ←———— 将函数 updateTriesTotal
        _FlipCard: flipCard,                         传给模块
        _RemoveCards: removeCards,
        _LevelComplete: levelComplete,
        _Pause: pause,
    }
};
```

保存文件 game.js，然后刷新网页，你应该可以看到 JavaScript 错误消失，并且页面如预期显示。

当点击两张卡牌，在卡牌翻转为正面朝下或者被移除后，你可以看到网页上的 Tries 值更新。但仍然有问题，如图 12-17 所示，Tries 每次增加了 10。

图 12-17　Tries 值表明仍然有些问题

为了调试这个问题，我们将在浏览器中单步执行文本格式代码。如果你使用的是 Web 浏览器 Firefox，则可以跳过下一节直接进入"在 Firefox 中调试"这一节。

1. 在 Chrome 中调试

如图 12-18 所示，为了在 Chrome 中查看 WebAssembly 模块的内容，需要按 F12 键查看开发者工具，然后点击标签页"源码"。在左侧面板的 wasm 这部分，模块以其被加载的顺序显示。在这个例子中，第一个模块是 main.wasm，第二个模块是 cards.wasm。

提示　有时第一次打开开发者工具时，wasm 这一节是不可见的。刷新网页后应该就会加载出这一部分。

12

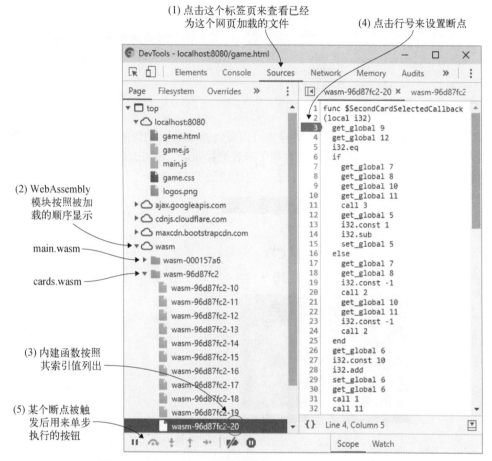

图 12-18　用 Chrome 的开发者工具调试 WebAssembly 模块

　　展开 WebAssembly 模块，可以看到每个模块的内建函数以基于 0 的索引值标识。导入函数不显示，但它们的索引值排在内建函数之前，因此图 12-18 中显示的索引值从 10 开始，而不是从 0 开始。

　　点击某个函数时，可以在右侧面板中看到它的文本格式版本。然后便可以点击右侧面板中的某一行代码来设置断点。设置断点后，只需让网页运行这一段代码，代码就会停在这个断点处，从而允许你单步执行这段代码来观察发生了什么。

　　使用文本格式时，可以通过索引值调用函数和变量，也可以使用变量名。Chrome 的开发者工具使用索引值而不是变量名。这可能会非常令人迷惑，因此同时打开原始代码或文本格式很有帮助，这样可以对比查看内容。

　　如果使用 Web 浏览器 Chrome，则可以跳过下一节，其中展示了用 Firefox 开发者工具调试 WebAssembly 模块的具体内容。

2. 在 Firefox 中调试

如图 12-19 所示，为了在 Firefox 中查看 WebAssembly 模块的内容，需要按 F12 键来查看开发者工具，然后点击标签页"调试器"。在左侧面板中，点击感兴趣的 WebAssembly 文件，这个文件的文本格式版本会显示在右侧面板中。

然后就可以在右侧面板中点击某一行号来设置断点了。设置好断点后，只需让网页运行这一部分代码，代码就会暂停在断点处，从而允许你单步运行代码以观察发生了什么。

查看图 12-19 中的函数时，给出的变量名不是很清晰。如果代码在引用一个局部变量，那么这个变量要么是一个参数，要么是在函数开始处定义的，因此并不难确定这个值表示什么。另外，由于全局变量定义于文件开始处，因此像 $global7 和 $global12 这样的变量就更加难以理解了。为了简化这一点，同时打开原始代码或文本格式很有帮助，这样可以对比查看的内容。

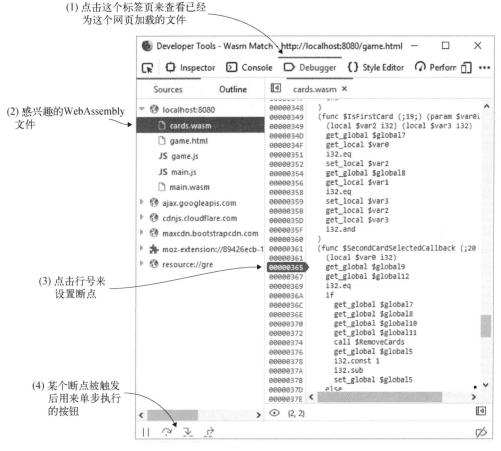

图 12-19　用 Firefox 开发者工具调试 WebAssembly 模块

为了确定 $tries 值增加 10 而不是 1 这个问题的原因所在，需要调试函数 $SecondCard-SelectedCallback。

3. 调试函数 $SecondCardSelectedCallback

在开始调试函数 $SecondCardSelectedCallback 之前，了解每个全局变量索引值代表什么会有所帮助，因为在函数代码中，Firefox 和 Chrome 都通过全局变量的索引值来引用它们。查看文件 cards.wast 的 Global 已知段。表 12-1 中列出了全局变量和它们的索引值。

表 12-1　全局变量及其相应索引值

全局变量	索　引　值
$MAX_LEVEL	0
$cards	1
$current_level	2
$rows	3
$columns	4
$matches_remaining	5
$tries	6
$first_card_row	7
$first_card_column	8
$first_card_value	9
$second_card_row	10
$second_card_column	11
$second_card_value	12
$execution_paused	13

在浏览器的开发者工具中，定位到函数 $SecondCardSelectedCallback 并在局部变量声明之后的第一行 get_global 代码上设置一个断点。在本节剩余部分中，我们将使用 Firefox 开发者工具。

为了触发断点，点击两张卡牌。如图 12-20 所示，调试器窗口中有一个 Scopes 面板。如果展开 Block 节，你会发现其中一节展示了这个函数作用域下全局变量的值。函数中前两个 get_global 调用是针对 global9 和 global12 的，根据表 12-1，这两个函数分别持有第一张和第二张卡牌的值。你在浏览器的开发者工具中看到的两个全局变量的值可能与这里有所不同，因为卡牌是随机排序的。这里 global9 和 global12 的值分别是 1 和 0。

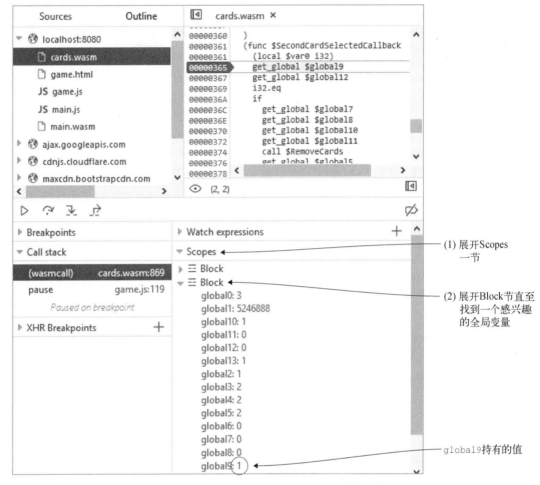

图 12-20 Firefox 中的 Scopes 一节展示了这个函数作用域中的全局变量

信息 在 Chrome 开发者工具中，Scopes 面板不会显示全局变量的值。如果展开 Scopes 面板的
       local 条目，那么会有一个 stack 条目，其中显示了当前栈上的值。而 Firefox 不会展示栈
       上的值。根据调试需求的不同，可能需要在某种情况下使用某个浏览器的调试工具，在
       另一些情况下使用另一个浏览器的调试器。

---

global9 中的值（这个示例中是 1）和 global12 的值（这个示例中是 0）被放在栈上，然
后调用 i32.eq。i32.eq 调用会从栈顶弹出两个值，比较它们，然后在栈上放一个用来指示它
们是否相等的值。接着 if 语句弹出栈顶值，如果这个值为 true，则进入 if 块。如果这个值为
false，并且有 else 条件，则代码进入 else 条件。在这个示例中，两个全局变量不相等，因

此代码进入 else 条件。

else 条件中的代码将 global7 和 global8（分别是第一张选中卡牌的行列值）的值以及一个值-1 放到栈上。然后调用 JavaScript 函数 FlipCards。-1 告诉函数 FlipCards 将卡牌翻转为正面朝下。使用 global10 和 global11 的值再次调用函数 FlipCards 将第二张卡牌翻转为正面朝下。

在 if 语句之后，global6（计数器 $tries）被放到栈上，同时还有一个 i32.const 值 10。global6 中的值和 i32.const 10 被 i32.add 调用从栈上弹出，将这两个值相加，结果压回栈上，然后将其放到变量 global6 中。

结果发现 Tries 值增加 10 而不是 1 这个问题是一个 typo，因为使用了 i32.const 10 而不是 i32.const 1。在文件 cards.wast 中，定位到函数 $SecondCardSelectedCallback function。修改增加 $tries 值的代码，使其使用 i32.const 1 而不是 10，如下所示：

```
get_global $tries
i32.const 1        ◄────── 将 10 修改为 1
i32.add
set_global $tries
```

4. 重新生成 Wasm 文件

为了将 WebAssembly 文本格式编译为 WebAssembly 模块，可以将文件 cards.wast 的内容粘贴到 wat2wasm 在线工具（参见 wat2wasm demo 网站）的左上面板。点击下载按钮将 WebAssembly 文件下载到目录 frontend\下，并将其命名为 cards.wasm。刷新网页来验证现在点击两张卡牌会令 Tries 值增加 1 而不是 10。

现在玩家每次点击第二张卡牌时，试验次数都会更新，是时候实现最后一步了。如图 12-21 所示，我们将在完成一级后将试验次数传给总结屏幕。

图 12-21　玩家完成一级后会将试验次数传给总结屏幕

12.5　更新总结屏幕

对于过程的下一部分来说，需要更新祝贺消息来包含试验次数。为了实现这一点，我们将采取以下步骤，这在图 12-22 中也展示了出来。

（1）更新 JavaScript 函数 levelComplete 来接受一个新参数，以用于试验次数。然后调整总结屏幕的文本来包含试验次数。

（2）调整文本格式代码，将 $tries 值传给 JavaScript 函数 levelComplete。

（3）用 WebAssembly 二进制工具包从文本格式生成 WebAssembly 模块（cards.wasm）。

（4）将生成的 WebAssembly 文件复制到服务器以供浏览器使用，然后测试修改能否按照预期工作。

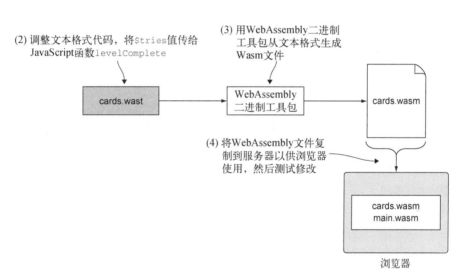

图 12-22　将试验次数包含进总结屏幕的祝贺消息的步骤

第一步是在文件 game.js 中修改函数 levelComplete。

12.5.1　JavaScript 函数 levelComplete

在文件 game.js 中，调整函数 levelComplete，在参数 level 和 hasAnotherLevel 之间新增一个参数 tries 作为第二个参数。然后调整传给 DOM 元素 levelSummary 的文本，使其包含试验次数。文件 game.js 中的函数 levelComplete 应该与代码清单 12-4 一致。

代码清单 12-4　文件 game.js 中的函数 levelComplete

```
function levelComplete(level, tries, hasAnotherLevel) {
    document.getElementById("levelComplete").style.display = "";
```

添加了参数 Tries

12

```
    document.getElementById("levelSummary").innerText = `Good job!
➡ You've completed level ${level} with ${tries} tries.`;              ◄‒‒‒┐
                                                                          │
    if (!hasAnotherLevel) {                                               │
      document.getElementById("playNextLevel").style.display = "none";    │
    }                                                                     │
  }                                          调整文本以包含试验次数 ‒‒‒‒‒‒‒‒‒‒┘
```

调整 JavaScript 代码之后，图 12-23 展示了下一步，其中要调整文本格式代码，从而将$tries
值传给 levelComplete。

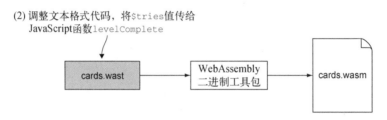

图 12-23　将$tries 值传给 JavaScript 函数 levelComplete

12.5.2　调整文本格式

在文本格式代码中，需要调整其中逻辑，以便将$tries 值传给 JavaScript 函数 levelComplete。
然而，在修改对 levelComplete 的调用之前，需要先修改针对这个函数的 import 节点签名，
以便它有 3 个 i32 参数。

在文件 cards.wast 中，定位到 JavaScript 函数 levelComplete 的 import 节点，并添加第三
个 i32 参数。修改后的 import 节点看起来应该类似于以下代码片段。

```
(import "env" "_LevelComplete"
  (func $LevelComplete (param i32 i32 i32))
)
```

函数$SecondCardSelectedCallback 的结尾处调用了函数$LevelComplete，在文件
cards.wast 中定位到这个函数。$tries 值应该是 levelComplete 调用的第二个参数，因此在对
$current_level 值调用 get_global 和对$is_last_level 值调用 get_local 之间，添加
一个对$tries 值的 get_global 调用。

在文件 cards.wast 中，对函数$LevelComplete 的调用应该如下所示：

```
get_global $current_level
get_global $tries      ◄‒‒‒‒‒ 将来自$tries 的值压入栈
get_local $is_last_level
call $LevelComplete
```

修改了文本格式代码后，就可以从文本格式生成 WebAssembly 文件了，如图 12-24 所示。

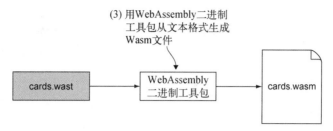

图 12-24　从文本格式生成 WebAssembly 文件

12.5.3　生成 Wasm 文件

要想用 wat2wasm 在线工具将 cards.wast 文件编译为 WebAssembly 模块，可以进入 wat2wasm demo 网站。将文件 cards.wast 的内容粘贴到工具的左上面板，如图 12-25 所示。点击下载按钮，将 WebAssembly 文件下载到目录 frontend\下。将下载文件命名为 cards.wasm。

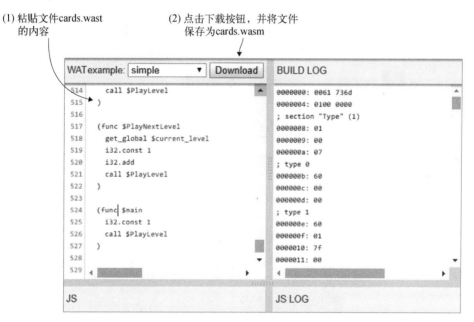

图 12-25　将文件 cards.wast 的内容粘贴到左上面板，然后下载 WebAssembly 文件。
　　　　　将下载文件命名为 cards.wasm

有了新的 cards.wasm 文件后，就可以进行下一步了，如图 12-26 所示，其中要测试修改。

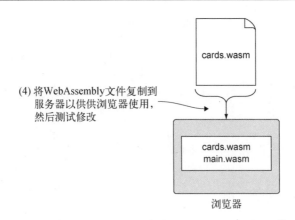

(4) 将WebAssembly文件复制到
服务器以供浏览器使用，
然后测试修改

图 12-26   将文件 cards.wasm 复制到服务器，然后测试修改

12.5.4   测试修改

为了测试所做的修改能否正常工作，需要打开浏览器并在地址栏中输入 http://localhost:8080/ game.html。当一局胜利时，总结屏幕会显示试验次数，如图 12-27 所示。

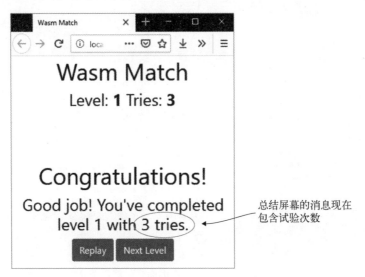

总结屏幕的消息现在
包含试验次数

图 12-27   包含试验次数的总结屏幕

12.6   练习

练习答案参见附录 D。

(1) 访问一个变量或调用一个函数的两种方法是什么？

(2) 你可能已经注意到，在重玩某一级或玩下一级时，试验次数并没有重置。使用日志方法定位这个问题的根源。

12.7　小结

本章介绍了以下内容。

- Emscripten 提供了环境变量 EMCC_DEBUG 和-v 标记来控制调试模式。如果打开调试模式，那么会产生日志和中间文件。
- Emscripten 还有几个-g 标记，用于在编译后的输出结果中依次提供更详细的调试信息。除了增加的调试信息，Emscripten 还可以生成二进制文件的等价文本格式版本（.wast)，以帮助追踪问题。
- 通过日志将信息记录到浏览器控制台是一种调试方法，可以了解模块发生了什么。
- 可以用-g4 标记指示 Emscripten 生成源码映射，以便可以在浏览器中查看 C/C++代码。本书撰写时，浏览器中的这个功能仍待改进。
- 在某些浏览器中，可以查看加载的二进制文件的文本格式版本。可以设置断点，单步进入代码，根据具体的浏览器，还可以查看变量值或栈上值。
- 本书撰写时，各个浏览器之间的浏览器调试功能还不统一，因此可能需要根据调试需求在不同的浏览器之间切换。

12

第 13 章

测试——然后呢

13

本章内容

❏ 用 Mocha 创建自动测试

❏ 在 Node.js 中用命令行运行测试

❏ 在要支持的浏览器中运行测试

项目开发过程会到达某一时刻，此时需要进行测试来确保一切按照期望工作。在项目初期，执行手动测试似乎已经足够，但随着代码变得越来越复杂，测试步骤需要变得更加细致才能确保没有 bug。这种情况下的问题就是，测试变得越来越繁复，你越试图专注就越如此，因此很容易有所遗漏，可能就会放过某个 bug。

使用手动测试还会依赖于测试者，因为只能根据他们的可用性来进行测试。有时测试者一次只能测试一件事情，他们无法太快，否则就会出错。

开发需要支持多个平台的产品时，可能会涉及更多的测试工作，因为每次修改代码都需要在每个要支持的平台上重复完全相同的测试。

在进行自动测试的前期，建立测试需要的工作量会多一些；一旦写好测试，它们就会具有以下优点。

❏ 根据测试类型不同，可能运行得很快。

❏ 可以按照需要的频率运行。比如，可以在每次提交代码之前运行测试，以确保刚才所做的修改不会破坏系统的其他部分。

❏ 可以随时运行测试。比如，可以安排耗时较长的测试在夜间运行，早上开始工作后就可以查看结果。

❏ 每次运行都以完全相同的方式进行。

❏ 可以在不同平台上运行相同的测试。这对于编写要支持 Web 浏览器的 WebAssembly 模块很有帮助，因为需要验证模块跨若干浏览器都能按照期望工作。

自动测试并没有完全消除对手动测试的需求，但可以用来处理单调乏味的项目，以便你可以集中精力处理其他部分。

开发过程中可以实现以下几种不同类型的测试。

❏ **单元测试**（Unit test），这种测试由开发者编写来测试单个单元（如一个函数）以确保这部分逻辑能够按照期望工作。单元测试的设计方式就是要快速运行，因为编写测试的方法使得待测代码不依赖于文件系统、数据库或网络请求这样的东西。

强烈推荐采用单元测试，因为它们可以帮助你在开发过程早期发现 bug。如果修改影响到其他部分，它们也有助于快速发现回归问题。

❑ **集成测试**（Integration test），这种测试验证两个或多个部分可以按照期望一起工作。这种情况下，测试的运行时间可能更长，因为可能有一些外部依赖，比如依赖数据库或文件系统。

❑ 还有很多其他类型的测试，比如**验收测试**（确保系统满足业务需求）和**性能测试**（验证系统在重负荷下是否有足够性能）。

假定你已经编写了一个 WebAssembly 模块，现在想要创建一些测试来验证这些函数能够按照期望工作。你想要使用某个支持从命令行运行测试的 JavaScript 框架，以便在编写代码的同时验证它们可以正常工作。但是在一个浏览器上可以工作的不一定能在另一个浏览器上以同样形式工作。某些情况下，一个浏览器上的某个特性并不存在于另一个浏览器上，因此你还需要一个支持在浏览器中运行测试的 JavaScript 框架。

本章将介绍如何编写自动集成测试，以便你可以快速轻松地验证自己的 WebAssembly 模块能否按照期望工作。我们还会介绍如何在想要支持的浏览器上运行这些测试。本章只是给出如何测试 WebAssembly 模块的概述，而不会是各种不同可用框架的综述，也不会深入探讨选中的框架。

信息　可用的 JavaScript 测试框架有很多，其中一些比较常用，比如 Jest、Mocha 和 Puppeteer。Medium 网站的文章 "Top JavaScript Testing Frameworks in Demand for 2019"（作者 Nwose Lotanna）中列出了一些框架。出于教学的目的，本书将使用 Mocha。

首先要做的是安装 JavaScript 测试框架。

13.1　安装 JavaScript 测试框架

本章对测试框架有两个需求。

❑ 需要从 IDE 或命令行运行测试，以便提交代码前可以快速测试以验证一切能够按照期望工作。

❑ 还需要在浏览器中运行测试，以便确定在想要支持的浏览器上，一切能够按照期望工作。

基于这两个需求，本章选择的框架是 Mocha，从命令行运行时，它运行于 Node.js 上，同时也可以在浏览器中运行。

如果计划只在 Node.js 环境中使用 Mocha，那么可以使用内建的 Node.js 模块 `assert` 作为断言库（assertion library）。断言库是一个验证测试结果是否符合期望的工具。比如，以下代码片段展示了首先调用待测代码，然后使用断言库来验证结果等于 2 的过程。

```
const result = codeUnderTest.increment(1);
expect(result).to.equal(2);
```

与以下抛出异常的 `if` 语句相比，断言库执行验证的方式也更容易理解和维护。

13

```
const result = codeUnderTest.increment(1);
if (result !== 2) {
  throw new Error(`expected 2 but received ${result}`);
}
```

因为本章会在 Node.js 和浏览器中运行测试，所以为了一致性，我们选择使用 Chai，它在这两处都可用。Chai 还提供了多种断言风格，你可以选择用起来最顺手的那一种。本章将使用 Expect 风格，但也可以使用 Assert 风格，因为它也是浏览器兼容的，而且非常类似于 Node.js assert 模块。

信息　虽然本章选择了 Chai 作为断言库与 Mocha 一起使用，但其实可以使用任何断言库。

前面已经提到过，Mocha 框架在 Node.js 上运行，这很方便，因为安装 Emscripten SDK 时已经安装了 Node.js。Node.js 和一个名为 npm（node package manager，Node 包管理器）的工具捆绑在一起，这是一个针对 JavaScript 语言的包管理器。它提供了大量可用的包（多于 350 000 个），其中包括 Mocha 和 Chai。

要想为项目在本地安装 Mocha，首先需要一个文件 package.json。

13.1.1　文件 package.json

为了创建 package.json，可以使用命令 npm init。这个命令会提示你回答关于项目的若干问题。如果问题有默认答案，那么这个值会被放在括号中指示出来。可以为这些问题输入你自己的值，也可以按回车键接受默认值。

在目录 WebAssembly 下，创建目录 Chapter 13\13.2 tests\。打开一个命令提示符窗口，进入目录 13.2 tests\，然后运行 npm init 命令。指定以下值。

- ❏ 针对 package name，输入 tests。
- ❏ 针对 test command，输入 mocha。
- ❏ 针对其余问题，可以接受默认值。

现在目录 13.2 tests\下应该出现了一个 package.json 文件，其内容如代码清单 13-1 所示。scripts 下面的 test 属性指明了在目录 13.2 tests\下运行命令 npm test 时，会运行哪个工具。在这个示例中，test 命令会运行 Mocha。

代码清单 13-1　创建的文件 package.json 的内容

```
{
  "name": "tests",
  "version": "1.0.0",
  "description": "",
  "main": "tests.js",
  "scripts": {
    "test": "mocha"        ← 运行命令 npm test 时，Mocha 会运行
  },
  "author": "",
```

```
    "license": "ISC"
}
```

现在你已经有了 package.json 文件，可以安装 Mocha 和 Chai 了。

13.1.2 安装 Mocha 和 Chai

为了安装 Mocha 和 Chai 供当前项目使用，需要打开一个命令行窗口，进入目录 Chapter 13\13.2 tests\，然后运行以下命令将它们添加为 pakage.json 文件的依赖项。

```
npm install --save-dev mocha chai
```

安装完 Mocha 和 Chai 后，就可以继续学习如何编写并运行测试了。

13.2　创建并运行测试

图 13-1 图形化地展示了为 WebAssembly 模块创建并运行测试的以下高层步骤。

(1) 编写测试。

(2) 从命令行运行这些测试。

(3) 创建一个 HTML 页面来加载这些测试。

(4) 在想要支持的浏览器中运行这些测试。

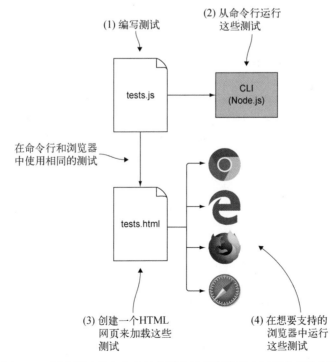

图 13-1　创建测试并在命令行和要支持的浏览器中运行它们的步骤

13

13.2.1   编写测试

本章将为第 4 章中创建的 WebAssembly 模块编写一些测试，这个模块验证过输入的产品名称和类别。在目录 13.2 tests\下，完成以下两件事。

❑ 将文件 validate.js 和 validate.wasm 从目录 Chapter 4\4.1 js_plumbing\frontend\中复制过来。
❑ 新建文件 tests.js，并用编辑器打开。

无须创建两套测试，一套用于命令行，一套用于浏览器，创建一套即可。这节省了时间和精力，因为不需要维护内容完全相同的两套测试。

在命令行中运行测试与在浏览器中有一些区别，因为对于前者 Mocha 使用 Node.js。需要做的第一件事情是写一行代码来测试运行环境是否为 Node.js。在文件 tests.js 中添加以下代码片段。

```
const IS_NODE = (typeof process === 'object' &&
    typeof require === 'function');
```

这些测试需要访问 Chai 断言库，以及 Emscripten 生成的 JavaScript 代码创建的 `Module` 对象。当测试在 Node.js 中运行时，需要在 Mocha 的 `before` 方法（后面将介绍 `before` 方法）内用 `require` 方法加载这些库。现在需要定义这些变量，这样后面的代码就可以使用它们了。

在文件 test.js 中的 `const IS_NODE` 这一行之后添加以下代码片段。后面很快会为 `else` 条件添加代码。

```
if (IS_NODE) {    ◀——— 测试在 Node.js 中运行
  let chai = null;
  let Module = null;
}
else {    ◀——— 测试在浏览器中运行
}
```

在浏览器中运行时，当你在 HTML 代码中使用 `Script` 标签包含这些 JavaScript 库的时候，`chai` 和 `Module` 对象会被创建。如果网页上包含 Emscripten 的 JavaScript 文件，然后立即通知 Mocha 运行，那么可能 `Module` 对象还没有准备好交互。为了确保 `Module` 已经准备好可以使用，需要创建一个 `Module` 对象，以便它完成初始化后可以被 Emscripten JavaScript 看到。在这个对象内，定义函数 `onRuntimeInitialized`，被 Emscripten 的 JavaScript 调用时，这个函数会通知 Mocha 框架开始运行测试。

在文件 test.js 中刚创建的 `if` 语句内的 `then` 条件中添加以下代码片段。

```
var Module = {
  onRuntimeInitialized: () => { mocha.run(); }    ◀—┐ 当 Emscripten 指示模块已经准备
};                                                   └ 好可以交互时，启动测试
```

现在你的测试已经知道它们是否在 Node.js 环境下运行，也声明了必要的全局变量，是时候开始创建测试了。

1. 函数 `describe`

Mocha 用函数 `describe` 来持有一组测试。这个函数的第一个参数是一个有意义的名称，第

二个参数是执行一个或多个测试的函数。

如果需要，你可以使用嵌套的 `describe` 函数。比如，可以使用一个嵌套的 `describe` 函数将某个模块函数的多个测试分为一组。

在文件 test.js 中的 `if` 语句之后添加以下 `describe` 函数。

```
describe('Testing the validate.wasm module from chapter 4', () => {
});
```

创建了持有测试集合的 `describe` 函数之后，现在需要建立一个函数来确保你的测试运行时已经具有所需要的一切。

2. pre-与 post-钩子函数

Mocha 提供了以下 pre-和 post-钩子函数，你的测试可以用它们设置前提条件，使其在运行时已经拥有所需条件，或者在测试运行后执行清理动作。

- ❑ `before`——在 `describe` 函数中的所有测试运行之前运行。
- ❑ `beforeEach`——在每个测试之前运行。
- ❑ `afterEach`——在每个测试之后运行。
- ❑ `after`——在 `describe` 函数中的所有测试运行之后运行。

对于你的测试来说，如果在 Node.js 中运行，需要实现 `before` 函数来加载 Chai 库和 WebAssembly 模块。由于 WebAssembly 模块的实例化是异步的，因此需要定义函数 `onRuntimeInitialized`，以便模块准备好交互后会得到 Emscripten JavaScript 代码的通知。

信息　如果从一个 Mocha 函数（如 `before` 函数）中返回一个 `Promise` 对象，那么 Mocha 会等待 promise 完成之后再继续。

在文件 test.js 中的 `describe` 函数内添加代码清单 13-2 中的代码。

代码清单 13-2 `before` 函数

```
...
before(() => {            ◁── 会在这个 describe 函数
  if (IS_NODE) {              中的所有测试之前运行        只有在 Node.js 中才需要
    chai = require('chai');   ◁── 加载 Chai 断言库          执行以下内容
    return new Promise((resolve) => {
      Module = require('./validate.js');
      Module['onRuntimeInitialized'] = () => {    加载 Emscripten 生成
        resolve();                                 JavaScript 代码
      }                                           侦听 Emscripten 关于
    });                 指示 promise                 模块就位的通知
  }                     成功完成
});
```

返回一个 promise

现在测试所需要的一切都已经设置好，是时候编写测试本身了。

3. it 函数

Mocha 用一个 it 函数用作测试本身。这个函数的第一个参数是测试名称，第二个参数是一个执行测试代码的函数。

我们将创建的第一个测试会验证模块中的函数 ValidateName 在提供了空字符串作为名称时是否会返回适当的出错信息。我们会使用 Chai 断言库来验证返回消息与期望消息一致。

使用测试驱动开发（test-driven development，TDD）时，我们会在编写待测代码之前编写测试，然后看到测试由于功能还未实现而失败。接着重构代码令测试通过，再创建下一个测试，并重复这个过程。实现功能过程将测试失败作为一个指示。

在我们的示例中，因为这是一本书，所以过程是反过来的，实现在测试之前完成。因此，我们想将测试失败作为可用性测试（sanity check），以确保测试通过时，它们测试了期望的行为方式。一旦运行测试并验证其失败，就可以修正问题从而令其通过。为了让测试失败，我们将使用单词 "something" 作为期望的出错信息，你也可以使用任何你喜欢的字符串，只要它与返回的不一致就可以。

在 before 函数之后、describe 函数内添加代码清单 13-3 中的代码。

代码清单 13-3　用空字符名称测试函数 ValidateName

```
...
                                             定义测试本身
it("Pass an empty string", () => {  ◄
  const errorMessagePointer = Module._malloc(256);
  const name = "";                    ◄──── 将 name 设定为空字符串
  const expectedMessage = "something";  ◄
                                             期待的出错信息；
                                             故意出错使得测试
  const isValid = Module.ccall('ValidateName', ◄  失败
      'number',
      ['string', 'number', 'number'],
      [name, 50, errorMessagePointer]);
                                             调用模块中的函数
                                             ValidateName
  let errorMessage = "";
  if (isValid === 0)  {               ◄
    errorMessage = Module.UTF8ToString(errorMessagePointer);
  }
                                             如果出错，从模块内存读
  Module._free(errorMessagePointer);          取出错消息

  chai.expect(errorMessage).to.equal(expectedMessage); ◄
});

                                             检查以确保返回消息与
                                             期望消息一致
```

要创建的第二个测试将验证函数 ValidateName 在名称过长时会返回正确的出错信息。要想创建这个测试，需要执行以下步骤。

❏ 建立第一个测试的一个副本，并将这个副本粘贴到第一个测试之后。

❏ 将这个 it 函数名称修改为 "Pass a string that's too long"。

❑ 将变量 `name` 的值修改为`"Longer than 5 characters"`。

❑ 将作为函数 `ValidateName` 第二个参数传入的值从 50 修改为 5。

新测试看起来应该如代码清单 13-4 所示。

代码清单 13-4   用过长的名称测试函数 `ValidateName`

```
...

it("Pass a string that's too long", () => {          ←── 修改测试名称以
  const errorMessagePointer = Module._malloc(256);        反映测试目的
  const name = "Longer than 5 characters";    ←──
  const expectedMessage = "something";              提供一个长度超过
                                                    5 个字符的名称
  const isValid = Module.ccall('ValidateName',
      'number',
      ['string', 'number', 'number'],
      [name, 5, errorMessagePointer]);     ←── 通知函数字符串最长
                                               长度是 5 个字符称
  let errorMessage = "";
  if (isValid === 0) {
    errorMessage = Module.UTF8ToString(errorMessagePointer);
  }

  Module._free(errorMessagePointer);

  chai.expect(errorMessage).to.equal(expectedMessage);
});
```

恭喜！现在你已经写好第一组 WebAssembly 测试了。下一步是运行它们。

13.2.2   从命令行运行测试

下一步是从命令行运行测试。为了运行测试，需要打开一个命令行窗口，进入目录 Chapter 13\13.2 tests\，然后运行以下命令。

```
npm test tests.js
```

图 13-2 展示了测试结果，失败的测试前面有一个数字，测试通过则会有一个对钩。失败的测试下面列出了小结，其中给出了测试没有通过的详细原因。在这个例子中，所有测试的失败原因都是有意为期待结果提供了错误的值。

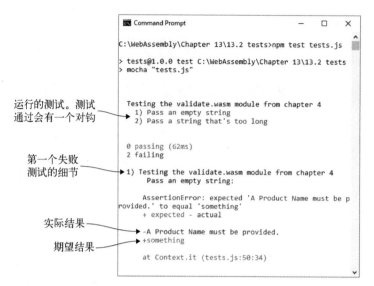

运行的测试。测试
通过会有一个对钩

第一个失败
测试的细节

实际结果

期望结果

图 13-2   命令行的测试结果。两个测试都失败了，因为故意提供了错误的期望字符串 `'something'`

在修正测试使其通过之前，我们会先创建一个 HTML 页面，以便这些测试也可以在浏览器中运行。

13.2.3   加载测试的 HTML 页面

如图 13-3 所示，本节将创建一个 HTML 页面，以支持在浏览器中运行测试。浏览器中使用的测试与命令行中相同。能够在两个环境下使用相同的测试，可以节省一些工作量，因为不需要为相同的东西维护两套测试。

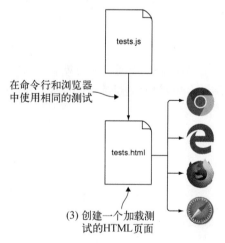

在命令行和浏览器
中使用相同的测试

(3) 创建一个加载测
试的HTML页面

图 13-3   下一步是创建一个 HTML 页面，以便也可以在浏览器中运行自己的测试

在目录 13.2 tests\下，创建文件 test.html 并在编辑器中打开。

信息 本节将要创建的 HTML 文件从 Mocha 的网站上复制而来，并进行了少量修改。

在浏览器中运行时，可以在 Script 标签中包含 Chai 断言库和 WebAssembly 模块来加载它们。在 Node.js 中使用时，可以用 require 方法来包含它们。来自 Mocha HTML 模板的要修改部分在类"mocha-init"的 Script 标签之后。针对 test.array.js、test.object.js 和 test.xhr.js 的 Script 标签以及类"mocha-exec"已经被修改为针对测试文件 test.js 和 Emscripten 生成 JavaScript 文件 validate.js 的 Script 标签。

需要注意的是，在 HTML 代码中，文件 tests.js 需要包含在 Emscripten 生成的 JavaScript 文件（validate.js）之前。这是因为包含文件 test.js 的代码用于通知 Emscripten 在模块准备好时调用函数 onRuntimeInitialized。当这个函数被调用时，你的代码会让 Mocha 来运行测试。

在文件 tests.html 中添加代码清单 13-5 中的代码。

代码清单 13-5 文件 tests.html 的 HTML

```html
<!DOCTYPE html>
<html lang="en">
  <head>
    <meta charset="utf-8" />
    <title>Mocha Tests</title>
    <meta name="viewport"
        content="width=device-width, initial-scale=1.0" />
    <link rel="stylesheet" href="https://unpkg.com/mocha/mocha.css" />
  </head>
  <body>
    <div id="mocha"></div>

    <script src="https://unpkg.com/chai/chai.js"></script>
    <script src="https://unpkg.com/mocha/mocha.js"></script>

    <script class="mocha-init">
      mocha.setup('bdd');
      mocha.checkLeaks();
    </script>

    <script src="tests.js"></script>          ← 你的测试（必须包含在 Emscripten 生成的 JavaScript 文件之前）

    <script src="validate.js"></script>       ← Emscripten 生成的 JavaScript 文件
  </body>
</html>
```

现在有了 HTML 文件，可以在浏览器中运行测试了。

13

13.2.4　从浏览器运行测试

如图 13-4 所示，现在要运行的测试与命令行中运行过的相同，但这一次是在浏览器中运行。现在可以打开浏览器并在地址栏中输入 http://localhost:8080/tests.html 来查看测试结果，如图 13-5 所示。

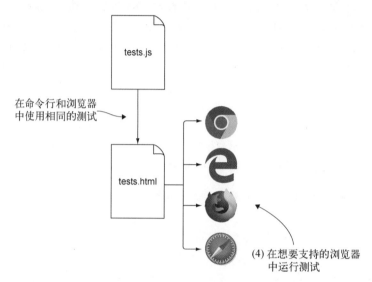

图 13-4　下一步是在浏览器中运行测试

图 13-5　在浏览器中运行的测试结果

既然测试可以在命令行和浏览器中运行了，现在可以调整测试使其通过。

13.2.5　让测试通过

一旦确定测试可以运行，就可以进行调整，以便其可以通过。打开文件 tests.js，并进行以下调整。

- 在`"Pass an empty string"`测试中，将 `expectedMessage` 值设置为`"A Product Name must be provided"`。
- 在`"Pass a string that's too long"`测试中，将 `expectedMessage` 值设置为空字符串（`""`），然后将作为第二个参数传给模块函数 `ValidateName` 的值从 5 修改为 50。

现在需要验证测试都通过了。在命令行提示符下，进入目录 Chapter 13\13.2 tests\，然后运行以下命令。

```
npm test tests.js
```

测试应该可以通过，如图 13-6 所示。

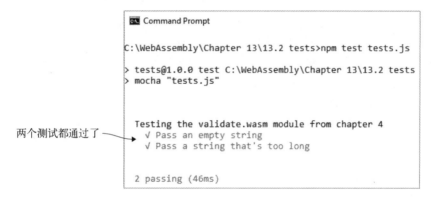

图 13-6　在命令行运行时，两个测试都通过了

你也可以在浏览器中验证测试通过，在地址栏中输入 http://localhost:8080/tests.html 来查看结果，如图 13-7 所示。

图 13-7　浏览器中运行的测试结果显示测试通过

13.3 下一步是什么

WebAssembly 并不是在 2017 年进入 MVP 状态之后就停滞不前了。自 MVP 以来，引入函数 `WebAssembly.instantiateStreaming` 带来了更快的编译和实例化速度，添加了导入或导出可变全局变量的功能，Chrome 浏览器桌面版本增加了 pthread 支持，并持续改进了浏览器端。

WebAssembly 社区组致力于开发 WebAssembly 中要添加的新功能，以支持其他编程语言更容易地使用它，并增加其适用场景。

WASI 规范的相关工作也已经开始起步，其旨在标准化 WebAssembly 在浏览器之外的工作方式。Mozilla 有一篇值得一读的介绍 WASI 的文章："Standardizing WASI: A system interface to run WebAssembly outside the web"，作者是 Lin Clark。

WebAssembly 将继续改进与扩展，以下给出了出现问题时可以寻求帮助的一些选择。

❑ Emscripten 文档。
❑ 如果发现了 Emscripten 本身的问题，你可以在 GitHub 网站上的 emscripten-core/emscripten 页面查看是否有人提交过相关 bug 报告，或了解一下如何绕过这个问题。
❑ Emscripten 社区非常活跃，发布频繁。如果 Emscripten 有更新的版本可用，可以试着更新到最新版本看它是否解决了你的问题。你可以在附录 A 中找到升级指令。
❑ Mozilla 开发者网络上的 WebAssembly 文档很不错。
❑ 尽可以在本书的 liveBook 上留下评论。
❑ 可以关注我的 twitter 账户和博客（@Gerard_Gallant），我会继续探索 WebAssembly 所提供的一切。

13.4 练习

练习答案参见附录 D。
(1) 如果需要将几个相关测试分为一组，应该使用哪个 Mocha 函数？
(2) 编写一个测试来验证，如果向函数 `ValidateCategory` 传入空字符串作为 `categoryId` 值，那么会返回适当的出错信息。

13.5 小结

本章介绍了以下内容。
❑ 自动测试一开始需要一些时间来编写，但编写完毕后，就可以快速并随时运行、每次运行都完全一致，并且运行在不同平台上。
❑ 自动测试并没有消除对手动测试的需求，但可以处理单调乏味的项目，以便你可以关注其他部分。
❑ Mocha 是可用的几个 JavaScript 测试框架之一并支持所有断言库。它能够以命令行形式运行测试，也可以在浏览器中运行测试。从命令行运行时，Mocha 使用 Node.js 来运行测试。

❑ 在 Mocha 中，我们用 `describe` 函数对测试进行分组，测试本身使用 `it` 函数。

❑ Mocha 有几个可用的 pre- 和 post-钩子函数（`before`、`beforeEach`、`afterEach` 和 `after`），可用于设置测试运行前的预先条件和测试之后的清理动作。

❑ 如果从 Mocha 的函数返回一个 promise，Mocha 会等待 promise 完成再继续。如果使用异步操作，这一点很有用。

❑ 如果测试失败，那么会给出详细的失败原因描述。

❑ 如果测试通过，输出时会显示一个对钩。

13

安装与工具设置

本章内容
- ☐ 安装 Python
- ☐ 启动使用 Python 的本地 Web 服务器
- ☐ 检查 Python 是否配置了 WebAssembly 媒体类型，如果没有，学习如何配置
- ☐ 下载并安装 Emscripten SDK
- ☐ WebAssembly 二进制工具包概述

本附录将安装并设置本书示例中所需要的所有工具。需要的主要工具是 Emscripten。最初创建它是为了将 C/C++代码转译到 asm.js，后来对其进行了修改，以便它也可以将代码编译为 WebAssembly 模块。

A.1 Python

系统中安装有 Python 才能执行 Emscripten SDK 安装。所需 Python 的最低版本是 2.7.12。通过在控制台窗口运行以下命令，可以确定 Python 是否已安装及其具体版本号。

```
python -V
```

如果安装了 Python，应该可以看到与图 A-1 中类似的消息。

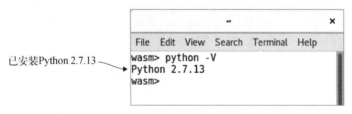

图 A-1　验证 Python 已安装

如果没有安装 Python，可以从 Python 官网下载安装包。如果使用的是某个支持 APT（advanced package tool，高级包工具）的 Linux 版本，那么可以在终端窗口运行以下命令来安装 Python。

```
sudo apt install python-minimal
```

A.1.1 运行本地 Web 服务器

本书中的多数示例都要求使用本地 Web 服务器，因为一些浏览器默认不允许访问文件系统来加载其他文件。如果直接从文件系统运行 HTML 文件，在某些浏览器中，这会妨碍 WebAssembly JavaScript API 函数正常工作。

定义 Web 服务器是一个专门的程序，它使用 HTTP 向调用方（示例中就是浏览器）传递网页使用的文件。

很方便的是，Python 可以运行本地 Web 服务器，根据所安装的 Python 版本，用两种方法启动服务器。这两种方法都要打开一个控制台窗口，进入 HTML 文件所在的目录，然后运行一个命令。

如果使用的是 Python 2.*x*，可以用以下命令启动本地 Web 服务器。

```
python -m SimpleHTTPServer 8080
```

对于 Python 3.*x*，则使用以下命令。

```
python3 -m http.server 8080
```

你可以看到一条消息指示端口 8080 提供 HTTP 服务，如图 A-2 所示。

图 A-2 Python 2.*x* 的本地 Web 服务器在端口 8080 运行

此时，你需要做的就是打开浏览器并设定地址为 http://localhost:8080/，后面是要查看的 HTML 文件名。

另一种可用选择是使用 Emscripten 所带的名为 emrun 的工具。emrun 会启动 Python 本地 Web 服务器并在默认浏览器上运行指定文件。以下是使用 emrun 命令运行文件 test.html 的一个示例。

```
emrun --port 8080 test.html
```

注意 对于这 3 个命令，提供的文件路径都是相对于启动本地 Web 服务器时所在的目录。

A.1.2 WebAssembly 媒体类型

媒体类型最开始被称为 MIME 类型。MIME 是指 Multipurpose Internet Mail Extensions（多用途互联网邮件扩展），用于指示邮件消息的内容和附件的类型。浏览器也通过文件的媒体类型来确定如何处理这个文件。

最初，我们用媒体类型 `application/octet-stream` 将 WebAssembly 文件传给浏览器，因为.wasm 文件是二进制数据。这后来被修改为一个更正式的媒体类型：`application/wasm`。

问题是，新的媒体类型注册到 IANA（Internet Assigned Numbers Authority，互联网数字分配机构，负责标准化媒体类型）需要时间。因此，并不是所有的 Web 服务器都包含了 WebAssembly 媒体类型，你需要确定自己的 Web 服务器定义了这个类型，这样浏览器才知道如何处理 WebAssembly 模块。

并不一定非要用 Python 作为本地 Web 服务器，其他的也可以。但既然已经为 Emscripten SDK 安装了 Python，如果你的计算机上没有安装其他 Web 服务器，那么使用它还是很方便的。在 Mac 或 Linux 中，向 Python 的媒体类型列表添加 WebAssembly 媒体类型之前，可以运行以下命令来查看其是否已经存在。

```
grep 'wasm' /etc/mime.types
```

如果 Python 中没有添加 wasm 扩展，那么就不会显示任何结果；如果已经添加了这个扩展，你应该可以看到类似于图 A-3 所示的结果。

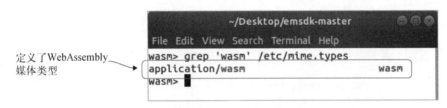

图 A-3   在 Ubuntu Linux 上，WebAssembly 媒体类型是 Python 媒体类型列表的一部分

在 Mac 或 Linux 上，如果这个媒体类型还没有加入 Python，那么可以编辑文件 mime.types 来手动添加。以下命令会使用 gedit 作为编辑器，如果它不可用，多数其他编辑器可以作为以下命令中的 gedit 的替代。

```
sudo gedit /etc/mime.types
```

将以下代码片段添加到媒体类型列表中，然后保存并关闭文件。

```
application/wasm    wasm
```

在 Windows 上，要想检查 Python 是否已经配置了这个媒体类型，需要查看文件 mimetypes.py。你可以打开一个控制台窗口并进入安装 Python 的 Lib 目录，运行以下命令来检查 WebAssembly 媒体类型是否在这个文件中。

```
type mimetypes.py | find "wasm"
```

如果 Python 中没有添加 wasm 扩展，那么就不会显示任何结果；如果已经添加了这个扩展，你应该可以看到类似于图 A-4 所示的结果。

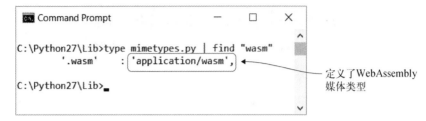

定义了WebAssembly
媒体类型

图 A-4 在 Windows 上，WebAssembly 媒体类型已经在 Python 的媒体类型列表中

如果文件中没有这个媒体类型，那么就需要编辑这个文件。用你选择的编辑器打开这个文件。搜索文本 `types_map = {` 应该可以定位到文件中要添加这个媒体类型的位置，如图 A-5 所示。

媒体类型列表

| File | Edit | Selection | View | Go | mimetypes.py - Vi... | — | □ | × |

```
     mimetypes.py  ×

404   # ir you add to these, please keep them sorted
405   types_map = {
406          '.a'     : 'application/octet-stream',
407          '.ai'    : 'application/postscript',
408          '.aif'   : 'audio/x-aiff',
409          '.aifc'  : 'audio/x-aiff',
410          '.aiff'  : 'audio/x-aiff',
411          '.au'    : 'audio/basic',
412          '.avi'   : 'video/x-msvideo',
413          '.bat'   : 'text/plain',
414          '.bcpio' : 'application/x-bcpio',
415          '.bin'   : 'application/octet-stream',
416          '.bmp'   : 'image/x-ms-bmp',
```

图 A-5 mimetypes.py 文件中的 `types_map` 节，用 Visual Studio Code 打开

在 `types_map` 节添加以下代码片段，然后保存并关闭文件。

```
'.wasm'   : 'application/wasm',
```

A.2 Emscripten

本书撰写时，Emscritpen SDK 的最新版本是 1.38.45。这个工具包经常更新，因此可能你的版本会更新一些。

下载并安装 SDK 前，应该先检查它是否已经安装。为了实现这一点，可以在控制台窗口中运行以下命令来查看用 SDK 安装的工具列表。

```
emsdk list
```

如果已经安装了这个 SDK，应该可以看到类似于图 A-6 的列表；如果已经安装了这个 SDK 并且版本号也符合本书要求（或更高），可以直接跳到 A.3 小节。

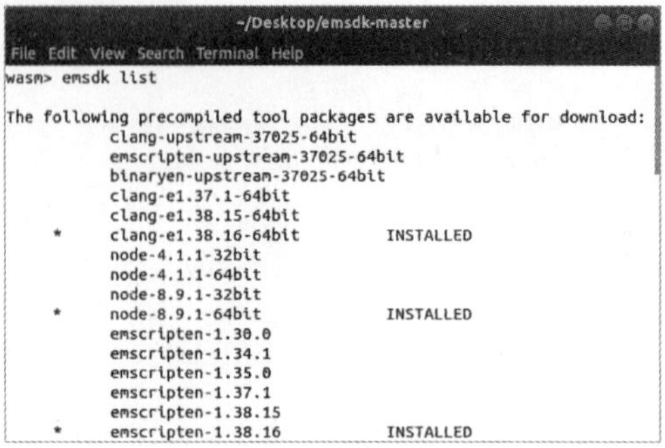

图 A-6   Emscripten SDK 已经安装，版本为 1.38.16

如果已经安装了这个 SDK，但版本不符合本书需要，可以运行以下命令来指示 SDK 取得可用工具的最新系列。

```
emsdk update
```

如果使用 Windows，那么可以略过下一节，直接阅读 A.2.2 节；如果使用 Mac 或者 Linux，则可以直接阅读 A.2.3 节。

如果没有安装这个 SDK，下一步就是下载 Emscripten SDK。

A.2.1   下载 Emscripten SDK

进入 GitHub 网站的 emscripten-core/emsdk 页面。点击屏幕右侧的 "Clone or Download" 按钮，然后点击弹出窗口中的链接 "Download ZIP"，如图 A-7 所示。

图 A-7   点击 "Clone or Download" 按钮，然后点击 "Download ZIP" 按钮来下载 Emscripten SDK

将文件解压到需要的位置。然后，打开一个控制台窗口并进入解压后的 emsdk-master 目录。

A.2.2 如果使用 Windows

可以用以下命令下载 SDK 的最新工具。

```
emsdk install latest
```

可以运行以下命令为当前用户激活最新 SDK。可能需要以管理员身份打开控制台窗口，因为使用--global 标记时，控制台需要访问 Windows 注册表。

```
emsdk activate latest --global
```

信息 --global 标记是可选的，但推荐使用，这样会将环境变量也放入 Windows 注册表。如果不使用这个标记，则每次打开新控制台窗口都需要运行 emsdk_env.bat 文件来初始化环境变量。

A.2.3 如果使用 Mac 或 Linux

可以运行以下命令来下载 SDK 的最新工具。

```
./emsdk install latest
```

可以运行以下命令来激活最新的 SDK。

```
./emsdk activate latest
```

需要运行以下命令使得当前终端窗口了解环境变量。

```
source ./emsdk_env.sh
```

运行这个命令带来的好处是，无须在命令（如 emsdk）前加上./字符。问题是，这些环境变量不会被缓存，因此每次打开新的终端窗口都需要再次运行这个命令。也可以将这个命令放到.bash_profile 或者等价文件中，但需要根据 emsdk-master 文件所在目录修改路径。

A.2.4 绕过安装问题

如果遇到安装问题，Emscripten 官方网站提供了在 Windows、Mac 和 Linux 上安装 Emscripten 的平台相关指示，可能会对你有所帮助。

由于与你机器上的现有系统库冲突，有时可能无法下载并安装 Emscripten SDK。这种情况下，可能需要从源码构建 Emscripten。

A.3　Node.js

在安装 Emscripten SDK 时，除了 Emscripten，还安装了几个工具，其中之一就是 Node.js。
Node.js 是一个在 V8 引擎上构建的 JavaScript 运行时，V8 也是支撑 Chrome Web 浏览器的引擎。
Node.js 支持将 JavaScript 用作服务器端代码，它还有很多可用的开源包来辅助大量编程需求。可
以在 Node.js 中使用 WebAssembly 模块，因此本书将包含几个 Node.js 的示例。

Node.js 在版本 8 中添加了 WebAssembly 支持，因此这也是需要的最低版本。可以运行以下
命令来查看安装 Emscritpen SDK 时安装的工具列表。你应该会看到类似于图 A-8 的结果，其中
指示了所安装的 Node.js 的版本号。

```
emsdk list
```

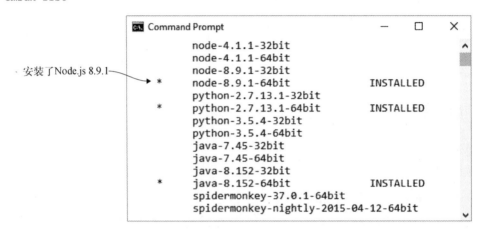

图 A-8　Node.js 版本 8.9.1 与 Emscripten SDK 一起安装

如果与 SDK 一起安装的 Node.js 版本不是版本 8 或更高版本，那么就需要从 SDK 中卸载它。
为了实现这一点，需要在命令行中输入 emsdk uninstall，之后是已安装的 Node.js 的带版本
号的完整名称。

```
emsdk uninstall node-4.1.1-64bit
```

卸载 Node.js 4 后，可以使用 emsdk install 命令来安装 Node.js 版本 8.9，这是运行 emsdk
list 时列出的可下载版本。

```
emsdk install node-8.9.1-64bit
```

A.4　WebAssembly 二进制工具包

WebAssembly 二进制工具包包含可用于 WebAssembly 二进制格式和文本格式之间转换的工
具。工具 wasm2wat 将二进制格式转换为文本格式，工具 wat2wasm 进行反向转换，即将文本格

式转换为二进制格式。甚至还有一个工具 wasm-interp，它支持在浏览器之外独立运行 WebAssembly 二进制文件，这可用于 WebAssembly 模块的自动测试。

如果用户执行 View Source，或者 WebAssembly 模块中没有包含源码映射又需要调试时，浏览器会使用 WebAssembly 文本格式，于是对文本格式有基本了解是很重要的。因此，第 11 章用文本格式构建了一个游戏。

源码映射是将当前代码（编译过程中可能被修改或重命名）映射到原始代码的文件，这样调试器可以将被调试代码重构到某种更接近于原始代码的状态，从而简化调试。

WebAssembly 二进制工具包可执行文件无法下载。为了获得一份副本，需要克隆 GitHub 上的一个库并构建它。如果不熟悉 git 的使用，工具包的 GitHub 库提供了一些样例，你可以用浏览器使用这些样例。

❑ 样例 wat2wasm 支持输入文本格式并下载 Wasm 文件。

❑ 样例 wasm2wat 支持上传一个 Wasm 文件并查看文本格式。

对于本书中的示例，我们只需要使用在线样例 wat2wasm，但如果需要，也可以下载工具包源码并在本地创建 Wasm 文件。

A.5 Bootstrap

如果想要获得外观更加专业的网页，不用手动构造所有风格，可以使用 Bootstrap。Bootstrap 是一个流行的 Web 开发框架，其中包含了一些设计模板来简化并加速 Web 开发。本书的示例只是简单地指向放在 CDN 上的文件，但如果想要使用本地版本，可以到 Bootstrap 官网下载。

信息　CDN（content delivery network，内容分发网络）是地理上分布式的，目标在于提供尽可能接近于请求设备的文件服务。这种分布式加速了文件下载的速度，可以改善网站加载延迟问题。

Bootstrap 依赖于库 jQuery 和 Popper.js。jQuery 是一个简化操作 DOM、events、animations 和 Ajax 的 JavaScript 库。Popper.js 是一个定位引擎，帮助定位网页上的元素。

文件 bootstrap.bundle.js 和 bootstrap.bundle.min.js 中包含了 Popper.js，但并没有包含 jQuery。如果不想使用 CDN，则还需要下载 jQuery。

ccall、cwrap 以及直接函数调用

B

本章内容
- ❑ 使用 Emscritpen 辅助函数 ccall 和 cwrap 从 JavaScript 调用模块函数
- ❑ 不使用 Emscripten 辅助函数从 JavaScript 直接调用模块函数
- ❑ 向函数传递数组

在使用 Emscripten 生成的 JavaScript plumbing 代码时，有几种选择可以调入模块。最常用的方法是使用函数 ccall 和 cwrap，它们在传入和返回字符串时会辅助处理内存管理。也可以直接调用模块函数。

B.1　ccall

函数 ccall 支持调用 WebAssembly 模块中的函数并接收返回结果。这个函数接受 4 个参数。

- ❑ 一个字符串，用于指示模块中要调用的**函数的名称**。创建 WebAssembly 模块时，Emscripten 会在函数名之前添加一个下划线字符。不要包含这个前面的下划线字符，因为函数 ccall 会为你做这件事情。
- ❑ 函数的**返回类型**。可以指定以下值。
  - ■ null，如果函数返回 void。
  - ■ 'number'，如果函数返回一个 integer、float 或 pointer。
  - ■ 'string'，如果函数返回一个 char*。这是可选的，放在这里是为了便利。如果使用，函数 ccall 会处理返回字符串的内存管理。
- ❑ 一个数组，用于指示**参数的数据类型**。这个数组的成员数量需要与函数参数个数相等，顺序相同。其值如下。
  - ■ 'number'，如果参数是一个 integer、float 或 pointer。
  - ■ 'string'，可以用于 char*参数。如果使用，函数 ccall 会处理字符串的内存管理。使用这种方法时，这个值会被认为是临时的，因为函数返回后，这部分内存就会被释放。

　　■ 'array'，可以使用，但只用于 8 位数组值。

　　❏ 一个传给函数的值的数组。数组中的每一项对应于函数的一个参数，而且顺序必须相同。

　　第三个参数的 string 和 array 数据类型只是为了便利，以创建指针、复制值到内存，一旦函数调用结束后，就会释放这些工作的内存。这些值被认为是临时的，只存在于函数执行时。如果 WebAssembly 模块保存了这些指针供未来使用，那么它可能会指向无效数据。

　　如果需要对象有更长的生存期，那么要使用 Emscripten 函数_malloc 和_free 来手动分配并释放内存。这种情况下，不要将 string 或 array 用作参数类型，而要使用 number，因为要直接传递一个指针，而不需要 Emscritpen 帮助执行内存管理。

　　如果需要传递一个值长于 8 位的数组（如 32 位整型数组），那么需要传递一个指针类型而不是数组类型。B.3 节展示了如何手动向模块传递一个数组。

B.1.1　创建一个简单的 WebAssembly 模块

　　为了展示函数 ccall，需要有一个 WebAssembly 模块。创建目录 Appendix B\B.1 ccall\来放置你的文件。在这个目录下创建文件 add.c，然后用编辑器打开。以下 C 代码是一个 Add 函数，它接受两个值，然后将其相加并返回结果。将以下代码片段放到文件 add.c 中。

```
#include <stdlib.h>
#include <emscripten.h>

EMSCRIPTEN_KEEPALIVE
int Add(int value1, int value2) {
  return (value1 + value2);
}
```

　　B.2 和 B.3 节还会复用这个模块。为了能够在 Emscripten 生成的 JavaScript 代码中的 Module 对象中使用函数 ccall 和 cwrap，需要将它们包含在命令行数组 EXTRA_EXPORTED_RUNTIME_METHODS 中。为了将这段代码编译为 WebAssembly 模块，需要打开一个命令行窗口，进入放置文件 add.c 的目录，然后运行以下命令。

```
emcc add.c -o js_plumbing.js
 ➥ -s EXTRA_EXPORTED_RUNTIME_METHODS=['ccall','cwrap']
```

B.1.2　创建与 WebAssembly 模块交流的网页

　　现在需要创建一个简单的 HTML 网页，还需要在这个网页（而不是一个独立文件）中包含调用 Add 函数的 JavaScript 代码。在目录 B.1 ccall 下，创建文件 add.html，然后用编辑器打开。这个网页将只包含一个按钮，点击时会调用名为 callAdd 的 JavaScript 函数。这个 JavaScript 函数会使用 Emscripten 辅助函数 ccall 来调用模块中的 Add 函数，并将相加的结果显示在浏览器开发者工具的控制台窗口中。将代码清单 B-1 中的代码添加到文件 add.html 中。

代码清单 B-1　文件 add.html 的 HTML 代码

```
<!DOCTYPE html>
<html>
  <head>
    <meta charset="utf-8"/>
  </head>
  <body>
    <input type="button" value="Add" onclick="callAdd()" />

    <script>
      function callAdd() {
        const result = Module.ccall('Add',           第一个参数
          'number',                                   是函数名
          ['number', 'number'],                       返回类型是模块中
          [1, 2]);                                    的一个整型

        console.log(`Result: ${result}`);             参数类型都是模块
      }                                               中的整型
    </script>

    <script src="js_plumbing.js"></script>            Emscripten 生成的
  </body>                                             JavaScript 文件
</html>
```

传递参数值 → `['number', 'number']` `[1, 2]`

显示结果 → `console.log(`Result: ${result}`);`

至此我们完成了 JavaScript 代码，可以打开浏览器并在地址栏中输入 http://localhost:8080/add.html 来查看刚刚创建的网页。打开浏览器的开发者工具（F12 键）来查看控制台，然后点击"Add"按钮来查看调用模块的 Add 函数的结果，如图 B-1 所示。

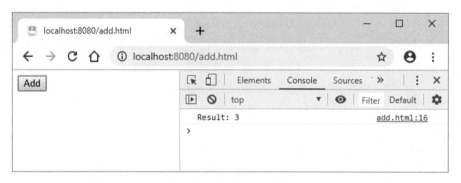

图 B-1　使用 ccall 并传入参数值 1 和 2 来调用模块的 Add 函数的结果

B.2　cwrap

函数 cwrap 与函数 ccall 类似。使用 cwrap 时，只需要指定与 ccall 相同的前 3 个参数。
- 函数名
- 函数返回类型
- 指示函数参数类型的一个数组

与直接运行函数的 ccall 不同，调用函数 cwrap 时，你会得到一个 JavaScript 函数。在 JavaScript 中，函数是"一等公民"，可以像使用变量那样到处传递，这是 JavaScript 最强大的特性之一。然后便可以用这个 JavaScript 函数调用模块函数，类似于调用普通函数那样直接指定参数值而不是使用数组。

调整 JavaScript 代码以使用 cwrap

为了展示函数 cwrap 的使用方法，可以创建目录 Appendix B\B.2 cwrap\来放置你的文件。将文件 add.html、js_plumbing.js 和 js_plumbing.wasm 从 Appendix B\B.1 ccall\复制到 Appendix B\B.2 cwrap\。用编辑器打开文件 add.html，可以修改函数 callAdd，使其现在使用 Emscripten 辅助函数 cwrap。

因为 cwrap 会返回一个函数而不是模块的 Add 函数的结果，所以首先将变量 const result 修改为 const add。然后将 Module.ccall 修改为 Module.cwrap。最后，去除指定参数值的第四个参数，因为函数 cwrap 只接受 3 个参数。

至此我们就定义了一个调用模块的 Add 函数的函数，还需要实际调用这个函数。为了实现这一点，可以简单地调用 cwrap 调用返回的函数 add，就像调用其他函数那样（不使用数组）。用以下代码片段代替函数 callAdd 中的代码。

```
function callAdd() {
  const add = Module.cwrap('Add',          ← cwrap 的返回值是一个
      'number',                              JavaScript 函数
      ['number', 'number']);

  const result = add(4, 5);                ← 调用这个 JavaScript 函数，直接传入值
  console.log(`Result: ${result}`);
}
```

修改函数 callAdd 之后，可以打开浏览器并在地址栏中输入 http://localhost:8080/add.html 来查看调整之后的网页。如果点击"Add"按钮，应该可以在浏览器开发者工具的控制台窗口中看到 Add 调用的结果，如图 B-2 所示。

图 B-2 使用 cwrap 并传入参数值 4 和 5 来调用模块的 Add 函数的结果

B.3　直接函数调用

Emscripten 函数 ccall 和 cwrap 是调用模块函数的常用方法，因为在字符串不需要长时间存活的情况下，它们可以帮助处理字符串内存管理这样的事情。

你也可以直接调用模块函数，但这么做就意味着所有必要的内存管理都需要你的代码来处理。如果你的代码已经在做这些事情，或者调用只涉及不需要内存管理的浮点型和整型，那么可以考虑这种方法。

创建 WebAssembly 模块时，Emscripten 编译器会在函数名之前添加一个下划线字符。记住以下两点区别很重要。

❑ 调用 ccall 或 cwrap 时，不要包含下划线字符。

❑ 直接调用函数时，需要包含下划线字符。

以下代码片段展示了如何直接调用模块函数 Add。

```
function callAdd() {
  const result = Module._Add(2, 5);    ◁──── 直接调用函数 Add。不要
  console.log(`Result: ${result}`);           忘记前面的下划线字符
}
```

B.4　向模块传递数组

函数 ccall 和 cwrap 接受 'array' 类型，但自动内存管理只针对 8 位值。比如，如果你的函数期望整型数组，就需要自己处理内存管理，包括为数组中每个元素分配足够内存，将数组内容复制到模块内存，然后在调用返回后释放这块内存。

WebAssembly 模块的内存就是一个带类型的数组缓冲区。Emscripten 提供了几种视图以供从不同角度看待这块内存，这样可以简化不同数据类型的使用。

❑ HEAP8——8 位有符号内存，使用 JavaScript Int8Array 对象。

❑ HEAP16——16 位有符号内存，使用 JavaScript Int16Array 对象。

❑ HEAP32——32 位有符号内存，使用 JavaScript Int32Array 对象。

❑ HEAPU8——8 位无符号内存，使用 JavaScript Uint8Array 对象。

❑ HEAPU16——16 位无符号内存，使用 JavaScript Uint16Array 对象。

❑ HEAPU32——32 位无符号内存，使用 JavaScript Uint32Array 对象。

❑ HEAPF32——32 位浮点内存，使用 JavaScript Float32Array 对象。

❑ HEAPF64——64 位浮点内存，使用 JavaScript Float64Array 对象。

举例来说，如果你有一个整型数组，可以使用 HEAP32 视图，这实际上是一个 Int32Array JavaScript 对象。要想为数组指针分配足够内存，需要调用 Module._malloc，传入一个值，即数组中项目个数与每个项目的字节数的乘积。Module.HEAP32 对象是用于 32 位整型的对象，因此需要使用常量 Module.HEAP32.BYTES_PER_ELEMENT，它持有值 4。每个堆对象都有一个 BYTES_PER_ELEMENT 常量。

为数组指针分配了内存之后，就可以使用 HEAP32 对象的 set 函数了。函数 set 的第一个参数是要复制其内容到 WebAssembly 模块内存中的数组。第二个参数是一个索引值，其指示 set 函数将数据写入底层数组（模块内存）时的起始位置。在这个例子中，因为现在使用的是内存的 32 位视图，所以每个索引值指的是 32 位（4 个字节）分组中的一个。因此，需要将内存地址除以 4。可以使用标准除法，但在某些代码（如 Emscripten plumbing）中可能会看到右移位操作的使用。接下来的代码和除以 4 运算相同，但使用的是右移操作符 arrayPointer >> 2。

代码清单 B-2 展示了 JavaScript 代码如何向模块传递一个整型数组。

代码清单 B-2　向模块传递一个整型数组的 JavaScript 代码

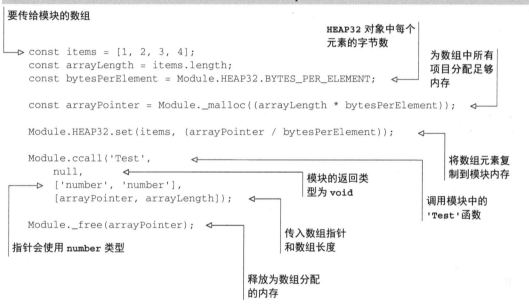

要传给模块的数组

HEAP32 对象中每个元素的字节数

为数组中所有项目分配足够内存

```
const items = [1, 2, 3, 4];
const arrayLength = items.length;
const bytesPerElement = Module.HEAP32.BYTES_PER_ELEMENT;

const arrayPointer = Module._malloc((arrayLength * bytesPerElement));

Module.HEAP32.set(items, (arrayPointer / bytesPerElement));

Module.ccall('Test',
    null,
    ['number', 'number'],
    [arrayPointer, arrayLength]);

Module._free(arrayPointer);
```

将数组元素复制到模块内存

调用模块中的 'Test' 函数

模块的返回类型为 void

传入数组指针和数组长度

指针会使用 number 类型

释放为数组分配的内存

Emscripten 宏

本章内容
- ❏ emscripten_run_script 系列宏概述
- ❏ Emscripten 宏 EM_JS
- ❏ Emscripten 宏 EM_ASM

Emscripten 为辅助与主机的交流提供了 3 类宏，在处理调试这样的问题时，这十分有帮助。Emscripten 宏有两种风格。一种是 emscripten_run_script 系列宏，另一种是 EM_JS 和 EM_ASM 系列宏。

C.1 宏 emscripten_run_script

emscripten_run_script 系列宏直接使用 JavaScript eval 函数运行 JavaScript 代码。这个函数是一个特殊的 JavaScript 函数，它接受一个字符串并将其转化为 JavaScript 代码。通常来说，在 JavaScript 中使用 eval 有点儿烦人，它比相应代码要更慢一些，而更重要的是，如果传入的字符串包含用户提供的数据，这个数据被转换成代码就可能会做任何事情，这带来了严重的安全性风险。使用 eval 函数的另一个缺点是，根据安全性设定，浏览器可能会阻止 eval 工作，因此你的代码就无法按照预期工作。

建议在生产环境代码中永远不要使用 emscripten_run_script 系列宏，特别是不要用于用户提供的数据。然而，这些宏可以用于像调试这样的工作。举例来说，如图 C-1 所示，如果 WebAssembly 模块没有按照期望工作，代码审查也没有定位到原因，那么可以在代码中特定的位置放置宏。可以先从为每个函数添加一个宏显示警告或控制台消息来试着缩小问题所在范围。然后再添加更多宏以进一步缩小问题所在范围，一旦确定并修复了问题，就可以将这些宏移除了。

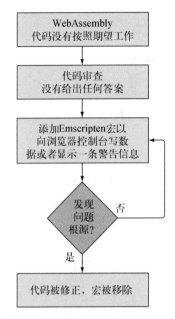

图 C-1　用宏调试 WebAssembly 模块

宏 emscripten_run_script 接受一个 const char*指针并返回 void。以下是一个使用
emscripten_run_script 向控制台写入字符串的示例。

```
emscripten_run_script("console.log('The Test function')");
```

宏 emscripten_run_script_int 和 emscripten_run_script_string 也接受一个
const char*指针，但是它们的区别在于返回类型。

❑ emscripten_run_script_int 返回一个整型。

❑ emscripten_run_script_string 返回一个 char*指针。

C.2　宏 EM_JS

WebAssembly 模块可用的第二类 Emscripten 宏是 EM_JS 和 EM_ASM 系列。宏 EM_JS 提供了
一种在 C/C++代码中声明 JavaScript 函数的方法，而宏 EM_ASM 支持在线（inline）JavaScript 的
使用。

尽管对于所有这些宏来说，JavaScript 代码都在 C/C++代码内部，但实际上是 Emscripten 编
译器创建了所需要的 JavaScript 函数，并且于模块运行时在后台调用这些函数。本节将关注宏
EM_JS，C.3 节将介绍宏 EM_ASM。

宏 EM_JS 接受 4 个参数。

❑ 函数返回类型。

❑ 函数名。

□ 用括号包裹起来的函数实参。如果没有参数要传递给函数，那么仍然需要一对空括号。
□ 用作函数体的代码。

警告 关于这个宏需要记住的一点是，前 3 个参数是用 C++语法编写的。第 4 个参数的函数体部分是 JavaScript 代码。

C.2.1　没有参数值

要定义的第一个 EM_JS 宏是一个没有返回值和参数的 JavaScript 函数。首先，需要创建一个目录 Appendix C\C.2.1 EM_JS\来放置文件。然后在这个目录中创建文件 em_js.c，并用编辑器打开。

这个宏不需要从函数返回值，因此将第一个参数指定为 void。将这个宏命名为 NoReturn-ValueWithNoParameters，由于没有参数，因此宏的第 3 个参数就是一对左右括号。JavaScript 代码本身是一个 console.log 调用，向浏览器开发者工具控制台窗口发送一个消息，以指示这个宏被调用。

定义好宏之后，调用函数就和调用普通 C/C++函数一样。将对这个函数的调用放在 main 函数中，这样一来，在模块被下载并进行实例化时，代码会自动运行。向文件 em_js.c 中添加以下代码片段。

```
#include <emscripten.h>

EM_JS(void, NoReturnValueWithNoParameters, (), {    ◁—— 声明宏
  console.log("NoReturnValueWithNoParameters called"); ◁
});                                                      向浏览器开发者控
                                                         制台记录一条消息
int main() {
  NoReturnValueWithNoParameters();    ◁
  return 0;                              调用以宏 EM_JS 定义的
}                                        JavaScript 函数
```

本附录不需要只为查看宏结果而创建一个简单网页。而是将创建的代码编译为 WebAssembly 模块并使用 Emscripten HTML 模板。

为了编译刚才编写的代码，需要打开一个命令行窗口，进入保存文件 em_js.c 的目录，并运行以下命令。

```
emcc em_js.c -o em_js.html
```

信息 你可能会看到一条警告消息，其指示没有为宏的函数提供实参。可以忽略这条警告。

至此我们生成了 WebAssembly 文件，可以打开浏览器并在地址栏中输入 http://localhost:8080/em_js.html 来查看网页。如果按 F12 键打开浏览器的开发者工具，你应该可以看到控制台窗口写

入了文本 `NoReturnValueWithNoParameters called`，如图 C-2 所示。

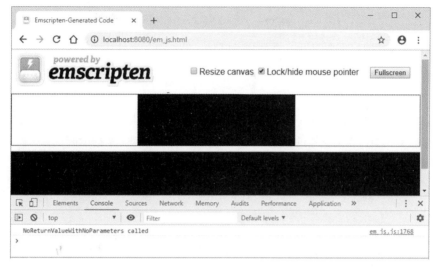

图 C-2　来自 `EM_JS` 宏 `NoReturnValueWithNoParameters` 的控制台窗口输出

C.2.2　传递参数值

在这个例子中，你将看到如何向 `EM_JS` 宏传递值，以及内部的 JavaScript 代码如何与参数交互。在目录 Appendix C\下，创建新目录 C.2.2 EM_JS\，然后在这个目录下创建文件 em_js.c。用编辑器打开这个文件。

这个宏没有返回值，因此将第一个参数设置为 `void`。将这个宏命名为 `NoReturnValue-WithIntegerAndDoubleParameters`，因为这个函数会接受一个 `int` 和一个 `double` 值作为参数。JavaScript 代码只是简单地调用 `console.log` 在控制台窗口显示一条消息，以指示这个函数已被调用，以及传入的值是什么。

还需要创建一个模块进行实例化时会被自动调用的 `main` 函数。在 `main` 函数中，我们会调用这个宏，并像调用普通函数那样传入 `integer` 值和 `double` 值。

向 em_js.c 中添加以下代码片段。

```
#include <emscripten.h>

EM_JS(void, NoReturnValueWithIntegerAndDoubleParameters,
    (int integer_value, double double_value), {          ◄── 这个宏有两个参数：一个
  console.log("NoReturnValueWithIntegerAndDoubleParameters     int 和一个 double
  ➥ called...integer_value: " +

      integer_value.toString() + "  double_value: " +
      double_value.toString());
});
```

```
int main() {
  NoReturnValueWithIntegerAndDoubleParameters(1, 5.49);
  return 0;
}
```

要想编译这段代码，需要打开一个命令行窗口，进入保存文件 em_js.c 的目录，然后运行以下命令。

```
emcc em_js.c -o em_js.html
```

至此我们生成了 WebAssembly 文件，可以打开浏览器并在地址栏中输入 http://localhost:8080/em_js.html 来查看网页。在浏览器的控制台窗口，你应该可以看到文本指示函数 NoReturnValue-WithIntegerAndDoubleParameters 已被调用，如图 C-3 所示。

图 C-3　宏 NoReturnValueWithIntegerAndDoubleParameters 的控制台窗口输出

C.2.3　传递指针作为参数

也可以向 EM_JS 宏传入指针作为参数。但关于这一点需要清楚的是，WebAssembly 代码只能处理整型和浮点型数据。所有其他类型（如字符串）是放在模块的线性内存中的。尽管在 C/C++ 代码中，看起来像是向函数传入了字符串字面量，但模块编译好后，WebAssembly 代码指向的是一个内存地址，并会将其传给函数。

在目录 Appendix C\中，创建名为 C.2.3 EM_JS\的目录，然后创建名为 em_js.c 的文件，并用编辑器打开。

这个宏没有返回值，名为 NoReturnValueWithStringParameter，会接受 char* 作为参数。我们将使用函数 console.log 向浏览器控制台窗口发送消息，以指示这个宏已被调用以及接收到的字符串值。由于字符串在模块内存中，因此我们将使用 Emscripten 辅助函数 UTF8ToString 从内存读取字符串。向文件 em_js.c 中添加以下代码片段。

```
#include <emscripten.h>

EM_JS(void, NoReturnValueWithStringParameter,          这个宏接受一个 const char*
    (const char* string_pointer), {          ◁――――――  作为参数
  console.log("NoReturnValueWithStringParameter called: " +
      Module.UTF8ToString(string_pointer));     ◁――――  从模块内存
});                                                      读取字符串

int main() {
  NoReturnValueWithStringParameter("Hello from WebAssembly");
  return 0;
}
```

因为 JavaScript 代码需要 Emscripten 辅助函数 UTF8ToString，所以编译 WebAssembly 模块时需要在命令行标记 EXTRA_EXPORTED_RUNTIME_METHODS 数组中包含这个函数。以下是编译代码的命令行。

```
emcc em_js.c -s EXTRA_EXPORTED_RUNTIME_METHODS=['UTF8ToString']
➥ -o em_js.html
```

可以在浏览器地址栏中输入 http://localhost:8080/em_js.html 来查看网页。在浏览器的控制台窗口中，你应该可以看到文本指示函数 NoReturnValueWithStringParameter 已被调用，它从 WebAssemble 接收到了文本 Hello，如图 C-4 所示。

图 C-4　指示宏 NoReturnValueWithStringParameter 已被调用的控制台窗口输出

C.2.4　返回字符串指针

目前为止，我们创建的这些 EM_JS 例子都没有返回值。可以从 EM_JS 函数中返回值，但和对待参数一样，需要记住，WebAssembly 代码只能处理整型和浮点数据类型。所有其他类型（如字符串）需要放置到模块的线性内存中。

在目录 Appendix C\下，创建一个新目录 C.2.4 EM_JS\，然后在这个目录下创建一个名为 em_js.c 的文件，并用编辑器打开。

对于这个例子，我们将定义一个名为 StringReturnValueWithNoParameters 的函数，此函数没有参数并会返回一个 char*指针。在 JavaScript 代码中，我们将定义一个字符串变量，其中包含一条要返回模块代码的消息。

为了将字符串传给模块，需要确定它包含了多少个字节。为了实现这一点，我们将使用 Emscripten 辅助函数 lengthBytesUTF8。一旦了解了字符串中有多少个字节，就可以通过 C 标准库函数 malloc 要求模块为这个字符串分配内存。然后用 Emscripten 辅助函数 stringToUTF8 将字符串复制到模块内存。最后，JavaScript 代码会返回指向这个字符串的指针。

我们将在模块的 main 函数中调用这个宏并接收返回的字符串指针。然后将这个字符串指针传递给 printf 函数，这样 Emscripten plubming 代码便会将消息写入浏览器开发者工具的控制台窗口，以及网页上的文本框。

注意　要记住的一点是，如果使用 malloc，需要确保释放内存，不然就会导致内存泄漏。可以使用 C 标准库函数 free 来释放内存。

将代码清单 C-1 中的内容放入文件 em_js.c。

代码清单 C-1　返回一个字符串的宏 EM_JS（em_js.c）

```
#include <stdlib.h>                              要返回给模块的字符串
#include <stdio.h>
#include <emscripten.h>
                                    定义一个返回 char*的宏
EM_JS(char*, StringReturnValueWithNoParameters, (), {
  const greetings = "Hello from StringReturnValueWithNoParameters";
  const byteCount = (Module.lengthBytesUTF8(greetings) + 1);
                                    确定字符串中有多少个字节
                                    为 null 终止符增加一个字节

  const greetingsPointer = Module._malloc(byteCount);      为字符串分配一块模块内存
  Module.stringToUTF8(greetings, greetingsPointer, byteCount);
                                                           将字符串复制到
                                                           模块内存中
  return greetingsPointer;         返回指向模块内存中
});                                字符串位置的指针

int main() {
```

```
char* greetingsPointer = StringReturnValueWithNoParameters();    ◄───────┐

printf("StringReturnValueWithNoParameters was called and it returned the
  ➥ following result: %s\n", greetingsPointer);    ◄───┐

free(greetingsPointer);    ◄───┐                       │

return 0;
}
```

调用 JavaScript 函数并接收字符串指针

在网页上将字符串显示在浏览器的控制台窗口中

释放为字符串指针分配的内存

由于 JavaScript 代码会使用函数 lengthBytesUTF8 和 stringToUTF8,因此需要在命令行标记 EXTRA_EXPORTED_RUNTIME_METHODS 数组中将它们包含进去。以下是将代码编译为 WebAssembly 模块的命令行。

```
emcc em_js.c -s EXTRA_EXPORTED_RUNTIME_METHODS=['lengthBytesUTF8',
  ➥ 'stringToUTF8'] -o em_js.html
```

信息 你可能会看到一条警告消息,其指示没有为宏的函数提供实参。可以忽略这条警告。

要想在浏览器中查看结果,在地址栏中输入 http://localhost:8080/em_js.html。你应该可以看到文本指示函数 StringReturnValueWithNoParameters 已被调用,其从 StringReturn-ValueWithNoParameters 接收到了文本 Hello,如图 C-5 所示。

图 C-5 指示宏 StringReturnValueWithNoParameters 已被调用的控制台窗口输出

C.3　宏 **EM_ASM**

前面提到过，宏 EM_JS 提供了一种在 C/C++代码中声明 JavaScript 的方法。使用 EM_ASM 宏时，不是显式声明 JavaScript 函数，而是在 C 代码中编写在线 JavaScript。使用宏 EM_JS 和 EM_ASM，JavaScript 代码并没有真正存在于 C 代码之中。实际上是 Emscripten 编译器创建了需要的 JavaScript 函数并于模块运行时在后台调用它们。

宏 EM_ASM 有以下几种变体可用：

❑ EM_ASM

❑ EM_ASM_

❑ EM_ASM_INT

❑ EM_ASM_DOUBLE

宏 EM_ASM 和 EM_ASM_没有返回值。宏 EM_ASM_INT 会返回一个整型值，宏 EM_ASM_DOUBLE 会返回一个 double 值。

C.3.1　**EM_ASM**

EM_ASM 宏用于执行在宏括号内指定的 JavaScript 代码。为了展示这一点，在目录 Appendix C\下，创建目录 C.3.1 EM_ASM\，然后在此目录下创建一个文件 em_asm.c，并用编辑器打开。

我们将创建一个 main 函数，并添加一个对 EM_ASM 宏的调用，以便将一个字符串写入浏览器开发者工具的控制台。在文件 em_asm.c 中添加以下代码片段。

```
#include <emscripten.h>

int main() {
  EM_ASM(console.log('EM_ASM macro calling'));
}
```

可以让 Emscripten 将这段代码编译为 WebAssembly 模块并生成 HTML 模板。打开一个命令行窗口，进入保存文件 em_asm.c 的位置，然后运行以下命令。

```
emcc em_asm.c -o em_asm.html
```

可以在浏览器地址栏中输入 http://localhost:8080/em_asm.html 来查看这个网页。在浏览器的控制台窗口中，你应该可以看到控制台写入了文本 EM_ASM macro calling，如图 C-6 所示。

图 C-6　来自 EM_ASM 函数调用的控制台窗口输出

C.3.2　EM_ASM_

宏 EM_ASM_用于从 C/C++代码向宏内定义的 JavaScript 代码传递一个或多个值。尽管之前展示的宏 EM_ASM 也可以向它包含的 JavaScript 代码传递值，但我们还是推荐使用宏 EM_ASM_。它的优势是，如果开发者忘了传递值，编译器会报错。

宏 EM_ASM 和 EM_ASM_的第一个参数包含 JavaScript 代码，任何额外的参数都是从 C/C++代码向宏内 JavaScript 代码传递的值。

❑ 传入的每个参数在 JavaScript 代码看来是 $0、$1、$2，以此类推。

❑ 每个传入宏的参数只能是 int32_t 或 double，而 WebAssembly 中的指针是 32 位整型，因此也可以传递。

在 EM_ASM 宏中用大括号包裹 JavaScript 代码不是必须的，但有助于区分 JavaScript 代码和传入的 C/C++值。

在目录 Appendix C\下，创建目录 C.3.2 EM_ASM_\，然后创建名为 em_asm_.c 的文件，并用编辑器打开。

现在要创建一个 main 函数，并在这个函数内调用宏 EM_ASM_，传入一个整型值 10。宏内的 JavaScript 代码就是简单地向浏览器控制台写入一条消息来表明接收到的值。向文件 em_asm_.c 中添加以下代码片段。

```
#include <emscripten.h>

int main() {                          接收到的值作为变量$0、$1、
  EM_ASM_({                           $2，以此类推
    console.log('EM_ASM_ macro received the value: ' + $0);  ◄────
```

```
    }, 10);
}
```
← 只能向 JavaScript 代码传入 `int32_t` 或 `double` C/C++值

为了创建 WebAssembly 模块，需要打开一个控制台窗口，进入放置文件 em_asm_.c 的目录，然后运行以下命令。

```
emcc em_asm_.c -o em_asm_.html
```

如图 C-7 所示，如果在浏览器地址栏中输入 http://localhost:8080/em_asm_.html，你应该可以看到文本指示宏 `EM_ASM_` 接收到了值 10。

图 C-7　来自 `EM_ASM_` 函数调用的控制台窗口输出

C.3.3　传递指针作为参数

在这个例子中，我们将向宏 `EM_ASM_` 的 JavaScript 代码传递一个字符串。WebAssembly 模块只支持整型和浮点型数据类型。任何其他数据类型（如字符串）需要用模块的线性内存表示。

在开始之前，需要在目录 Appendix C\下创建目录 C.3.3 EM_ASM_\，然后创建名为 em_asm_.c 的文件，并用编辑器打开。

还要创建一个 main 函数。在 main 函数中，我们会调用宏 `EM_ASM_`，传入字符串字面量 "world!"。由于 WebAssembly 模块只支持整型和浮点型，因此当代码编译为 WebAssembly 模块之后，字符串"world!"实际上会被放入模块的线性内存中。我们会向宏内的 JavaScript 代码传入一个指针，因此需要使用 Emscripten 辅助函数 `UTF8ToString` 从模块内存中读取这个字符串，然后才能将字符串写入浏览器开发者工具的控制台窗口。向文件 em_asm_.c 中添加以下代码片段。

```
#include <emscripten.h>

int main() {
  EM_ASM_({
    console.log('hello ' + Module.UTF8ToString($0));
  }, "world!");
}
```

从模块内存中
读取字符串

这个字符串被作为指针
传给 JavaScript 代码

因为 JavaScript 代码会使用 Emscripten 辅助函数 UTF8ToString，所以在编译 WebAssembly 模块时，需要将这个函数包含进命令行标记 EXTRA_EXPORTED_RUNTIME_METHODS 数组。以下是编译代码的命令行。

```
emcc em_asm_.c -s EXTRA_EXPORTED_RUNTIME_METHODS=['UTF8ToString']
➡ -o em_asm_.html
```

在浏览器地址栏中输入 http://localhost:8080/em_asm_.html 来查看网页。如图 C-8 所示，在浏览器的开发者工具控制台窗口中，你应该可以看到文本 hello world!。

图 C-8　来自 EM_ASM_ 函数调用的控制台窗口输出

C.3.4　EM_ASM_INT 与 EM_ASM_DOUBLE

有时可能需要调用 JavaScript 来请求某个值。要想实现这一点，可以使用返回一个整型的宏 EM_ASM_INT，或返回一个 double 的宏 EM_ASM_DOUBLE。

与宏 EM_ASM_ 一样，可以从 C/C++ 代码可选地向 JavaScript 代码传递值。对于这个例子来说，我们会调用宏 EM_ASM_DOUBLE，传入两个 double 值作为参数。JavaScript 代码会将这两个值相加并返回结果值。我们会将代码放入 main 函数中，用 printf 函数输出来自宏和 Emscripten 的 JavaScript 的结果。

在目录 Appendix C\下，创建目录 C.3.4 EM_ASM_DOUBLE\。创建一个名为 em_asm_double.c 的文件，然后用编辑器打开。向文件中添加以下代码片段。

```
#include <stdio.h>
#include <emscripten.h>

int main() {
  double sum = EM_ASM_DOUBLE({
    return $0 + $1;
  }, 10.5, 20.1);

  printf("EM_ASM_DOUBLE result: %.2f\n", sum);
}
```

打开一个命令行窗口，进入保存文件 em_asm_double.c 的目录，然后运行以下命令来创建 WebAssembly 模块。

```
emcc em_asm_double.c -o em_asm_double.html
```

可以打开浏览器并在地址栏中输入 http://localhost:8080/em_asm_double.html 来查看刚生成的网页。在浏览器的开发者工具控制台窗口以及网页的文本框中，你应该可以看到文本 EM_ASM_DOUBLE result: 30.60（参见图 C-9）。

图 C-9　调用宏 EM_ASM_DOUBLE 的控制台窗口输出

C.3.5　返回一个字符串指针

可以从宏 EM_ASM_INT 返回一个字符串指针，因为 WebAssembly 中指针用 32 位整型表示。

但是这需要内存管理。为了从 JavaScript 代码向模块传递一个字符串，需要将字符串复制到模块内存中，然后将指针返回给模块。使用完指针之后，模块需要释放分配的内存。

在目录 Appendix C\下，创建目录 C.3.5 EM_ASM_INT\。创建一个名为 em_asm_int.c 的文件，并用编辑器打开。

在宏 EM_ASM_INT 的 JavaScript 代码中，我们将定义一个字符串，然后用 Emscripten 辅助函数 lengthBytesUTF8 确定这个字符串中有多少个字节。知道结果后，就可以请求模块在它的线性内存中分配足够量的内存来放置这个字符串。我们用 C 标准库 malloc 函数来分配内存。最后一步是用 Emscripten 辅助函数 stringToUTF8 将字符串复制到模块内存中，然后将指针返回给 C 代码。

这段代码会被放置到 main 函数内，宏 EM_ASM_INT 的调用结果会从整型强制转换为 char*。然后代码会将这个指针传递给 printf 函数，这样 Emscripten plumbing 代码会将消息记录到浏览器开发者工具的控制台窗口以及网页的文本框中。在 main 函数结束之前，我们会用 C 标准库函数 free 来释放已经分配的内存。

```
#include <stdlib.h>
#include <stdio.h>
#include <emscripten.h>

int main() {
  char* message = (char*)EM_ASM_INT({      ← 将整型返回值强制
    const greetings = "Hello from EM_ASM_INT!";     转换为 char*
    const byteCount = (Module.lengthBytesUTF8(greetings) + 1);

    const greetingsPointer = Module._malloc(byteCount);
    Module.stringToUTF8(greetings, greetingsPointer, byteCount);

    return greetingsPointer;
  });
                                          ┌ 在浏览器控制台窗
  printf("%s\n", message);      ←         └ 口中显示这个消息
  free(message);        ←┐ 释放为指针分配
}                        └ 的内存
```

因为 JavaScript 代码会使用函数 lengthBytesUTF8 和 stringToUTF8，所以需要将它们包含到命令行标记 EXTRA_EXPORTED_RUNTIME_METHODS 数组中。以下是编译代码到 WebAssembly 模块所需要的命令行。

```
emcc em_asm_int.c
➥ -s EXTRA_EXPORTED_RUNTIME_METHODS=['lengthBytesUTF8',
➥ 'stringToUTF8'] -o em_asm_int.html
```

打开浏览器并在地址栏中输入 http://localhost:8080/em_asm_int.html，可以看到刚刚生成的网页。在浏览器的控制台窗口以及网页的文本框中，可以看到文本 Hello from EM_ASM_INT!（参见图 C-10）。

图 C-10　来自宏 `EM_ASM_INT` 的消息被写入浏览器开发者工具的控制台窗口以及网页
　　　　上的文本框中

附录 D

练习答案

本附录内容
❏ 每章练习答案

D.1 第 3 章

第 3 章有两个练习。

D.1.1 练习 1

WebAssembly 支持哪 4 种数据类型?

答案

32 位整型、64 位整型、32 位浮点型以及 64 位浮点型。

D.1.2 练习 2

在 3.6.1 节创建的副模块中添加一个函数 Decrement。

(1) 这个函数应该有一个整型返回值和一个整型参数。从接收到的值中减去 1,然后向调用函数返回结果。

(2) 编译这个副模块,然后修改 JavaScript 代码来调用这个函数并将结果显示在控制台中。

答案

在目录 WebAssembly\下,创建目录 Appendix D\D.1.2\source\。将文件 side_module.c 从目录 Chapter 3\3.6 side_module\复制到新目录 source\中。

打开文件 side_module.c,然后在函数 Increment 之后添加以下代码片段。

```
int Decrement(int value) {
  return (value - 1);
}
```

为了将代码编译为 WebAssembly 模块,进入目录 Appendix D\D.1.2\source\,然后运行以下命令。

```
emcc side_module.c -s SIDE_MODULE=2 -O1
➥ -s EXPORTED_FUNCTIONS=['_Increment','_Decrement']
➥ -o side_module.wasm
```

在目录 Appendix D\D.1.2\下，创建目录 frontend\，并将以下文件复制进去。

❑ 来自目录 source\的 side_module.wasm。

❑ 来自目录 Chapter 3\3.6 side_module\的 side_module.html。

在编辑器中打开文件 side_module.html。在调用 WebAssembly.instantiateStreaming 的 then 方法中，将变量值从 const 修改为 let。调用 console.log 之后，添加一个对函数 _Decrement 的调用，传入值 4 并将结果记录到控制台。这个 then 方法的代码看起来应该类似于以下代码片段。

```
.then(result => {
  let value = result.instance.exports._Increment(17);
  console.log(value.toString());

  value = result.instance.exports._Decrement(4);
  console.log(value.toString());
});
```

D.2 第 4 章

第 4 章有两个练习。

D.2.1 练习 1

让 Emscripten 使你的函数对 JavaScript 代码可见的两个选项是什么？

答案

两个选项如下。

❑ 为函数包含 EMSCRIPTEN_KEEPALIVE 声明。

❑ 编译模块时，将函数名包含在命令行的 EXPORTED_FUNCTIONS 数组中。

D.2.2 练习 2

编译时如何阻止函数名被改变，以便 JavaScript 代码能够使用期望的函数名？

答案

使用 extern "C"。

D.3　第 5 章

第 5 章有两个练习。

D.3.1　练习 1

在 C/C++代码中定义签名时，使用哪个关键字可以让编译器了解这个函数会在代码运行时可用？

答案

extern。

D.3.2　练习 2

假定你需要在 Emscripten 的 JavaScript 代码中包含一个函数，你的模块将调用它来确定用户设备是否在线。如何包含一个名为 IsOnline 的函数，该函数返回 1 表示 true，返回 0 表示 false？

答案

在 C 代码中，定义如下代码片段。

```
extern int IsOnline();
```

需要时，C 代码可以像调用其他函数那样调用函数 IsOnline。比如：

```
if (IsOnline() == 1) { /* request data from the server perhaps */ }
```

为了将这个 JavaScript 函数包含进 Emscripten 生成的 JavaScript 代码中，可以使用函数 mergeInto。Web 浏览器有一个 navigator 对象，可以用 navigator.onLine 方法访问它来确定浏览器是否在线。如果想要了解关于这个方法的更多信息，可以访问 MDN 在线文档页面。

在将要于命令行指定的 JavaScript 文件（mergeinto.js）中，有类似于下面这样一个函数。

```
mergeInto(LibraryManager.library, {
  IsOnline: function() {
    return (navigator.onLine ? 1 : 0);
  }
});
```

在命令行中，首先指定--js-library 标记，然后是包含 mergeInfo 代码的 JavaScript 文件，通过这种方式告诉 Emscripten 将你的函数包含进生成的 JavaScript 文件中，如下所示：

```
emcc test.cpp --js-library mergeinto.js -o test.html
```

D.4　第 6 章

第 6 章有两个练习。

D.4.1　练习 1

使用哪两个函数从 Emscripten 的支撑数组中添加和移除函数指针？

答案

addFunction 和 removeFunction。

D.4.2　练习 2

WebAssembly 使用哪个指令来调用定义在 Table 段中的函数？

答案

call_indirect。

D.5　第 7 章

第 7 章有两个练习。

D.5.1　练习 1

使用本章中学到的动态链接方法之一完成以下任务。

(1) 创建一个包含 Add 函数的副模块，这个函数接受两个整型参数并以整型返回其和。

(2) 创建一个有 main() 函数的主模块，这个函数调用副模块的 Add 函数，并在浏览器开发者工具的控制台窗口展示结果。

副模块答案

在目录 WebAssembly\下，创建目录 Appendix D\D.5.1\source\。在新目录 source\中，创建 add.c，并用编辑器打开。

为文件 add.c 中的 Emscripten 和 Add 函数添加头文件，如下所示：

```
#include <emscripten.h>

EMSCRIPTEN_KEEPALIVE          ←————┐  也可以使用命令行数组
int Add(int value1, int value2) {   EXPORTED_FUNCTIONS
  return (value1 + value2);
}
```

接下来，需要将文件 add.c 编译为 WebAssembly 副模块。打开一个命令行窗口，进入目录 Appendix D\D.5.1\source\，然后运行以下命令。

```
emcc add.c -s SIDE_MODULE=2 -O1 -o add.wasm
```

练习的第二部分是创建一个带有 main 函数的主模块。尽管可以使用 WebAssembly JavaScript API 将两个模块链接起来，但这种动态链接的手动方法会使用两个副模块。使用主模块的两种方法是 dlopen 和 dynamicLibraries。

在 main 函数中，需要调用副模块的 Add 函数，然后将结果显示到浏览器开发者工具的控制台窗口中。先来看 dlopen 方法。

1. 主模块答案：`dlopen`

在目录 Appendix D\D.5.1\source\下，创建文件 main_dlopen.cpp。向文件添加代码清单 D-1 中的代码。

代码清单 D-1　主模块的 `dlopen` 方法

```
#include <cstdlib>
#include <cstdio>                    dlopen 及相关
#include <dlfcn.h>                   函数的头文件
#include <emscripten.h>

                                     副模块中的 Add 函
typedef int(*Add)(int,int);          数的函数签名

void CallAdd(const char* file_name) {
    void* handle = dlopen(file_name, RTLD_NOW);
    if (handle == NULL) { return; }            文件 add.wasm 下载
                                               完毕时的回调函数
    Add add = (Add)dlsym(handle, "Add");
    if (add == NULL) { return; }               取得指向 Add 函数的
                                               引用
    int result = add(4, 9);
                                     使用函数指针来调用
    dlclose(handle);                 Add 函数

    printf("Result of the call to the Add function: %d\n", result);
}
                                     将来自 Add 函数的结果显示
int main() {                         在浏览器的控制台窗口中
    emscripten_async_wget("add.wasm",
        "add.wasm",
        CallAdd,                     将文件 add.wasm 下载到
        NULL);                       Emscripten 文件系统

    return 0;                        成功下载后会调用函数
}                                    CallAdd
将下载文件命名为      没有为下载失败事件提
add.wasm            供出错回调函数
```

打开副模块：`void* handle = dlopen(...)`；关闭副模块：`dlclose(handle);`

下一步是将文件 main_dlopen.cpp 编译为 WebAssembly 主模块，同时让 Emscripten 也生成 HTML 模板文件。打开一个命令行窗口，进入目录 Appendix D\D.5.1\source\，然后运行以下命令。

```
emcc main_dlopen.cpp -s MAIN_MODULE=1 -o main_dlopen.html
```

如果为主模块选择使用 dynamicLibraries 方法，来看一下如何实现。

2. 主模块答案：`dynamicLibraries`

这种方法的第一步是创建一个 JavaScript 文件，此文件将持有你用来更新 Emscripten 的

Module 对象的 dynamicLibraries 属性的 JavaScript 代码。在目录 Appendix D\D.5.1\source\下，创建文件 pre.js 并用编辑器打开。在文件 pre.js 中添加以下代码片段，让 Emscripten 在初始化过程中链接到副模块 add.wasm。

```
Module['dynamicLibraries'] = ['add.wasm'];
```

第二步是为主模块创建 C++代码。在目录 Appendix D\D.5.1\source\下，创建文件 main_dynamicLibraries.cpp，然后用编辑器打开。将代码清单 D-2 中的代码添加到文件 main_dynamic-Libraries.cpp 中。

代码清单 D-2　主模块的 dynamicLibraries 方法

```
#include <cstdlib>
#include <cstdio>
#include <emscripten.h>

#ifdef __cplusplus
extern "C" {
#endif

extern int Add(int value1, int value2);        ← 这样编译器可以了解
                                                  这个函数将在代码运
                                                  行时可用
int main() {
  int result = Add(24, 76);          调用 Add 函数
  printf("Result of the call to the Add function: %d\n", result);   ← 将结果显示在浏览器
                                                                       控制台窗口
  return 0;
}

#ifdef __cplusplus
}
#endif
```

最后一步是将文件 main_dynamicLibraries.cpp 编译为 WebAssembly 主模块，同时让 Emscripten 也生成 HTML 模板文件。打开一个命令行窗口，进入目录 Appendix D\D.5.1\source\，然后运行以下命令。

```
emcc main_dynamicLibraries.cpp -s MAIN_MODULE=1
➥ --pre-js pre.js -o main_dynamicLibraries.html
```

D.5.2　练习 2

如果需要调用副模块中的一个函数，但是这个函数与主模块的一个函数同名，那么你会使用哪种动态链接方法？

答案

dlopen 方法。

D.6　第 8 章

第 8 章有两个练习。

D.6.1　练习 1

假定你有一个名为 process_fulfillment.wasm 的副模块：如何创建 Emscripten 的 `Module` 对象的一个新实例并告诉它动态链接到这个副模块？

答案

```
const fulfillmentModule = new Module({    ←── 创建主模块的一个新
  dynamicLibraries:                              WebAssembly 实例
      ['process_fulfillment.wasm']    ←── 告诉 Emscripten 它需要链接到
});                                          副模块 process_fulfillment
```

D.6.2　练习 2

为了在 Emscripten 生成的 JavaScript 文件中将 `Module` 对象封装在函数中，编译 WebAssembly 主模块时需要向 Emscripten 传入哪种标记？

答案

`-s MODULARIZE=1`。

D.7　第 9 章

第 9 章有两个练习。

D.7.1　练习 1

如果想要使用某个 C++17 特性，编译 WebAssembly 模块时需要使用什么标记来通知 Clang 使用这个标准？

答案

`-std=c++17`。

D.7.2　练习 2

试着调整 9.4 节中的 calculate_primes 逻辑来使用 3 个线程而不是 4 个，看一看这会如何影响计算时长。试验使用 5 个线程，并将主线程的计算放到一个 pthread 线程中，看看如果将所有计算从主线程移除是否影响计算时长。

1. 使用 3 个线程的答案

在目录 WebAssembly\下，创建目录 Appendix D\D.7.2\source\。将文件 calculate_primes.cpp 从目录 Chapter 9\9.4 pthreads\source\复制到新目录 source\中，然后将它重命名为 calculate_primes_three_pthreads.cpp。

用编辑器打开文件 calculate_primes_three_pthreads.cpp。对 main 函数进行以下修改。

- ❑ 数组 thread_ids array 现在有 3 个值。
- ❑ 数组 args 现在有 4 个值。
- ❑ 将 args_start 初始值修改为 250 000（总范围 1 000 000 的 1/4）。
- ❑ pthread_create 循环条件需要修改为 i 小于 3 就循环。
- ❑ 在 pthread_create 循环内，将 args[args_index].end 的值设置为 args_start + 249999。循环结尾的 args_start 值需要增加 250 000。
- ❑ 修改主线程的 FindPrimes 调用，将结束值（第二个参数）修改为 249 999。
- ❑ pthread_join 循环条件现在需要修改为 j 小于 3 就循环。
- ❑ 最后，输出找到的素数的循环需要将条件修改为 k 小于 4 就循环。

现在 main 函数应该与代码清单 D-3 类似。

代码清单 D-3　calculate_primes_three_pthreads.cpp 的 main 函数

```
...

int main() {
  int start = 3, end = 1000000;
  printf("Prime numbers between %d and %d:\n", start, end);

  std::chrono::high_resolution_clock::time_point duration_start =
      std::chrono::high_resolution_clock::now();

  pthread_t thread_ids[3];              ◀—— 减小为 3
  struct thread_args args[4];           ◀—— 减小为 4

  int args_index = 1;                            第一个线程的范围
  int args_start = 250000;              ◀——┘     从 250 000 开始

  for (int i = 0; i < 3; i++) {         ◀—— 减小为 3
    args[args_index].start = args_start;
    args[args_index].end = (args_start + 249999);   ◀——    现在范围的结尾是
                                                           args_start 值之后
                                                           249 999
    if (pthread_create(&thread_ids[i], NULL, thread_func,
        &args[args_index])) {
      perror("Thread create failed");
      return 1;
    }

    args_index += 1;
    args_start += 250000;             ◀—— 增加 250 000
  }

  FindPrimes(3, 249999, args[0].primes_found);   ◀——    end 值增加为
                                                        249 999
```

```
for (int j = 0; j < 3; j++) {        ← 减小为 3
  pthread_join(thread_ids[j], NULL);
}

std::chrono::high_resolution_clock::time_point duration_end =
  std::chrono::high_resolution_clock::now();

std::chrono::duration<double, std::milli> duration =
    (duration_end - duration_start);

printf("FindPrimes took %f milliseconds to execute\n", duration.count());

printf("The values found:\n");
for (int k = 0; k < 4; k++) {        ← 减小为 4
  for(int n : args[k].primes_found) {
    printf("%d ", n);
  }
}
printf("\n");

return 0;
}
```

下一步是编译文件 calculate_primes_three_pthreads.cpp，同时让 Emscripten 也生成 HTML 模板文件。打开一个命令行窗口，进入目录 Appendix D\D.7.2\source\，然后运行以下命令。

```
emcc calculate_primes_three_pthreads.cpp -O1 -std=c++11
➥ -s USE_PTHREADS=1 -s PTHREAD_POOL_SIZE=3
➥ -o three_pthreads.html
```

在 5 个线程答案之后给出了一个小结，其中将结果与第 9 章中的结果以及 5 个线程结果进行了比较。

2. 使用 5 个线程的答案

在目录 Appendix D\D.7.2\source\下，复制一份 calculate_primes_three_pthreads.cpp 文件，并将其命名为 calculate_primes_five_pthreads.cpp。用编辑器打开这个文件，并对 main 函数执行以下修改。

❏ start 的值现在为 0。

❏ 现在数组 thread_ids 和 args 都有 5 个值。

❏ 删除 int args_index = 1 这一行代码，然后将 args_start 的初始值修改为 0。

❏ pthread_create 循环条件修改为 i 小于 5 就循环。

❏ 在 pthread_create 内执行以下操作。

■ 将 args[args_index].end 的值设置为 args_start + 199999。

■ 将循环结尾处 args_start 的值修改为增加 200 000。

■ 删除循环结尾处 args_index += 1 这一行代码。在循环中有 args[args_index]的代码行中将 args_index 替换为 i。

□ 从主线程中删除对 `FindPrimes` 的调用（就在 `pthread_join` 循环之前）。

□ `pthread_join` 循环条件需要是 `j` 小于 5 就循环。

□ 最后，输出找到的素数的循环需要将循环条件修改为 `k` 小于 5 就循环。

`main` 函数现在应该类似于代码清单 D-4 中的代码。

代码清单 D-4   calculate_primes_five_pthreads.cpp 的 main 函数

```
...

int main() {
  int start = 0, end = 1000000;     ←—— 设为 0
  printf("Prime numbers between %d and %d:\n", start, end);

  std::chrono::high_resolution_clock::time_point duration_start =
      std::chrono::high_resolution_clock::now();

  pthread_t thread_ids[5];     ←—— 设为 5
  struct thread_args args[5];

  int args_start = 0;     ←—— 第一个线程的范围从 0 开始

  for (int i = 0; i < 5; i++) {     ←—— 小于 5 就循环
    args[i].start = args_start;
    args[i].end = (args_start + 199999);     ←——┐
                                               范围结尾现在是 args_start
    if (pthread_create(&thread_ids[i], NULL, thread_func, &args[i])) {
      perror("Thread create failed");         的值之后 199 999
      return 1;
    }

    args_start += 200000;     ←—— 增加 200 000
  }

  for (int j = 0; j < 5; j++) {     ←—— 小于 5 就循环
    pthread_join(thread_ids[j], NULL);
  }

  std::chrono::high_resolution_clock::time_point duration_end =
      std::chrono::high_resolution_clock::now();

  std::chrono::duration<double, std::milli> duration =
      (duration_end - duration_start);

  printf("FindPrimes took %f milliseconds to execute\n", duration.count());

  printf("The values found:\n");
  for (int k = 0; k < 5; k++) {     ←—— 小于 5 就循环
    for(int n : args[k].primes_found) {
      printf("%d ", n);
    }
  }
  printf("\n");

  return 0;
}
```

下一步是编译文件 calculate_primes_five_pthreads.cpp，同时让 Emscripten 也生成 HTML 模板文件。

打开一个命令行窗口，进入目录 Appendix D\D.7.2\source\，然后运行以下命令。

```
emcc calculate_primes_five_pthreads.cpp -O1 -std=c++11
➥ -s USE_PTHREADS=1 -s PTHREAD_POOL_SIZE=5
➥ -o five_pthreads.html
```

3. 小结

表 D-1 分别列出了用不同线程数执行计算的结果。每个测试运行 10 次，取耗时平均值。

❑ 4 个 pthread 线程，主线程也执行计算（第 9 章）。

❑ 3 个 pthread 线程，主线程也执行计算（"3 个线程答案"部分）。

❑ 5 个 pthread 线程，主线程不执行计算。

表 D-1　用不同线程数执行计算的结果

线程个数	Firefox（毫秒）	Chrome（毫秒）
4 个 pthread 线程 + 主线程	57.4	40.87
3 个 pthread 线程 + 主线程	61.7	42.11
5 个 pthread 线程（主线程不处理）	52.2	36.06

D.8　第 10 章

第 10 章有 3 个练习。

D.8.1　练习 1

为了加载 Emscripten 生成的 JavaScript 文件，需要调用哪个 Node.js 函数？

答案

require。

D.8.2　练习 2

为了在 WebAssembly 模块准备好交互时获得通知，需要实现哪个 Emscripten Module 属性？

答案

onRuntimeInitialized。

D.8.3　练习 3

如何修改第 8 章的文件 index.js，以便 Node.js 中的动态链接逻辑可以工作？

1. 答案

在目录 WebAssembly\下，创建目录 Appendix D\D.8.3\backend\，然后完成以下步骤。

❑ 将目录 Chapter 8\8.1 EmDynamicLibraries\frontend\下除 index.html 之外的所有文件复制到新创建的目录 backend\中。

❑ 用编辑器打开文件 index.js。

因为 Edit Product 和 Place Order 网页都可以调用 index.js，所以需要修改 `initialProductData` 对象，添加一个布尔型标记（`isProduct`）来指示需要验证哪个表单的数据。还需要为 Place Order 表的值添加两个新属性（`productID` 和 `quantity`）。对象本身的名称也要修改为能够更好地反映其用途。

修改文件 index.js 中的 `initialProductData`，使其与以下代码片段一致。

```
const clientData = {          ← 从 initialProductData
  isProduct: true,      ←          重命名而来
  name: "Women's Mid Rise Skinny Jeans",     指示是为 Edit Product 网页验证
  categoryId: "100",                          还是为 Place Order 网页验证
  productId: "301",        ←
  quantity: "10",   ←            Place Order 表
};            Place Order 表       输入的数量
              选中的产品 ID
```

因为服务器端代码会被调用来一次只验证一个网页，所以不需要全局变量 `productModule` 和 `orderModule` 并存。将变量 `productModule` 重命名为 `validationModule`，然后删除 `orderModule` 这一行代码。在代码中搜索，将所有 `productModule` 和 `orderModule` 的实例都改为使用 `validationModule`。

下一步是加载 Emscripten 生成的 JavaScript 文件（validate_core.js）。为了实现这一点，在文件 index.js 中的函数 `initializePage` 之前添加如下代码片段所示的 `require` 函数调用。

```
const Module = require('./validate_core.js');
```

生成 WebAssembly 模块 `validate_core` 时使用了命令行标记 `MODULARIZE=1`。通过使用这个标记，Emscripten 生成的 JavaScript 不会在加载之后马上运行。代码只会在创建 Module 对象的一个实例后运行。由于这段代码不会在加载之后马上运行，因此这种情况下不能实现函数 `Module['onRuntimeInitialized']` 作为你的代码的启动点。

这里要做的是，根据 `clientData` 指示的要验证的内容，将函数 `initializePage` 的内容替换为创建 `validationModule` 实例。在创建 Module 对象的实例时，我们将指定函数 `onRuntimeInitialized`。

调整文件 index.js 中的函数 `initializePage`，使其与以下代码片段一致。

```
function initializePage() {                    确定要链接
  const moduleName = (clientData.isProduct ?    到哪个文件
      'validate_product.wasm' : 'validate_order.wasm');  ←
```

```
  validationModule = new Module({
    dynamicLibraries: [moduleName],
    onRuntimeInitialized: runtimeInitialized,
  });
}
```

创建一个新 **Module** 实例, 链接
到具备所需要验证逻辑的模块

一旦模块完成加载, 就调用
runtimeInitialized

在函数 initializePage 之后, 创建函数 runtimeInitialized, 如果正在验证 Edit Product
网页数据, 那么它会调用函数 validateName 和 validateCategory, 这两个函数目前位于函数
onClickSaveProduct 中。如果正在验证 Place Order 表的网页数据, 那么这个函数会调用函数
validateProduct 和 validateQuantity, 目前这两个函数位于函数 onClickAddToCart 中。

在文件 index.js 中的函数 initializePage 之后添加代码清单 D-5 中的代码。

代码清单 D-5　文件 index.js 中的函数 `runtimeInitialized`

```
...
                                         需要验证 Edit Product
function runtimeInitialized() {           网页数据
  if (clientData.isProduct) {
    if (validateName(clientData.name) &&
        validateCategory(clientData.categoryId)) {
                       没有问题, 可以保存数据
    }
  }                    需要验证 Place Order
  else {               网页数据
    if (validateProduct(clientData.productId) &&
        validateQuantity(clientData.quantity)) {
                       没有问题, 可以保存数据
    }
  }
}
...
```

下一步是从文件 index.js 中删除以下 UI 专用函数:

❑ switchForm

❑ setActiveNavLink

❑ setFormTitle

❑ showElement

❑ getSelectedDropdownId

❑ onClickSaveProduct

❑ onClickAddToCart

在第 8 章中创建 Emscripten 生成的 JavaScript 文件时, 我们让它包含了函数 UpdateHost-
AboutError, 这个函数会从模块内存中读取出错信息, 然后调用这个文件中的函数 setErrorMessage。
由于函数 UpdateHostAboutError 是通过 require 函数调用加载的 JavaScript 的一部分, 因此其
作用域不允许它访问这个文件中的函数 setErrorMessage。为了让函数 UpdateHostAboutError
可以访问函数 setErrorMessage, 需要将函数 setErrorMessage 修改为属于 global 对象。
还需要修改文件内容来用 console.log 输出出错信息。

更新文件 index.js 中的函数 setErrorMessage，使其与以下代码片段一致。

```
global.setErrorMessage = function(error) { console.log(error); }
```

需要对文件index.js进行的最后修改是，在文件结尾处添加对函数 initializePage 的调用，以启动验证逻辑。在文件 index.js 结尾处添加以下代码片段。

```
initializePage();
```

2. 查看结果

此时 clientData 的内容都是有效数据，因此现在运行代码不会显示任何验证错误。举个例子，可以将 isProduct 标记修改为 false 并将 quantity 设置为"0"（零），以此来测试数量的验证逻辑。

为了在 Node.js 中运行 JavaScript 文件，需要打开一个命令行窗口，进入目录 Appendix D\ D.8.3\backend\，然后运行以下命令。

```
node index.js
```

你应该可以看到验证消息 Please enter a valid quantity。

D.9   第 11 章

第 11 章有两个练习。

D.9.1   练习 1

用 WebAssembly 二进制工具包创建 WebAssembly 模块时，哪个 s-表达式需要出现在 s-表达式 table、memory、global 和 func 之前？

答案

如果包含，import s-表达式节点则必须出现在 s-表达式 table、memory、global 和 func 之前。

D.9.2   练习 2

试着在文本格式代码中修改函数 InitializeRowsAndColumns，使其现在支持 6 个级别而不是 3 个。

❏ 第 4 级有 3 行 4 列。
❏ 第 5 级有 4 行 4 列。
❏ 第 6 级有 4 行 5 列。

答案

在目录 WebAssembly\下，创建目录 Appendix D\D.9.2\source\，然后将文件 cards.wast 从目录

Chapter 11\source\中复制过来。打开文件 cards.wast。

在函数 $InitializeRowsAndColumns 中的第三个 if 语句之后，添加代码清单 D-6 中的代码。

代码清单 D-6　函数 $InitializeRowsAndColumns 的附加代码

```
...

(func $InitializeRowsAndColumns (param $level i32)
                                          ← 这里没有显示用于第 1、2、3 级的 if 语句

  get_local $level      ← 如果请求第 4 级
  i32.const 4
  i32.eq
  if
    i32.const 3
    set_global $rows    ← 将 rows 设置为 3

    i32.const 4
    set_global $columns ← 将 columns 设置为 4
  end

  get_local $level      ← 如果请求第 5 级
  i32.const 5
  i32.eq
  if
    i32.const 4
    set_global $rows    ← 将 rows 设置为 4

    i32.const 4
    set_global $columns ← 将 columns 设置为 4
  end

  get_local $level      ← 如果请求第 6 级
  i32.const 6
  i32.eq
  if
    i32.const 4
    set_global $rows    ← 将 rows 设置为 4

    i32.const 5
    set_global $columns ← 将 columns 设置为 5
  end
)
...
```

为了从第 3 级继续，还需要修改一处。现在需要将全局变量 $MAX_LEVEL 修改为持有 i32.const 6，如下所示：

```
(global $MAX_LEVEL i32 (i32.const 6))
```

为了用 wat2wasm 在线工具将 WebAssembly 文本格式编译为 WebAssembly 模块，可以进入

wat2wasm demo 网站。将工具左上面板中的文本替换为文件 cards.wast 的内容，然后将 WebAssembly 模块下载到目录 Appendix D\D.9.2\source\中。将这个文件命名为 cards.wasm。

创建目录 Appendix D\D.9.2\frontend\，将刚刚下载的文件 cards.wasm 复制到这个目录。将目录 Chapter 11\frontend\下除 cards.wasm 之外的所有文件复制到目录 Appendix D\D.9.2\frontend\。

要想查看结果，可以打开浏览器在地址栏中输入 http://local-host:8080/game.html 来查看游戏网页。现在这个游戏应该允许你玩到第 6 级。

D.10　第 12 章

第 12 章有两个练习。

D.10.1　练习 1

访问一个变量或调用一个函数的两种方法是什么？

答案

可以通过变量或函数基于 0 的索引值来访问它们。如果为项目指定了名称，也可以使用项目名称来访问。

D.10.2　练习 2

你可能已经注意到，在重玩某一级或玩下一级时试验次数没有重置。使用日志方法定位这个问题的根源。

答案

在目录 WebAssembly\下，创建目录 Appendix D\D.10.2\source\，然后将文件 cards.wast 从目录 Chapter 12\source\中复制过来。打开文件 cards.wast。

首先要做的是为一个名为_Log 的日志函数定义一个 import s-表达式，这个函数接受两个 i32 参数。第一个参数是指向一个内存地址的指针，它代表一个字符串，用于指示记录的值来自哪个函数。第二个参数是$tries 值。

JavaScript 代码会处理日志，因此在导入函数_Pause 后为函数_Log 添加以下代码片段。

```
(import "env" "_Log" (func $Log (param i32 i32)))
```

在代码中搜索所有涉及$tries 的函数，我们得到了以下函数。

- ❏ $InitializeCards
- ❏ $PlayLevel
- ❏ $SecondCardSelectedCallback

文件 cards.wast 结尾处的 data 节点已经有了函数名 SecondCardSelectedCallback，因此只需要添加另外两个函数名。在函数名之间添加字符\0（零，一个 null 终止符）作为分隔符。

```
(data
  (i32.const 1024)
  "SecondCardSelectedCallback\0InitializeCards\0PlayLevel"
)
```

在函数$InitializeCards 顶端、局部变量$count 声明之后，将值 i32.const 1051 放置在栈上。这是内存中的 data 节点的起始地址（1024）加上到达字符串 InitializeCards 的第一个字符的字符数（\0 是一个字符）。

在栈上加上$tries 值，然后调用函数$Log。

```
i32.const 1051
get_global $tries
call $Log
```

在函数$PlayLevel 顶端，重复为函数$InitializeCards 所做的动作，但是将 i32.const 的值调整为字符串 PlayLevel 的起点。

```
i32.const 1067
get_global $tries
call $Log
```

在函数$SecondCardSelectedCallback 顶端，添加$Log 调用，传入 i32.const 1024 作为字符串在内存的位置。

```
i32.const 1024
get_global $tries
call $Log
```

修改了文本格式后，使用在线工具 wat2wasm 将 WebAssembly 文本格式编译为 WebAssembly 模块，参见 wat2wasm demo 网站。将工具左上面板的文本替换为文件 cards.wast 的内容，然后将 WebAssembly 模块下载到目录 Appendix D\D.10.2\source\中。将这个文件命名为 cards.wasm。

创建目录 Appendix D\D.10.2\frontend\，然后将刚才下载的文件 cards.wasm 复制到这个目录。将目录 Chapter 12\frontend\下除 cards.wasm 之外的所有文件复制到目录 Appendix D\D.10.2\frontend\中，然后打开文件 game.js。

修改 sideImportObject，在函数_Pause 之后添加一个函数_Log，如下所示：

```
const sideImportObject = {
  env: {

    _Pause: pause,          其他函数仍然属于这个
    _Log: log,              对象，这里没有显示
  }
};
```

在文件 game.js 结尾，添加以下函数 log，从字符串中读取指定的字符串，然后将信息记录到浏览器的控制台窗口。

```
function log(functionNamePointer, triesValue) {
  const name = getStringFromMemory(functionNamePointer);
  console.log(`Function name: ${name}  triesValue: ${triesValue}`);
}
```

运行 game.html 文件并显示浏览器开发者工具的控制台窗口，你应该可以看到函数调用被记录下来了。为了进一步缩小问题范围，可以在更多位置调用函数 Log。

最终，你将发现问题根源在函数 $InitializeCards 的结尾处。索引值为 6 的全局变量的值被放到栈上，然后将栈上的这个值赋给了全局变量 $tries。

如果查看全局变量，你会发现全局变量 $tries 的索引值为 6。不应该调用 get_global 6，而应该将值 i32.const 0 放到栈上来重置变量 $tries，如下所示：

i32.const 0
set_global $tries

找到问题后，可以从文件 cards.wast 中去除对函数 $Log 的调用。

D.11   第 13 章

第 13 章有两个练习。

D.11.1   练习 1

如果需要将几个相关测试分为一组，应该使用哪个 Mocha 函数？

答案

describe。

D.11.2   练习 2

编写一个测试来验证，如果向函数 ValidateCategory 传入空字符串作为 categoryId 值，那么会返回适当的出错信息。

答案

在目录 WebAssembly 下，创建目录 Appendix D\D.11.2\tests\。执行以下步骤。

❑ 将文件 validate.wasm、validate.js、package.json、tests.js 和 tests.html 从目录 Chapter 13\13.2 tests\复制到新目录 D.11.2\tests\中。

❑ 打开一个命令行窗口，进入目录 D.11.2\tests\。因为文件 package.json 已经列出了对 Mocha 和 Chai 的依赖，只需要运行以下命令。npm 会安装这个文件中列出的包。

```
npm install
```

❑ 在编辑器中打开文件 tests.js。

在"Pass a string that's too long"测试之后，添加代码清单 D-7 中的测试，这个测试会故意失败。

代码清单 D-7 将空字符串用作 `categoryId` 来测试 `ValidateCategory`

```
...
                                                   为函数 ValidateCategory 的
                                                   categoryId 测试添加新测试
it("Pass an empty categoryId string to ValidateCategory", () => {   ◄
  const VALID_CATEGORY_IDS = [100, 101];
  const errorMessagePointer = Module._malloc(256);    期望的出错信息；故意
  const categoryId = "";                              出错令测试失败
  const expectedMessage = "something";     ◄

  const arrayLength = VALID_CATEGORY_IDS.length;
  const bytesPerElement = Module.HEAP32.BYTES_PER_ELEMENT;
  const arrayPointer = Module._malloc((arrayLength * bytesPerElement));
  Module.HEAP32.set(VALID_CATEGORY_IDS, (arrayPointer / bytesPerElement));

  const isValid = Module.ccall('ValidateCategory',
      'number',
      ['string', 'number', 'number', 'number'],
      [categoryId, arrayPointer, arrayLength, errorMessagePointer]);

  Module._free(arrayPointer);

  let errorMessage = "";
  if (isValid === 0) {
    errorMessage = Module.UTF8ToString(errorMessagePointer);
  }
                                               检查以确保返回消息
  Module._free(errorMessagePointer);           与期望消息一致

  chai.expect(errorMessage).to.equal(expectedMessage);   ◄
});
```

为了运行测试，需要打开一个命令行窗口，进入目录 D.11.2\tests\，运行以下命令。

```
npm test tests.js
```

新测试应该会失败。

编辑这个测试，将变量 `expectedMessage` 的值修改为`"A Product Category must be selected"`。如果再次运行测试，现在应该会全部通过。

附录 E

文本格式进阶

本附录内容
- ❏ 使用 if 语句
- ❏ 使用循环
- ❏ WebAssembly 模块的 Table 段以及函数指针

第 11 章中提到过，WebAssembly 中的代码执行是以栈机器的形式定义的，其中指令向栈上压入或从栈上弹出若干值。

当一个函数第一次被调用时，这个函数的栈是空的。函数结束时，WebAssembly 框架会验证栈，比如，如果函数返回一个 i32 值，那么这个函数返回时栈上最后一个条目就是一个 i32 值。如果函数没有返回任何东西，那么函数返回时栈必须是空的。如果栈上有值，可以使用 drop 指令去除这个条目，如下所示：

```
i32.const 1     ◄──── 向栈上添加值 1
i32.const 2 ◄──── 向栈上添加值 2
drop  ◄──── 从栈上弹出值 2
drop  ◄──── 从栈上弹出值 1
```

有时可能需要在函数到达结尾之前退出函数。为了实现这一点，return 指令可以帮助从栈上弹出必要的条目，然后退出函数。如果栈上只有两项，以下示例会从栈顶弹出两项，然后函数返回 void。

```
i32.const 1      如果函数返回 void，这个示
i32.const 2      例中的 return 指令会从栈上
return  ◄────    弹出两个值
```

E.1　控制流语句

WebAssembly 有几种可用的控制流语句，比如 block、loop 和 if。块和循环对于栈上的值没有影响，它们只是拥有一系列指令和一个标签的结构。一个块可以用于指定一个标签，并在代码需要的分支模式中使用。

E.1.1　If 语句

编写 if 块很有趣，因为可以有多种组织方式。if 块的 then 和 else 分支都是可选的。当使用栈机器风格时，then 语句是暗示性的。两种风格（栈或嵌套 s-表达式）中都可以使用 block 语句，但不使用 then 语句，因为 block 语句就是带有标签的一系列指令。

If 语句从栈上弹出一个 i32 值以进行检查。值 0 被认为是 false，任何 nonzero（非零）值都被认为是 true。因为 if 语句需要从栈上弹出一个 i32 值，所以使用栈机器风格时，我们在 if 语句之前执行检查（如 i32.eq），以便将布尔值放到栈上。嵌套 s-表达式风格可以在 if 语句之前或之内执行这个检查。

下面来看一下栈机器风格 if 语句。

1. 栈机器风格 if 语句

代码清单 E-1 中的例子是一个模块，其中包含一个使用栈机器风格来检查参数值是否为 0 的函数。如果值为 0，这个函数会返回值 5。否则就返回 10。

代码清单 E-1　使用栈机器风格编写的 if/else 块示例

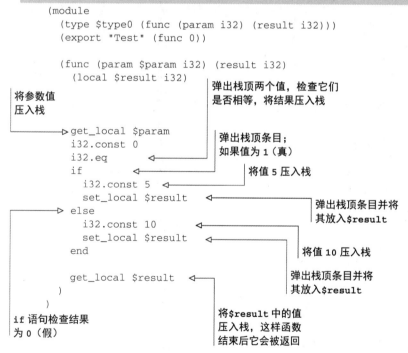

可以使用在线工具 wat2wasm 来测试代码清单 E-1 中的代码。

2. 代码测试

为了测试这段代码，可以进入 wat2wasm demo 网站并将代码清单 E-1 中的内容复制到工具的左上面板。如图 E-1 所示，在工具的左下面板中，可以将内容替换为以下代码片段来加载模块并调用函数 Test，传入值 4。对函数 Test 的调用结果会显示在右下面板中。

```
const wasmInstance = new WebAssembly.Instance(wasmModule, {});
console.log(wasmInstance.exports.Test(4));
```

(1) 在这里放置代码清单E-1的内容

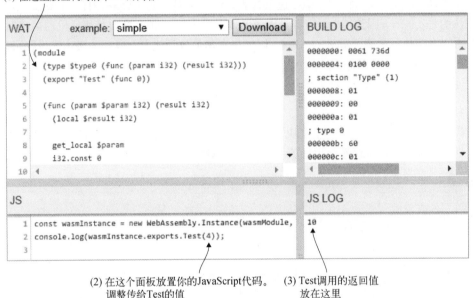

图 E-1   代码清单 E-1 的代码放入左上面板，JavaScript 代码放入左下面板。函数调用的
结果展示在右下面板中

可以调整传入函数 Test 的值来验证传入 0 确实会返回 5，而传入所有其他值都会返回 10。我们来看一下刚在代码清单 E-1 中所见的 if 语句的嵌套 s-表达式版本。

3. 嵌套 s-表达式 if 语句：相等检查在 if 语句前

使用栈机器风格时，由于需要为 if 语句在栈上准备好布尔值，因此相等检查需要在 if 语句之前发生。使用嵌套 s-表达式风格时，可以将相等检查放在 if 语句之前或之中。代码清单 E-2 展示了与代码清单 E-1 相同的代码，只是使用了嵌套 s-表达式风格。

代码清单 E-2　相等检查在 if 语句之前的嵌套 s-表达式风格

```
...
(func (param $param i32) (result i32)
  (local $result i32)

  (i32.eq          ←——  检查参数值
    (get_local $param)      是否等于 0
    (i32.const 0)
```

```
  )
  (if
    (then        ◄─────────────    如果 i32.eq 检查为 1（真）……
      (set_local $result    ◄───── ……设定返回值为 5
        (i32.const 5)
        )
      )       ◄─────────────     if 语句检查结果为 0（假）……
    (else
      (set_local $result    ◄───── ……设定返回值为 10
        (i32.const 10)
        )
      )
    )
                                将返回值放入栈中，
                                函数结束时返回
  (get_local $result)    ◄─────
  )
...
```

可以替换在线工具 wat2wasm 的左上面板的内容来测试这段代码。刚才右下面板中用来测试代码清单 E-1 的 JavaScript 代码也可以用于这个示例代码。

我们来看一个在 if 语句内进行相等检查的例子。

4. 嵌套 s-表达式 if 语句：相等检查在 if 语句内

尽管代码清单 E-2 中基于 if 检查工作方式的 if 语句的布局是有道理的，但开发者通常看到的 if 语句编写方式并不是这样的。当使用嵌套 s-表达式风格时，可以修改 if 语句，将检查放到 if 语句块之内，如代码清单 E-3 所示。

代码清单 E-3 值检查放入 if 块之内的例子

```
...
(func (param $param i32) (result i32)
  (local $result i32)

  (if
    (i32.eq        ◄─────────    现在相等检查放在 if 语句
      (get_local $param)         之内了
      (i32.const 0)
      )
    (then
      (set_local $result
        (i32.const 5)
        )
      )
    (else
      (set_local $result
        (i32.const 10)
        )
      )
    )

  (get_local $result)
  )
...
```

可以替换在线工具 wat2wasm 的左上面板的内容来测试这段代码。刚才右下面板中用来测试代码清单 E-1 的 JavaScript 代码也可以用于这个示例代码。

if 语句可以使用一个 block 语句，而不是 then 语句。

5. 嵌套 s-表达式 if 语句：代替 then 的 block

如果选择让 Emscripten 输出与模块二进制等价的文本格式，那么你会注意到它会使用 block 语句代替 then 语句。为了解释包含 block 而不是 then 语句的 if 语句的嵌套 s-表达式，我们将修改代码清单 E-3 中的代码，在函数一开始为 $result 设置一个默认值。有了 $result 的默认值，就可以从 if 语句中去除 else 条件了。

调整 if 语句，用 block 语句代替 then 语句，如代码清单 E-4 所示。

代码清单 E-4　用 block 语句代替 then 语句的 if 条件示例

```
...

(func (param $param i32) (result i32)
  (local $result i32)
  (set_local $result        ←——— 赋予默认值 10
    (i32.const 10)
  )

  (if
    (i32.eq
      (get_local $param)
      (i32.const 0)
    )                        then 语句被 blcok
    (block        ←——————— 语句代替
      (set_local $result
        (i32.const 5)
      )
    )
  )

  (get_local $result)
)
...
```

if 语句的栈机器风格也可以使用 block 语句代替 then 语句。

6. 栈机器 if 语句：block 代替 then

可以修改代码清单 E-4 中的代码，在函数一开始为变量 $result 设置默认值 10，这样就可以从 if 语句中移除 else 条件。然后在 if 语句内，将 i32.const 和 set_local 这几行用 block 和 end 语句包裹，如代码清单 E-5 所示。

代码清单 E-5　前面代码的栈机器风格

```
...

(func (param $param i32) (result i32)
  (local $result i32)
```

```
    i32.const 10
    set_local $result    <────── 设定默认值为 10

    get_local $param
    i32.const 0
    i32.eq         <────    检查参数值
    if                      是否为 0
      block
        i32.const 5
        set_local $result
      end
    end

    get_local $result
)
...
```

接下来要学习的控制流语句是循环。

E.1.2　循环

WebAssembly 代码有 3 种可用的分支类型。

❏ br，分支跳转到指定标签。

❏ br_if，条件分支跳转到指定标签。

❏ br_table，分支跳转到指定标签的跳转表。

分支只能跳转到分支所在的结构内定义的标签，也就是说，如果分支在某个循环外部，那么就不能跳转到这个循环内。

在循环内，分支跳转到一个块其效果就像是高级语言中的 break 语句，而分支跳转到循环其作用就像一个 continue 语句。循环就是一类用于形成循环的块。

为了展示循环的工作原理，我们将创建一个函数 GetStringLength，它接收一个 i32 参数，以指示要检查的字符串在模块内存中的位置。这个函数会返回一个 i32 值来表示字符串的长度。

我们将创建一个函数，其中先使用分支跳转到块这种方法（**作用就像一个 break 语句**），然后后面会修改循环，以使用分支跳转到循环（类似于 continue 语句）。

1. 嵌套 s-表达式循环语句：分支跳转到块

在创建函数之前，需要定义这个模块将要使用的内存。用一个标签为 memory 的 s-表达式定义内存，标签之后是可选的变量名、需要的初始内存页面数量，以及可选的所需最大内存页面数量。每个内存页为 64 KB（65 536 字节）。

对于这个模块，一页内存就足够了，因此内存 s-表达式如下所示：

```
(memory 1)
```

创建了这个模块之后，我们要为在线工具 wat2wasam 创建一些 JavaScript 代码，用于将一个字符串放入模块内存，然后调用函数 GetStringLength。因为 JavaScript 代码需要访问模块内存，所以需要将它导出。以下代码片段展示了内存所需的 export 语句。由于 memory s-表达式中没有给定变量名，因此需要通过索引来指定这个内存。

```
(export "memory" (memory 0))
```

函数 GetStringLength 需要两个局部变量：一个用于记录字符串目前为止有多少个字符（$count），一个用于记录函数当前在内存中读取的位置（$position）。当函数开始时，$count 会被设置成默认值 0，$position 会被设置成接收到的参数值，这是字符串在模块内存中的起始位置。

循环会被一个 block 语句包裹，如果从内存中读到的字符为 null 终止符，那么就会跳出循环。这个 block 语句会被给定变量名 $parent。block 语句内有一个 loop 语句，变量名为 $while。

在循环一开始，我们会用 i32.load8_s 指令根据 $positon 值从内存中加载当前字符。i32.load8_s 加载的值是这个字符的十进制版本。

然后用 i32.eqz 指令测试内存值是否等于零（null 终止符；零的 ASCII 码是十进制 48）。如果值为零，那么 br_if 语句会跳转到相应的块（$parent），这会退出循环，代码在循环之后会继续。

如果循环不退出，那么变量 $count 和 $position 各自增加 1，然后 br 语句会跳转到循环，从而再次循环。在循环结束之后，$count 值会被放入栈上以返回给调用函数。

代码清单 E-6 是包含函数 GetStringLength 的模块。

代码清单 E-6　使用嵌套 s-表达式并跳出循环的 GetStringLength

```
(module
  (type $type0 (func (param i32) (result i32)))

  (memory 1)

  (export "memory" (memory 0))
  (export "GetStringLength" (func 0))

  (func (param $param i32) (result i32)
    (local $count i32)
    (local $position i32)

    (set_local $count          ◀────┤  将持有字符串中的字符个数，
      (i32.const 0)                     以返回给调用方
    )

    (set_local $position       ◀────┤  需要读取的模块内存的
      (get_local $param)                当前位置
    )

          (block $parent       ◀────┤  发现 null 终止符时用于
循环                                     跳出循环的父块
起始    └──→ (loop $while
```

```
         (br_if $parent            ←——  分支跳转到父块，如果发
          (i32.eqz                      现了 0（null 终止符），
            (i32.load8_s                则跳出循环
              (get_local $position)
            )
          )
        )

        (set_local $count        ←——  增加字符计数
          (i32.add
            (get_local $count)
            (i32.const 1)
          )
        )

        (set_local $position     ←——  增加内存位置用于循
          (i32.add                     环下一次迭代
            (get_local $position)
            (i32.const 1)
          )
        )

        (br $while)              ←——  分支跳转到循环顶端，
      )                               以便可以再次循环
    )

    (get_local $count)           ←——  将计数放到栈顶，
  )                                   以返回给调用方
)
```

左侧标注：从内存中加载当前字节并检查值是否等于零

可以使用在线工具 wat2wasm 测试代码清单 E-6 中的代码。

2. 代码测试

为了测试这段代码，将代码清单 E-6 的内容复制到在线工具 wat2wasm 的左上面板。在左下面板（参见图 E-2）中，将其内容替换为下面的代码片段，它会加载模块并将对模块内存的一个引用放入变量 wasmMemory 中。我们定义了一个函数 copyStringToMemory，它接受一个字符串和内存偏移量，并向模块内存写入字符串以及一个 null 终止符。这段代码会调用函数 copyStringToMemory，传给它一个字符串。然后会调用模块函数 GetStringLength，指定字符串被写入的内存位置。对函数 GetStringLength 的调用结果展示在右下面板中。

```
const wasmInstance = new WebAssembly.Instance(wasmModule, {});
const wasmMemory = wasmInstance.exports.memory;

function copyStringToMemory(value, memoryOffset) {
  const bytes = new Uint8Array(wasmMemory.buffer);
  bytes.set(new TextEncoder().encode((value + "\0")),
      memoryOffset);
}

copyStringToMemory("testing", 0);
console.log(wasmInstance.exports.GetStringLength(0));
```

(1) 将代码清单E-6的内容放在这里

(2) 将你的JavaScript代码放入
这个面板。调整字符串

(3) 来自GetStringLength调用的
返回值放在这里

图 E-2　来自代码清单 E-6 的代码放入左上面板，JavaScript 代码放入左下面板。函数调用的
结果展示在右下面板中

可以调整传给函数 `copyStringToMemory` 的字符串来查看不同的字符串长度。
下面来看一下刚才构建的循环的栈机器版本。

3. 栈机器循环语句：分支跳转到块

代码清单 E-7 中的代码展示了与代码清单 E-6 相同的函数，但是以栈机器风格编写的。

代码清单 E-7　使用栈机器风格并跳出循环的 `GetStringLength`

```
...

(func (param $param i32) (result i32)
  (local $count i32)
  (local $position i32)

  i32.const 0
  set_local $count          将持有字符串中的字
                            符个数

  get_local $param
  set_local $position       模块内存中要读取的
                            当前位置

  block $parent
    loop $while
      get_local $position   从内存中加载当前字
      i32.load8_s           节并压入栈中
```

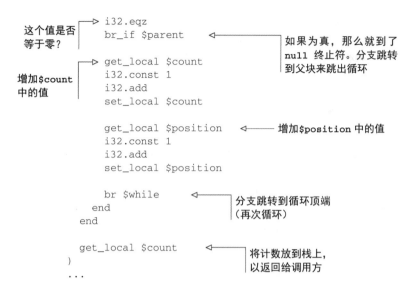

现在要修改循环让分支跳转到循环而不是一个分支，这就类似于 continue 语句。

4. 嵌套 s-表达式循环语句：分支跳转到循环

需要将循环内逻辑修改为使用这种技术工作，但是分支跳转到循环方法并没有包裹的 block 语句。如果你的代码不进行分支跳转到循环，那么循环就结束了。只要当前字符不是 null 终止符，循环就会继续。

修改代码清单 E-6 中的代码，使其在 loop s-表达式周围不包裹 block s-表达式。将(br_if $parent 语句替换为(if 来执行一个 if 语句，而不是一个分支语句。从 br_if 语句中去除刚好在(set_local $count 这一行代码之前的右括号。在(br $while)语句之后为 if 语句放一个右括号。

这条 if 语句会检查当前字符是否不等于零。将语句 i32.eqz（等于零）修改为 i32.ne（不等于零），然后在 i32_load8 s-表达式之后放入以下这条 s-表达式。

```
(i32.const 0)
```

在 i32.ne s-表达式的右括号之后，插入一个 t(hen s-表达式，它的右括号放在语句(br $while)之后。

代码清单 E-8 展示了用 continue 方法修改后的循环。

代码清单 E-8　使用嵌套 s-表达式并继续（continue）循环的 GetStringLength

```
...

(func (param $param i32) (result i32)

  (local $count i32)
  (local $position i32)
```

```
    (set_local $count
      (i32.const 0)
    )

    (set_local $position
      (get_local $param)
    )
```

```
    (loop $while          ◄─────  循环开始
      (if                 ◄──── 替换 br_if 语句
        (i32.ne                              ── 替换
          (i32.load8_s                          i32.eqz
            (get_local $position)
          )                                  ── 来自内存的值与零
          (i32.const 0)   ◄──────              (null 终止符) 比较
        )
        (then             ◄─────  来自内存的值
          (set_local $count          是否不为零
            (i32.add                   ── 增加
              (get_local $count)          $count
              (i32.const 1)
            )
          )

          (set_local $position    ◄───── 增加$position
            (i32.add
              (get_local $position)
              (i32.const 1)
            )
          )

          (br $while)     ◄─────  分支跳转到循环顶
        )                          部 (再次循环)
      )
    )

    (get_local $count)
  )
  ...
```

下面来看一下刚才构建的循环的栈机器版本。

5. 栈机器循环语句：分支跳转到循环

代码清单 E-9 中展示了与代码清单 E-8 相同的代码，但是以栈机器风格编写的。

代码清单 E-9　前面代码的栈机器风格版本

```
  ...

(func (param $param i32) (result i32)
  (local $count i32)
  (local $position i32)

  i32.const 0
  set_local $count
```

```
    get_local $param
    set_local $position

    loop $while
      get_local $position
      i32.load8_s
                              针对于 i32.ne
                              检查的新内容
      i32.const 0      ◄────┘
      i32.ne           ◄───── 代替 i32.eqz
      if               ◄────┐
        get_local $count     代替 br_if $parent
        i32.const 1
        i32.add
        set_local $count

        get_local $position
        i32.const 1
        i32.add
        set_local $position

        br $while
      end
    end

    get_local $count
)
...
```

接下来要介绍的是如何将模块的 Table 段用于函数指针。

E.2　函数指针

WebAssembly 模块有一个可选的 Table 已知段，它是一个带类型的引用数组，比如函数，出于安全原因，不能将其作为裸字节存储在内存中。如果将这些地址存储在模块内存中，那么恶意模块可能会试图修改某个地址来访问它不应该有访问权限的数据。

当模块代码想要访问 Table 段中引用的数据时，它会向 WebAssembly 框架请求操作表中具有指定索引的条目。然后 WebAssembly 框架会读取存储在这个索引处的地址并执行操作。

Table 段使用一个以单词 table 为标签开头的 s-表达式来定义，之后是初始大小，然后是一个可选的最大量，最后是表将持有的数据类型。当前只有函数，因此这里使用 funcref。

信息　WebAssembly 规范已经修改为使用单词 funcref 而不是 anyfunc 作为表的元素类型。当输出 .wast 文件时，Emscripten 会使用新名称，而 WebAssembly 二进制工具包可以接受使用两个名称中任何一个的文本格式代码。至本书撰写时，查看模块可知，浏览器开发者工具仍然在使用 anyfunc。在 JavaScript 代码中创建 WebAssembly.Table 对象时，Firefox 允许使用二者中任何一个名称，但此时，其他浏览器还只允许使用旧名称。目前，推荐在生产环境 JavaScript 代码中继续使用 anyfunc。

为了展示 Table 段的使用，我们将创建一个导入两个函数的模块。这个模块会有一个内建函数，后者接受一个 i32 参数，以指示要调用的函数在 Table 段的索引值。

模块首先需要的是两个函数的两个 import s-表达式，如下所示：

```
(import "env" "Function1" (func $function1))
(import "env" "Function2" (func $function2))
```

接下来需要定义 table s-表达式。因为有两个函数，所以大小为 2。

```
(table 2 funcref)
```

table s-表达式之后，为 JavaScript 将要调用的函数放置 export s-表达式，以指示需要调用哪个函数。

```
(export "Test" (func $test))
```

这个模块完成实例化之后，我们想要将导入的函数添加到 Table 段。为了实现这一点，需要定义一个 element s-表达式。这个 s-表达式的条目会在模块完成实例化时自动添加到 Table 段。

element s-表达式以标签 elem 开始，之后是表中要放置这些对象引用的起始索引值，然后是要放到 Table 段的条目。以下代码片段会将两个函数添加到 Table 段，从表索引 0（零）开始。

```
(elem (i32.const 0) $function1 $function2)
```

下一步是定义 $test 函数，它接受一个 i32 参数值，没有返回值，如下所示：

```
(func $test (param $index i32)
)
```

在 $test 函数内，需要调用请求的表条目。为了调用 Table 段中的一个条目，将索引值传给 call_indirect 指令，但还需要指出调用的类型（函数签名），如下所示：

```
(call_indirect (type $FUNCSIG$v) ◄──    $FUNCSIG$v 是 type s-表达
  (get_local $index)                      式使用的一个变量名（也可以
)                                         使用一个索引值）
```

将所有这些合到一起，代码清单 E-10 展示了模块代码。

代码清单 E-10   使用嵌套 s-表达式风格的函数指针模块

```
(module
  (type $FUNCSIG$v (func)) ◄──    将被导入的两个
                                  函数的签名

  (import "env" "Function1" (func $function1))
  (import "env" "Function2" (func $function2))

  (table 2 funcref) ◄──    创建一个初始
                           大小为 2 的表
  (export "Test" (func $test))
```

```
(elem (i32.const 0) $function1 $function2)     将两个函数放在表中，
                                               从索引值 0 开始

(func $test (param $index i32)
  (call_indirect (type $FUNCSIG$v)             使用从参数接收到的
    (get_local $index)                         索引值调用表中条目
  )
)
)
```

至此我们创建了模块代码，现在可以测试它了。

代码测试

为了测试这段代码，将代码清单 E-10 的内容复制到在线工具 wat2wasm 的左上面板。在工具的左下面板（参见图 E-3）中，将内容替换为以下代码片段，它会为模块定义一个 importObject 对象，其中包含两个要导入的函数。每个函数会向浏览器开发者工具控制台写入一个消息，以指示哪个函数被调用了。

(1) 将代码清单E-10的内容放在这里

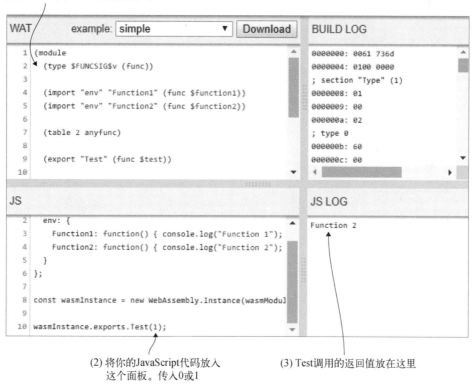

(2) 将你的JavaScript代码放入
　　这个面板。传入0或1

(3) Test调用的返回值放在这里

图 E-3　代码清单 E-10 的代码放入左上面板，JavaScript 代码放入左下面板。函数调用
　　　　的结果放入右下面板

一旦有了一个模块实例，就可以调用 Test 函数，传入 0 或 1 让 Table 段中的函数被调用。

```
const importObject = {
  env: {
    Function1: function() { console.log("Function 1"); },
    Function2: function() { console.log("Function 2"); },

  }
};

const wasmInstance = new WebAssembly.Instance(wasmModule,
    importObject);

wasmInstance.exports.Test(0);
```

为模块创建带两个函数的 importObject

写入浏览器控制台以指示函数 1 被调用

写入浏览器控制台以指示函数 2 被调用

调用 Test 函数，传入索引值 0 或 1

浏览器的 JavaScript 引擎会监测代码直到它了解了变量类型才能把这一段 JavaScript 代码转换为机器码。

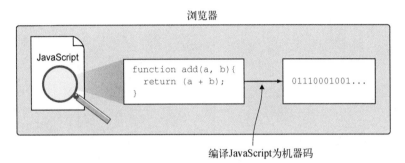

编译JavaScript为机器码

使用 WebAssembly 的时候，你的代码被预先编译为 WebAssembly 二进制格式。因为变量类型都是提前知道的，所以当浏览器加载 WebAssembly 文件的时候，JavaScript 引擎不需要监测代码。它可以直接把二进制格式编译为机器码。

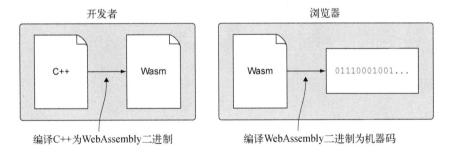

编译C++为WebAssembly二进制　　　　　　编译WebAssembly二进制为机器码

WebAssembly 二进制字节码基本结构展示

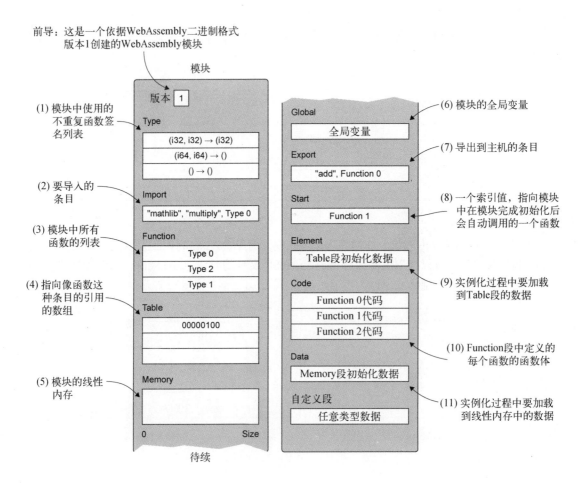

前导：这是一个依据WebAssembly二进制格式
版本1创建的WebAssembly模块

模块

版本 1

(1) 模块中使用的
不重复函数签
名列表

Type
| (i32, i32) → (i32) |
| (i64, i64) → () |
| () → () |

(2) 要导入的
条目

Import
| "mathlib", "multiply", Type 0 |

(3) 模块中所有
函数的列表

Function
| Type 0 |
| Type 2 |
| Type 1 |

(4) 指向像函数这
种条目的引用
的数组

Table
| 00000100 |

(5) 模块的线性
内存

Memory

0   Size

待续

(6) 模块的全局变量

Global
| 全局变量 |

(7) 导出到主机的条目

Export
| "add", Function 0 |

(8) 一个索引值，指向模块
中在模块完成初始化后
会自动调用的一个函数

Start
| Function 1 |

Element
| Table段初始化数据 |

(9) 实例化过程中要加载
到Table段的数据

Code
| Function 0代码 |
| Function 1代码 |
| Function 2代码 |

(10) Function段中定义的
每个函数的函数体

Data
| Memory段初始化数据 |

(11) 实例化过程中要加载
到线性内存中的数据

自定义段
| 任意类型数据 |

TURING
图灵教育

站在巨人的肩上
Standing on the Shoulders of Giants

TURING

图灵教育

站在巨人的肩上

Standing on the Shoulders of Giants